"十四五"时期国家重点出版物出版专项规划项目

极化成像与识别技术丛书

雷达极化信号处理技术

Radar Polarimetric Signal Processing Technology

李永祯 刘业民 庞晨 刘勇 程旭 李超 著

国防工业出版社

·北京·

内 容 简 介

极化雷达在防空反导、战场监视、精确制导、微波遥感和气象探测等领域得到广泛应用,而极化信号处理是其核心部分之一。本书较为系统地介绍了极化雷达信号处理的基础理论、关键技术与典型应用,涵盖电磁波极化及表征、动态雷达目标极化特性、典型雷达极化测量、目标极化检测以及极化抗噪声压制干扰、转发式假目标极化识别和极化单脉冲测角与干扰抑制等内容。

本书总结了作者多年来在雷达极化信号处理方面的研究成果,提供的雷达极化信号处理理论模型、算法及部分验证实例,对从事极化雷达技术研究的广大科技工作者和工程技术人员具有较好的参考价值,也可作为高等院校相关专业研究生的参考书。

图书在版编目（CIP）数据

雷达极化信号处理技术 / 李永祯等著 . -- 北京：国防工业出版社, 2025. 2. -- ISBN 978-7-118-13262-5

Ⅰ. TN957.51

中国国家版本馆 CIP 数据核字第 2025ZR2683 号

※

国防工业出版社出版发行

（北京市海淀区紫竹院南路 23 号　邮政编码 100048）
天津嘉恒印务有限公司印刷
新华书店经售

开本 710×1000　1/16　印张 18¼　字数 315 千字
2025 年 2 月第 1 版第 1 次印刷　印数 1—2000 册　定价 116.00 元

（本书如有印装错误，我社负责调换）

国防书店：(010) 88540777　　书店传真：(010) 88540776
发行业务：(010) 88540717　　发行传真：(010) 88540762

极化成像与识别技术丛书
编审委员会

主 任 委 员	郭桂蓉
副主任委员	何 友　吕跃广　吴一戎

委　　　员（按姓氏拼音排序）

陈志杰　崔铁军　丁赤飚　樊邦奎　胡卫东
江碧涛　金亚秋　李 陟　刘宏伟　刘佳琪
刘永坚　龙 腾　鲁耀兵　陆 军　马 林
宋朝晖　苏东林　王沙飞　王永良　吴剑旗
杨建宇　姚富强　张兆田　庄钊文

极化成像与识别技术丛书
编写委员会

主　　　编	王雪松
执 行 主 编	李 振
副　主　编	李永祯　杨 健　殷红成

参　　　编（按姓氏拼音排序）

陈乐平　陈思伟　代大海　董 臻　董纯柱
龚政辉　黄春琳　计科峰　金 添　康亚瑜
匡纲要　李健兵　刘 伟　马佳智　孟俊敏
庞 晨　全斯农　王 峰　王青松　肖怀铁
邢世其　徐友根　杨 勇　殷加鹏　殷君君
张 晰　张 焱

丛 书 序

极化一词源自英文 Polarization,在光学领域称为偏振,在雷达领域则称为极化。光学偏振现象的发现可以追溯到 1669 年丹麦科学家巴托林通过方解石晶体产生的双折射现象。偏振之父马吕斯于 1808 年利用波动光学理论完美解释了双折射现象,并证明了极化是光的固有属性,而非来自晶体的影响。19 世纪 50 年代至 20 世纪初,学者们陆续提出 Stokes 矢量、Poincaré 球、Jones 矢量和 Mueller 矩阵等数学描述来刻画光的极化现象和特性。

相对于光学,雷达领域对极化的研究则较晚。20 世纪 40 年代,研究者发现:目标受到电磁波照射时会出现变极化效应,即散射波的极化状态相对于入射波会发生改变,二者存在着特定的映射变换关系,其与目标的姿态、尺寸、结构、材料等物理属性密切相关,因此目标可以视为一个极化变换器。人们发现,目标变极化效应所蕴含的丰富物理属性对提升雷达的目标检测、抗干扰、分类和识别等各方面的能力都具有很大潜力。经过半个多世纪的发展,雷达极化学已经成为雷达科学与技术领域的一个专门学科专业,发展方兴未艾,世界各国雷达科学家和工程师们对雷达极化信息的开发利用已经深入到电磁波辐射、传播、散射、接收与处理等雷达探测全过程,极化对电磁正演/反演、微波成像、目标检测与识别等领域的理论发展和技术进步都产生了深刻影响。

总的来看,在 80 余年的发展历程中,雷达极化学主要围绕雷达极化信息获取、目标与环境极化散射机理认知以及雷达极化信息处理与应用这三个方面交融发展、螺旋上升。20 世纪四五十年代,人们发展了雷达目标极化特性测量与表征、天线极化特性分析、目标最优极化等基础理论和方法,兴起了雷达极化研究的第一次高潮。六七十年代,在当时技术条件下,雷达极化测量的实现技术难度大且代价昂贵,目标极化散射机理难以被深刻揭示,相关理论研究成果难以得到有效验证,雷达极化研究经历了一个短暂的低潮期。进入 80 年代,随着微波器件与工艺水平、数字信号处理技术的进步,雷达极化测量技术和系统接连不断获得重大突破,例如,在气象探测方面,1978 年英国的 S 波段雷达和 1983 年美国的 NCAR/CP-2 雷达先后完成极化捷变改造;

在目标特性测量方面，1980 年美国研制成功极化捷变雷达，并于 1984 年又研制成功脉内极化捷变雷达；在对地观测方面，1985 年美国研制出世界上第一部机载极化合成孔径雷达（SAR）；等等。这一时期，雷达极化学理论与雷达系统充分结合、相互促进、共同进步，丰富和发展了雷达目标唯象学、极化滤波、极化目标分解等一大批经典的雷达极化信息处理理论，催生了雷达极化在气象探测、抗杂波和电磁干扰、目标分类识别及对地遥感等领域一批早期的技术验证与应用实践，让人们再次开始重视雷达极化信息的重要性和不可替代性，雷达极化学迎来了第二次发展高潮。20 世纪 90 年代以来，雷达极化学受到世界各发达国家的普遍重视和持续投入，雷达极化理论进一步深化，极化测量数据更加丰富多样，极化应用愈加广泛深入。进入 21 世纪后，雷达极化学呈现出加速发展态势，不断在对地观测、空间监视、气象探测等众多的民用和军用领域取得令人振奋的应用成果，呈现出新的蓬勃发展的热烈局面。

在极化雷达发展历程中，极化合成孔径雷达由于兼具极化解析与空间多维分辨能力，受到了各国政府与科技界的高度重视，几十年来机载/星载极化 SAR 系统如雨后春笋般不断涌现。国际上最早成功研制的实用化的极化 SAR 系统是 1985 年美国的 L 波段机载 AIRSAR 系统。之后典型的机载全极化 SAR 系统有美国的 UAVSAR、加拿大的 CONVAIR、德国的 ESAR 和 FSAR、法国的 RAMSES、丹麦的 EMISAR、日本的 PISAR 等。星载系统方面，美国航天飞行于 1994 年搭载运行的 C 波段 SIR-C 系统是世界上第一部星载全极化 SAR。2006 年和 2007 年，日本的 ALOS/PALSAR 卫星和加拿大的 RADARSAT-2 卫星相继发射成功。近些年来，多部星载多/全极化 SAR 系统已在轨运行，包括日本的 ALOS-2/PALSAR-2、阿根廷的 SAOCOM-1A、加拿大的 RCM、意大利的 CSG-2 等。

1987 年，中国科学院电子所研制了我国第一部多极化机载 SAR 系统。近年来，在国家相关部门重大科研计划的支持下，中国科学院电子所、中国电子科技集团、中国航天科技集团、中国航天科工集团等单位研制的机载极化 SAR 系统覆盖了 P 波段到毫米波段。2016 年 8 月，我国首颗全极化 C 波段 SAR 卫星高分三号成功发射运行，之后高分三号 02 星和 03 星分别于 2021 年 11 月和 2022 年 4 月成功发射，实现多星协同观测。2022 年 1 月和 2 月，我国成功发射了两颗 L 波段 SAR 卫星——陆地探测一号 01 组 A 星和 B 星，二者均具备全极化模式，将组成双星编队服务于地质灾害监测、土地调查、地震评估、防灾减灾、基础测绘、林业调查等领域。这些系统的成功运行标志着我国在极化 SAR 系统研制方面达到了国际先进水平。总体上，我国在极化成像雷达与应用方面的研究工作虽然起步较晚，但在国家相关部门的大力支持下，在雷达极化测量的基础理论、测量体制、信号与数据处理等方面取得了不少的创新性成果，研究水平取得了长足进步。

目前，极化成像雷达在地物分类、森林生物量估计、地表高程测量、城区信息提取、海洋参数反演以及防空反导、精确打击等诸多领域中已得到广泛应用，而目标识别是其中最受关注的核心关键技术。在深刻理解雷达目标极化散射机理的基础上，将极化技术与宽带/超宽带、多维阵列、多发多收等技术相结合，通过极化信息与空、时、频等维度信息的充分融合，能够为提升成像雷达的探测识别与抗干扰能力提供崭新的技术途径，有望从根本上解决复杂电磁环境下雷达目标识别问题。一直以来，由于目标、自然环境及电磁环境的持续加速深刻演变，高价值目标识别始终被认为是雷达探测领域"永不过时"的前沿技术难题。因此，出版一套完善严谨的极化、成像与识别的学术著作对于开拓国内学术视野、推动前沿技术发展、指导相关实践工作具有重要意义。

为及时总结我国在该领域科研人员的创新成果，同时为未来发展指明方向，我们结合长期的极化成像与识别基础理论、关键技术以及创新应用的研究实践，以近年国家"863"、"973"、国家自然科学基金、国家科技支撑计划等项目成果为基础，组织全国雷达极化领域的同行专家一起编写了这套"极化成像与识别技术"丛书，以期进一步推动我国雷达技术的快速发展。本丛书共24分册，分为3个专题。

（一）极化专题。着重介绍雷达极化的数学表征、极化特性分析、极化精密测量、极化检测与极化抗干扰等方面的基础理论和关键技术，共包括10个分册。

（1）《瞬态极化雷达理论、技术及应用》瞄准极化雷达技术发展前沿，系统介绍了我国首创的瞬态极化雷达理论与技术，主要内容包括瞬态极化概念及其表征体系、人造目标瞬态极化特性、多极化雷达波形设计、极化域变焦超分辨、极化滤波、特征提取与识别等一大批自主创新研究成果，揭示了电磁波与雷达目标的瞬态极化响应特性，阐述了瞬态极化响应的测量技术，并结合典型场景给出了瞬态极化理论在超分辨、抗干扰、目标精细特征提取与识别等方面的创新应用案例，可为极化雷达在微波遥感、气象探测、防空反导、精确制导等诸多领域中的应用提供理论指导和技术支撑。

（2）《雷达极化信号处理技术》系统地介绍了极化雷达信号处理的基础理论、关键技术与典型应用，涵盖电磁波极化及其数学表征、动态目标宽/窄带极化特性、典型极化雷达测量与处理、目标信号极化检测、极化雷达抗噪声压制干扰、转发式假目标极化识别以及极化雷达单脉冲测角与干扰抑制等内容，可为极化雷达系统的设计、研制和极化信息的处理与利用提供有益参考。

（3）《多极化矢量天线阵列》深入讨论了多极化天线波束方向图优化与自适应干扰抑制，基于方向图分集的波形方向图综合、单通道及相干信号处理，多极化主动感知，稀疏阵型设计及宽带测角等问题，是一本理论性较强的专著，对于阵列雷达的设计和信号处理具有很好的参考价值。

（4）《目标极化散射特性表征、建模与测量》介绍了雷达目标极化散射的电磁理论基础、典型结构和材料的极化散射表征方式、目标极化散射特性数值建模方法和测量技术，给出了多种典型目标的极化特性曲线、图表和数据，对于极化特征提取和目标识别系统的设计与研制具有基础支撑作用。

（5）《飞机尾流雷达探测与特征反演》介绍了飞机尾流这类特殊的分布式软目标的电磁散射特性与雷达探测技术，系统揭示了飞机尾流的动力学特征与雷达散射机理之间的内在联系，深入分析了飞机尾流的雷达可探测性，提出了一些典型气象条件下的飞机尾流特征参数反演方法，对推进我国军民航空管制以及舰载机安全起降等应用领域的技术进步具有较大的参考价值。

（6）《雷达极化精密测量》系统阐述了极化雷达测量这一基础性关键技术，分析了极化雷达系统误差机理，提出了误差模型与补偿算法，重点讨论了极化雷达波形设计、无人机协飞的雷达极化校准技术、动态有源雷达极化校准等精密测量技术，为极化雷达在空间监视、防空反导、气象探测等领域的应用提供理论指导和关键技术支撑。

（7）《极化单脉冲导引头多点源干扰对抗技术》面向复杂多点源干扰条件下的雷达导引头抗干扰需求，基于极化单脉冲雷达体制，围绕极化导引头系统构架设计、多点源干扰多域特性分析、多点源干扰多域抑制与抗干扰后精确测角算法等方面进行系统阐述。

（8）《相控阵雷达极化与波束联合控制技术》面向相控阵雷达的极化信息精确获取需求，深入阐述了相控阵雷达所特有的极化测量误差形成机理、极化校准方法以及极化波束形成技术，旨在实现极化信息获取与相控阵体制的有效兼容，为相关领域的技术创新与扩展应用提供指导。

（9）《极化雷达低空目标检测理论与应用》介绍了极化雷达低空目标检测面临的杂波与多径散射特性及其建模方法、目标回波特性及其建模方法、极化雷达抗杂波和抗多径散射检测方法及这些方法在实际工程中的应用效果。

（10）《偏振探测基础与目标偏振特性》是一本光学偏振方面理论技术和应用兼顾的专著。首先介绍了光的偏振现象及基本概念；其次在目标偏振反射/辐射理论的基础上，较为系统地介绍了目标偏振特性建模方法及经典模型、偏振特性测量方法与技术手段、典型目标的偏振特性数据及分析处理；最后介绍了一些基于偏振特性的目标检测、识别、导航定位方面的应用实例。

（二）成像专题。着重介绍雷达成像及其与目标极化特性的结合，探讨雷达在探地、地表穿透、海洋监测等领域的成像理论技术与应用，共包括7个分册。

（1）《高分辨率穿透成像雷达技术》面向穿透表层的高分辨率雷达成像技术，系统讲述了表层穿透成像雷达的成像原理与信号处理方法。既涵盖了穿透成像的电磁原理、信号模型、聚焦成像等基本问题，又探讨了阵列设计、融合穿透成像等前沿问题，并辅以大量实测数据和处理实例。

（2）《极化SAR海洋应用的理论与方法》从极化SAR海洋成像机制出发，重点阐述了极化SAR的海浪、海洋内波、海冰、船只目标等海洋现象和海上目标的图像解译分析与信息提取方法，针对海洋动力过程和海上目标的极化SAR探测给出了较为系统和全面的论述。

（3）《超宽带雷达地表穿透成像探测》介绍利用超宽带雷达获取浅地表雷达图像实现埋设地雷和雷场的探测。重点论述了超宽带穿透成像、地雷目标检测与鉴别、雷场提取与标定等技术，并通过大量实测数据处理结果展现了超宽带地表穿透成像雷达重要的应用价值。

（4）《合成孔径雷达定位处理技术》在介绍SAR基本原理和定位模型基础上，按照SAR单图像定位、立体定位、干涉定位三种定位应用方向，系统论述了定位解算、误差分析、精化处理、性能评估等关键技术，并辅以大量实测数据处理实例。

（5）《极化合成孔径雷达多维度成像》介绍了利用极化雷达对人造目标进行三维成像的理论和方法，重点讨论了极化干涉成像、极化层析成像、复杂轨迹稀疏成像、大转角观测数据的子孔径划分、多子孔径多极化联合成像等新技术，对从事微波成像研究的学者和工程师有重要参考价值。

（6）《机载圆周合成孔径雷达成像处理》介绍的是基于机载平台的合成孔径雷达以圆周轨迹环绕目标进行探测成像的技术。论述了圆周合成孔径雷达的目标特性与成像机理，提出了机载非理想环境下的自聚焦成像方法，探究了其在目标检测与三维重构方面的应用，并结合团队开展的多次飞行试验，介绍了技术实现和试验验证的研究成果，对推动机载圆周合成孔径雷达系统的实用化有重要参考价值。

（7）《红外偏振成像探测信息处理及其应用》系统介绍了红外偏振成像探测的基本原理，以及红外偏振成像探测信息处理技术，包括基于红外偏振信息的图像增强、基于红外偏振信息的目标检测与识别等，对从事红外成像探测及目标识别技术研究的学者和工程师有重要参考价值。

（三）识别专题。着重介绍基于极化特性、高分辨距离像以及合成孔径雷达图像的雷达目标识别技术，主要包括雷达目标极化识别、雷达高分辨距离像识别、合成孔径雷达目标识别、目标识别评估理论与方法等，共包括7个分册。

（1）《雷达高分辨距离像目标识别》详细介绍了雷达高分辨距离像极化特征提取与识别和极化多维匹配识别方法，以及基于支持矢量数据描述算法的高分辨距离像目标识别的理论和方法。

（2）《合成孔径雷达目标检测》主要介绍了SAR图像目标检测的理论、算法及具体应用，对比了经典的恒虚警率检测器及当前备受关注的深度神经网络目标检测框架在SAR图像目标检测领域的基础理论、实现方法和典型应用，对其中涉及的杂波统计建模、斑点噪声抑制、目标检测与鉴别、少样本条件下目标检测等技术进行了深入的研究和系统的阐述。

（3）《极化合成孔径雷达信息处理》介绍了极化合成孔径雷达基本概念以及信息处理的数学原则与方法，重点对雷达目标极化散射特性和极化散射表征及其在目标检测分类中的应用进行了深入研究，并以对地观测为背景选择典型实例进行了具体分析。

（4）《高分辨率SAR图像海洋目标识别》以海洋目标检测与识别为主线，深入研究了高分辨率SAR图像相干斑抑制和图像分割等预处理技术，以及港口目标检测、船舶目标检测、分类与识别方法，并利用实测数据开展了翔实的实验验证。

（5）《极化SAR图像目标检测与分类》对极化SAR图像分类、目标检测与识别进行了全面深入的总结，包括极化SAR图像处理的基本知识以及作者近年来在该领域的研究成果，主要有目标分解、恒虚警检测、混合统计建模、超像素分割、卷积神经网络检测识别等。

（6）《极化雷达成像处理与目标特征提取》深入讨论了极化雷达成像体制、极化SAR目标检测、目标极化散射机理分析、目标分解与地物分类、全极化散射中心特征提取、参数估计及其性能分析等一系列关键技术问题。

（7）《雷达图像相干斑滤波》系统介绍了雷达图像相干斑滤波的理论和方法，重点讨论了单极化SAR、极化SAR、极化干涉SAR、视频SAR等多种体制下的雷达图像相干斑滤波研究进展和最新方法，并利用多种机载和星载SAR系统的实测数据开展了翔实的对比实验验证。最后，对该领域研究趋势进行了总结和展望。

本套丛书是国内在该领域首次按照雷达极化、成像与识别知识体系组织的高水平学术专著丛书，是众多高等院校、科研院所专家团队集体智慧的结晶，其中的很多成果已在我国空间目标监视、防空反导、精确制导、航天侦察与测绘等国家重大任务中获得了成功应用。因此，丛书内容具有很强的代表性、先进性和实用性，对本领域研究人员具有很高的参考价值。本套丛书的出版既是对以往研究成果的提炼与总结，我们更希望以此为新起点，与广大的同行们一道开启雷达极化技术与应用研究的新征程。

在丛书的撰写与出版过程中，我们得到了郭桂蓉、何友、吕跃广、吴一戎等二十多位业界权威专家以及国防工业出版社的精心指导、热情鼓励和大力支持，在此向他们一并表示衷心的感谢！

王雪松

2022 年 7 月

前言

随着隐身、高速机动目标的出现，以及战场电磁环境的日趋复杂，雷达信息的深度挖掘和有效应用面临诸多挑战。极化作为电磁波的本质属性，是幅度、频率、相位以外的重要基本参量，充分挖掘极化信息可以提高雷达的目标检测、目标识别与抗干扰性能，在现代防空、反导识别、气象探测领域等雷达系统中具有广泛的应用前景。

本书系统讨论了雷达极化信号处理的基础理论、关键技术与典型应用，涵盖电磁波极化及表征、动态雷达目标极化特性、典型雷达极化测量与处理、目标极化检测以及极化抗干扰等内容。全书共 7 章：第 1 章主要介绍极化雷达系统以及极化信号处理技术发展现状；第 2 章介绍雷达极化的相关基础知识；第 3 章介绍多种针对动态目标的极化测量技术；第 4 章介绍基于收发极化优化的目标检测器设计；第 5 章介绍典型雷达极化抗噪声压制干扰技术，通过极化滤波、自适应极化对消等手段抑制噪声压制干扰；第 6 章介绍 3 种利用极化信息抗转发式假目标干扰的极化识别技术；第 7 章讨论极化单脉冲雷达测角与干扰抑制问题。本书具有以下特色：

（1）理论与实际联系紧密。本书既提供了雷达极化信号处理理论模型和算法，又使用了实测数据验证理论和算法，联系实际应用紧密，其研究成果可为极化雷达系统的研制发展和雷达极化信息的高效利用提供有益参考。

（2）应用广泛且针对性强。本书研究内容紧扣当前雷达领域重难点前沿问题，根据不同的典型应用场景提出了相应的解决方法，研究成果针对性强，同时应用范围较宽。

本书由李永祯研究员、刘业民工程师、庞晨副研究员、刘勇高级工程师、程旭副教授和李超助理研究员撰写。本书的编辑出版得到了王占领、周坚、李楠君、王奕清、吴国庆等提供的大量帮助，受到了国防科技大学电子科学学院相关领导与专家教授的大力支持，得到了国防工业出版社编辑部同志的指导帮助，在此一并表示衷心感谢！

限于作者水平，本书疏漏之处在所难免，敬请读者批评指正。

作者

2023 年 12 月于长沙

目录

第1章 绪论 ··· 1

1.1 极化雷达发展现状 ··· 2
1.1.1 雷达极化学的研究现状 ································ 2
1.1.2 极化雷达系统发展现状 ································ 3
1.2 雷达极化信号处理研究现状 ··································· 7
1.2.1 雷达目标极化特征表征 ································ 7
1.2.2 雷达极化测量体制 ···································· 8
1.2.3 雷达极化检测 ······································· 12
1.2.4 雷达极化抗干扰 ····································· 15
1.3 本书主要内容 ·· 18
参考文献 ·· 19

第2章 雷达极化基础知识 ·· 29

2.1 引言 ·· 29
2.2 电磁波的极化及其表征 ······································ 30
2.2.1 完全极化电磁波及表征 ································ 30
2.2.2 部分极化电磁波及表征 ································ 33
2.2.3 瞬态极化电磁波及表征 ································ 36
2.2.4 随机极化电磁波及表征 ································ 39
2.3 动态目标的窄带极化特性 ···································· 40
2.3.1 典型窄带极化特征参量 ································ 41
2.3.2 典型目标的窄带极化散射特性 ·························· 46
2.4 动态目标的宽带极化特性 ···································· 51
2.4.1 典型宽带极化特征参量 ································ 51

2.4.2　典型目标全极化 HRRP 特性分析 ·················· 55
　参考文献 ·· 64

第 3 章　雷达极化测量技术 ·· 67

　3.1　引言 ·· 67
　3.2　雷达极化信息的分时极化测量技术 ································ 68
　　3.2.1　雷达极化捷变器 ·· 68
　　3.2.2　基于三极化测量体制的运动目标极化散射矩阵测量 ······ 74
　3.3　雷达极化信息的同时极化测量技术 ································ 83
　　3.3.1　基于调幅线性调频波形的运动目标极化散射矩阵测量 ··· 83
　　3.3.2　基于全极化 OFDM 波形的宽带极化测量 ················· 96
　参考文献 ·· 121

第 4 章　雷达目标的极化检测技术 ····································· 124

　4.1　引言 ·· 124
　4.2　系统模型 ·· 126
　4.3　极化检测器设计 ·· 128
　4.4　理论检测性能 ··· 130
　4.5　实验验证与分析 ·· 131
　　4.5.1　几种现有典型极化检测算法 ································ 131
　　4.5.2　检测性能对比 ··· 133
　　4.5.3　极化优化设计与传统极化设计间的性能比较 ·············· 137
　4.6　标量测量系统及性能 ··· 140
　参考文献 ·· 143

第 5 章　雷达极化抗噪声压制干扰技术 ································ 145

　5.1　引言 ·· 145
　5.2　经典极化滤波方法 ··· 145
　　5.2.1　极化状态参数的估计 ······································· 146
　　5.2.2　典型极化滤波器 ·· 148
　5.3　自适应极化迭代滤波及其性能分析 ······························· 152

  5.3.1 自适应极化对消器 ·············· 153
  5.3.2 APC 迭代滤波算法 ·············· 154
 5.4 宽带雷达噪声压制干扰的自适应极化对消 ·············· 160
  5.4.1 接收信号模型 ·············· 161
  5.4.2 宽带自适应极化对消方法 ·············· 164
  5.4.3 仿真实验与性能分析 ·············· 169
 参考文献 ·············· 173

第6章 转发式假目标干扰的极化识别技术 ·············· 177

 6.1 引言 ·············· 177
 6.2 有源多假目标的极化识别与抑制 ·············· 178
  6.2.1 有源欺骗式干扰的分类与特点 ·············· 178
  6.2.2 极化雷达的接收信号模型 ·············· 181
  6.2.3 有源假目标极化识别方案设计 ·············· 183
  6.2.4 真假目标极化识别的性能分析 ·············· 185
 6.3 基于瞬态极化雷达的有源假目标鉴别与抑制 ·············· 189
  6.3.1 瞬态极化雷达信号的极化调制特性 ·············· 190
  6.3.2 有源假目标的抑制与鉴别方法设计 ·············· 194
  6.3.3 实验结果及性能分析 ·············· 200
 6.4 基于极化相关特性的 HRRP 欺骗干扰鉴别 ·············· 211
  6.4.1 雷达目标 HRRP 的极化相关特性 ·············· 211
  6.4.2 HRRP 欺骗干扰的极化相关特性 ·············· 214
  6.4.3 鉴别算法设计 ·············· 217
  6.4.4 仿真实验与结果分析 ·············· 219
 参考文献 ·············· 222

第7章 极化单脉冲雷达测角与干扰抑制技术 ·············· 224

 7.1 引言 ·············· 224
 7.2 极化单脉冲测角原理 ·············· 225
 7.3 极化单脉冲雷达导引头抗箔条质心干扰 ·············· 227
  7.3.1 箔条云极化散射特性 ·············· 228
  7.3.2 基于极化单脉冲雷达的点目标角度估计 ·············· 237

  7.3.3 基于极化单脉冲雷达的分布式目标角度估计 ················ 246
7.4 有源转发式干扰的全极化单脉冲雷达鉴别 ························· 257
  7.4.1 同时极化雷达接收信号的建模与信息反演 ················ 257
  7.4.2 转发式干扰的全极化单脉冲雷达鉴别 ······················ 262
  7.4.3 仿真实验与结果分析 ······································· 265
参考文献 ··· 269

第 1 章

绪　　论

雷达作为战场势态感知的核心传感器，自第二次世界大战以来，在军事作战决策、战斗部署及武器控制中发挥着越来越重要的作用[1]。在雷达发展早期，其主要任务是目标检测与跟踪，以期尽早地发现目标，并获取其位置、速度及航迹等信息。随着应用领域的不断扩大，雷达功能已涉及战场预警侦察、目标结构反演、智能目标识别等诸多崭新领域，所获取的目标特征范围也有了很大扩展，如目标长度、大小、几何外形、材质等物理属性[2]。同时，随着战场电磁环境的日趋复杂，现代雷达须具备抗干扰能力，以对抗敌方施放的各种无源、有源干扰[3]。

电磁波极化是对电磁波矢量特性的反映，它与幅度、相位和频率等参数一起构成对电磁波特性的完整描述[4]。研究表明，通过极化测量与处理技术可提取雷达目标的有效极化信息，从而获得更加全面的目标信息，然后通过利用这些极化信息可进一步提高雷达的目标检测、抗干扰以及目标识别等能力[5]，在防空反导、对地侦察、遥感以及气象观测等领域都有较高的应用价值。目前，随着极化信息获取与处理技术的发展，已有极化雷达应用于上述领域，例如，作为美国导弹防御系统重要组成部分的 X 波段地基雷达（GBR），就是一部具有极化测量能力的固态相控阵地基反导雷达，该雷达强大的威力加上其宽带全极化的特点，使其能测量弹道中段目标的长度、速度、旋转率、鼻锥摇摆模式甚至质量等特征[6]；而极化 SAR 遥感雷达、极化多普勒气象雷达等极化雷达的研究与应用也受到了国内外普遍重视[7-10]。

雷达极化理论经历了从经典极化理论到瞬态极化理论的发展过程。早期的雷达极化理论研究大都面向窄带、低分辨甚至非相干雷达系统，相应的雷达极化理论被称为经典极化理论[5,11]。当前经典极化理论已广泛应用于合成孔径雷达（SAR）[6,12-15]和气象目标探测雷达[16-18]，特别是在极化 SAR 的图像增强[19]、相干斑抑制[13]、目标分类与识别[14-15]等方面取得了大量理论和实践成果。随着大带宽、高分辨全极化雷达的出现，王雪松教授[20]突破了经典极化"时谐性""窄带性"的约束，发展了面向宽带时变电磁波的瞬态极化理论，其相关研究目前逐步已经扩展到雷达目标检测、目标识别和抗干扰等领域[21-26]。下面分别从极化雷达系统及其信号处理等方面介绍相关技术的发展情况。

1.1 极化雷达发展现状

1.1.1 雷达极化学的研究现状

电磁波极化的发现最早出现于光学领域，并经历了漫长的发展过程。就雷达领域而言，极化是指在电磁波传播过程中，空间任意点处的电场矢量取向随时间的变化方式，可通过电场矢量端点运动轨迹的形状和旋向来描述[4]。它反映了电磁波的矢量特性，是电磁波除时域、频域和空域信息外又一可以利用的重要信息，极化信息的挖掘和应用可改善雷达系统的性能[4,20]。

回顾雷达极化学的发展历程，大致可以划分为四个发展阶段。

第一阶段，从20世纪40年代到50年代末，为雷达极化学研究的第一个高潮期。以 Sinclair[27]、Kennaugh[28]、Gent[29]、Deschamps[30] 等的工作为代表，研究内容包括散射矩阵概念的提出与界定、目标最优极化理论、目标和地物杂波的极化测量与极化特性研究等[4,5,31]。这一阶段的工作为雷达极化学奠定了初步的理论基础，但受到极化雷达技术水平的限制，难以开展极化信息的应用研究，人们对极化信息在诸如目标检测、分类、识别等领域的应用潜力尚缺乏足够的认识。

第二阶段，从20世纪50年代末期至70年代初期，雷达极化学研究处于低潮期。在极化测量方面，非全极化测量体制雷达得到了发展和应用。例如，美国研制了 Millstone Hill 雷达、AMRAD 雷达等大型空间探测极化雷达[32]；加拿大研制了高精度双极化气象雷达[33]。在目标分类、识别方面，Copeland、Huynen 和 Lowenschuss 等通过提取目标极化散射矩阵元素及其特征变量，研究了简单形体目标的极化分类与识别问题[34-36]。这一阶段，除上述研究成果外，雷达极化学在其他方面的研究几乎停滞不前。由于人们对目标极化散射特性与目标结构等属性的相互关系还缺乏了解，缺乏深入揭示雷达目标的极化散射机理，因此，所提出的目标极化分类与识别方法并不十分实用，但该时期极化雷达在应用中表现出的良好性能催生了第三个阶段的研究热潮。

第三阶段，从20世纪70年代至80年代末，以 Huynen 发表的博士论文《雷达目标唯象学理论》[37]为开端，掀起了第二次研究高潮。在雷达系统研制方面，美国的佐治亚理工学院在1980年研制了极化捷变雷达，并于1984年研制了脉内极化捷变雷达；1985年美国加州理工学院的喷气推进实验室为

NASA 研制出了世界上第一部机载极化 SAR[6]；此外，欧、俄、日、加等国家和地区也相继研发了分时全极化测量体制雷达[38-40]。极化雷达的研制促进了极化测量误差校准技术和极化目标识别技术的发展[41-43]。此外，Nathanson、Giuli、van Zyl 以及 Kostinski 等对极化滤波、目标极化增强和杂波抑制等问题进行了深入研究，并提出了虚拟极化适配、自适应极化对消等极化滤波器实现方法[44-47]。Mese 等对目标极化检测问题进行了研究[48]。1986 年 Giuli 关于雷达极化学长篇综述性文章的发表，标志着窄带雷达极化问题的研究已基本发展成熟[5]。

第四阶段，从 20 世纪 80 年代末至今，雷达极化学研究进入持续活跃期，国内外学者在极化信息获取与处理的各个领域都进行了深入研究并取得了大量研究成果。这一时期，传统的窄带、低分辨、分时全极化测量体制雷达朝着宽带、高分辨、同时全极化测量体制的方向发展。极化与高分辨结合，促进了极化 SAR、极化 ISAR、极化干涉 SAR 等极化成像雷达的研制和应用，美、欧、加、俄、日等国家和地区相继研发了全极化的机载/星载 SAR 系统[49-50]。随着国内外学者对同时全极化测量体制研究的深入[51-54]，该测量体制在气象雷达领域率先得到了研制和应用[55-56]。极化雷达系统获得的大量实测极化数据，促进了目标检测、目标增强、目标特征提取、目标识别和参数反演等极化信息处理技术的发展和应用[57-59]。与此同时，极化雷达信息获取能力的提高，促进了雷达极化学研究从经典极化到瞬态极化的发展。王雪松通过动态观点更加全面地描述了宽带、瞬变电磁波的极化特性，研究了目标瞬态极化散射特性以及目标瞬态最优极化等问题[20]；曾勇虎、李永祯等分别研究了电磁波瞬态极化时频分析方法和瞬态极化统计学，并以瞬态极化时频变换和统计特性为工具，分析了极化雷达目标回波在时频联合域上的瞬态极化特性[11,60-61]。当前，瞬态极化理论及相关技术在目标检测、目标识别和抗干扰等方面已取得了大量研究成果[11,20,22,24,26,60-63]。

1.1.2 极化雷达系统发展现状

早期的极化雷达系统见诸气象雷达[64]，气象目标（诸如云、雨或雪）是由众多的悬浮的水滴或者雪片组成，在重力和空气阻力的共同作用下，大部分降水粒子呈椭球体形状，其对应的交叉极化分量远小于主极化分量，因此，在气象雷达领域进行的极化测量往往仅针对目标回波的主极化回波而言，而交叉极化回波近似忽略。此外，由于气象目标的雷达回波是众多降水粒子后向散射的集合，其散射特性往往由归一化的统计量差分反射率来描述[64-65]。目前，气象雷达按照发射和接收的形式不同可分为分时发射同时接收

（ATSR）体制和同时发射同时接收（STSR）体制。经理论和实践表明，STSR体制能够有效降低气象目标去相关效应对于天气预测的影响，但由于STSR体制的气象雷达需要同时发射两个正交的极化波，该体制对雷达系统尤其是对天线交叉极化隔离度的要求远高于ATSR体制[65]。经过近30年的发展，美国洛克希德·马丁公司研制的WSR-88DP雷达已成为气象观测领域的标杆，如图1.1.1（a）所示。该雷达工作于S波段（2.7~3.0GHz），拥有口径为9m的抛物面天线，最大作用距离460km，天线的交叉极化隔离度小于-40dB，H和V极化波束的增益误差小于0.05dB，系统对差分反射率的测量误差小于0.1dB，差分相位测量误差小于3°[66]。目前，165部WSR-88DP已覆盖美国全境，并组成气象雷达观测网，如图1.1.1（b）所示。

(a) WSR-88DP雷达　　　　　(b) 部署分布示意图

图1.1.1　美国WSR-88DP气象雷达与部署图

与气象雷达不同，应用于遥感、防空领域的极化雷达主要针对的目标为确定性目标，该类目标的后向散射回波通常由一个或几个强散射中心和若干个弱散射中心组成，其雷达散射截面积可用Swerling模型进行描述[67]。在20世纪60年代，由于受工艺水平的限制，极化雷达系统多为非全极化测量体制，该类雷达的极化收发方式包括单极化发射、双极化接收；双极化交替发射并接收，以及双极化同时发射、两路主极化同时接收等方式。典型代表有美国研制的用于弹道防御的ALTAIR雷达[68]，如图1.1.2（a）所示，以及苏联研制的Fan Song SAM制导雷达[69]，如图1.1.2（b）所示。与传统的单极化雷达相比，非全极化测量体制雷达在消除杂波影响、改善目标检测性能方面存在一定优势，但由于非全极化测量体制雷达无法测量目标极化散射矩阵的全部元素，极化测量能力有限，因而在提高雷达抗杂波能力和目标检测性能方面发挥的作用也有限[38]。

(a) ALTAIR雷达　　　　　　　　(b) Fan Song SAM雷达

图 1.1.2　典型的非全极化测量体制雷达

为了能完整测量目标的极化散射矩阵，具有极化测量能力的雷达系统逐渐由非全极化测量体制向全极化测量体制发展。与上述双极化雷达系统不同，具有分时极化测量体制的雷达系统采用"交替发射两个正交极化、双极化同时接收"的模式，其雷达系统的发射部分仅需要一路射频通路，发射信号通过极化捷变器交替传输至双极化天线的两个正交极化端口，雷达至少需要两个脉冲才能完成一次极化散射矩阵的测量，且单个极化通道内雷达的脉冲重复频率下降为原始脉冲重复频率的一半。目前，国内外众多的极化合成孔径雷达（PolSAR）大多采用分时极化测量体制，典型代表有美国麻省理工学院林肯实验室研制的 Ka 波段的机载合成孔径雷达 ADTS[7]，如图 1.1.3（a）所示；加拿大遥感中心（CCRS）研制的 X/C 波段的 CONVAIR-580 SAR[70]，如图 1.1.3（b）所示；德国宇航中心（DLR）于 2007 年发射的首颗高分辨率成像卫星搭载的 X 波段 TerraSAR-X[49]，如图 1.1.3（c）所示；加拿大于 2007 年发射的商用 SAR 卫星 RADARSAT-2[71]，如图 1.1.3（d）所示。在国内，中国电子科技集团第 38 研究所于 2009 年研制了 X 波段极化干涉雷达（POLINSAR）[72]；2016 年我国还发射了第一颗全极化星载 SAR——高分三号（Gao Fen-3）[73]。除了极化 SAR 之外，1993 年加拿大 McMaster 大学基于分时极化测量体制设计了 IPIX 全极化雷达用于对海观测[74]，如图 1.1.3（e）所示；2018 年国防科技大学研制了临近空间全极化雷达用于对空探测，如图 1.1.3（f）所示。总的来看，基于分时极化测量体制的极化雷达系统的设计方案日趋成熟，是目前实现全极化测量的首选方案。

1990 年 Giuli 等学者提出了同时极化测量体制[51]，采用同时极化测量体制的雷达系统能够同时发射一组正交波形，然后雷达分别在两个正交极化通道上接收回波信号并进行处理，由于雷达发射波形的自相关函数远大于互相

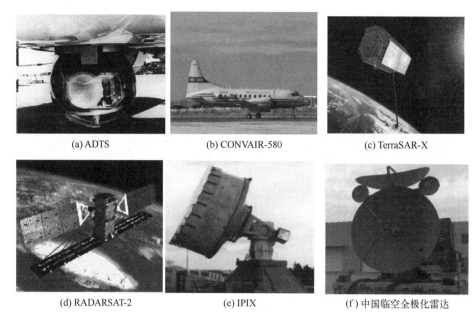

(a) ADTS　　(b) CONVAIR-580　　(c) TerraSAR-X

(d) RADARSAT-2　　(e) IPIX　　(f) 中国临空全极化雷达

图 1.1.3　典型的分时极化测量体制雷达

关函数，因此，理论上仅对一个雷达脉冲回波进行处理即可获得目标极化散射矩阵的全部散射元素。与分时极化测量体制雷达相比，同时极化测量体制雷达需要两个发射链路，其设计更为复杂；但由于同时极化测量体制雷达并没有使用极化捷变器，不同通道间极化隔离度可达-50dB甚至更高[75]。典型的同时极化测量体制雷达有：法国国家航空航天研究中心（ONERA）于2003年研制的 X 频段空中目标监视全极化成像雷达 MERIC[8]，如图1.1.4（a）所示；荷兰代尔夫特理工大学 IRCTR 实验室于2008年改造的全数字化气象雷达（PARSARX），如图1.1.4（b）所示，虽然 PARSARX 是一部气象雷达，但该雷达具有运动目标极化散射矩阵测量能力[76]。此外，国防科技大学于2008年研制了国内首部同时极化测量体制雷达——瞬态极化雷达（KD-IPR）[77]，如图1.1.4（c）所示。需要说明的是，具备同时极化测量能力的雷达可根据实际需要选择性地工作于分时、准同时以及同时极化测量体制。

除了主流的分时和同时极化测量体制，2000年法国学者 Imbo 首次提出使用紧凑型极化测量体制也能够实现对目标极化散射矩阵的测量。使用紧凑型极化测量体制的雷达设备能够在一个脉冲内获取目标极化散射矩阵，但该测量体制要求被测目标具有方位向对称性[78]。典型的紧凑型极化测量体制雷达有：2008年印度空间研究组织（ISRO）研制的 S 频段 Mini-SAR[79]，以及2009年 NASA 研制的月球探测系统 Mini-RF[80]。鉴于大多数人造目标并不能

第1章 绪论

满足方位向对称性的要求，紧凑型极化测量体制的应用场景有限。此外，针对传统的单极化雷达，国防科技大学罗佳等利用单极化天线的空域极化特性实现了对目标极化散射矩阵的测量，在无须对单极化雷达进行硬件改造的情况下，使雷达具有一定极化测量能力[81]。基于天线空域极化特性对目标极化散射矩阵进行测量，其测量结果受天线类型、目标运动状态和天线空域极化特性变化显著性等因素制约，测量精度低于同等条件下全极化雷达的测量结果[82]。

(a) MERIC

(b) PARSARX

(c) KD-IPR

图 1.1.4 典型的同时极化测量体制雷达系统

总的来看，极化雷达系统的发展经历了从单极化到双极化再到全极化，测量体制经历了从分时极化到同时极化的发展过程。

1.2 雷达极化信号处理研究现状

1.2.1 雷达目标极化特征表征

当电磁波照射到雷达目标时，散射波的极化方式通常不同于入射波的极化方式，也就是说目标存在"去极化"效应，美国俄亥俄州立大学天线实验室的 Sinclair 最早明确指出了这一现象，并用一个相干散射矩阵加以表示，即目标极化散射矩阵（PSM），这被认为是雷达极化学研究的开端[83]。其后，Kennaugh 进行了更加深入的研究，并于 1952 年针对互易性、单静态、相干散射情况，提出了"目标最佳极化"的概念，为经典雷达极化学奠定了基础[84]。20 世纪 60 年代，Huynen 发展了目标最佳极化的概念，利用 Poincaré 极化球和极化 Stokes 矢量表征法，提出了著名的 Huynen 极化叉的概念，并于 1970 年在其博士论文《雷达目标唯像学原理》中，系统阐述了极化散射矩阵元素与目标物理结构属性之间的内在联系，指出了极化信息用于目标分类、识别的可能性[37]。Huynen 的研究成果极大促进了雷达极化学的发展，掀起了极化理论研究的又一次热潮。20 世纪 80 年代初期，Boerner 领导的研究小组研究了双静态、非互易及非相干情况下的目标最佳极化问题[85]，并研究了交叉极化接收情况下的最佳极化问题，提出了意义更加广泛的极化树概念[86]。此外，Brickel[87]、Guissard[88]及Hubbert[89]等学者对相干、非相干情况下的目标极化散射表征作了进一步发展。

随着雷达技术的发展，特别是高分辨成像雷达的出现，雷达极化学研究有了又一次飞跃式发展，其中最具代表性工作之一的是目标极化分解理论。Huynen最早研究了目标极化分解理论，他在其博士论文中将互易条件下的目标极化散射矩阵分解成五个独立参数，与具体的目标物理属性联系起来，同时，针对非相干散射情况，将目标Mueller矩阵分解成一个确定性目标和一个噪声目标[37]。此后，Cameron、Krogager、Boerner、Freeman及Cloude等学者在极化SAR图像解译中，继承和发展了极化分解理论[90-95]。当前极化分解理论大体分为两类：一类称作相干极化分解，包括Cameron分解[90]、Krogager分解[91]等，其基本原理是将目标极化散射矩阵分解成几类基本散射结构的线性组合；另一类是基于目标极化散射二阶统计特性的非相干极化分解，例如，Freeman提出了奇次-偶次-漫散射分解方法[92]，Cloude提出的$H/A/\alpha$极化分解[93-94]，以及Holm提出的分解方法[95]等。

随着宽带高分辨雷达的发展，人们又用时变、频变的观点重新认识了目标的极化散射现象。1991年，Chamberlain提出了目标瞬时极化响应（TPR）的概念，并利用椭圆曲线拟合技术研究了五种大型商用飞机目标的极化结构[57]，这一理论被文献［96］加以发展应用。文献［97-100］研究了目标极化结构的动力学特性及其在目标识别中的应用，提出了极化状态距离、极化频率稳定度和极化谱等概念。在1999年，文献［20］构建了"瞬态极化理论"框架，并以此研究了目标的瞬态极化表征问题。以此为基础，文献［11］研究了目标瞬态极化散射特性的时频域表征，文献［60］研究了高斯分布条件下目标散射特性的瞬态极化统计表征，文献［61］研究了非高斯分布条件下目标散射特性的瞬态极化统计表征。

然而，当前针对目标极化特性表征的研究大都是在静态观测条件下得到的，还较少考虑目标运动对其极化特性的调制影响，难以准确揭示飞机、导弹等目标在运动情况下的散射特性。因此，需要采用时变、动态的观点重新审视动态目标的极化散射特性，以期推动雷达极化技术走向实用。

1.2.2 雷达极化测量体制

目标极化特性测量是极化信息应用的前提和基础，极化滤波、极化增强、极化目标识别等均需准确获取目标、杂波或干扰的极化特性。按雷达发射、接收端在极化维的自由度来划分,现有雷达系统大体可分为三类:单极化雷达、双极化雷达及全极化雷达。单极化雷达是指发射和接收端的极化状态均为固定的单一极化,常规的不具有极化信息测量能力的雷达均属于该类系统,这种雷达体制仅能获得目标极化散射矩阵的一个元素,不具备极化信息获取与处理能力。在原有单极化雷达基础上增加一路正交极化接收通道就构成了双极化雷达,该雷达体制采用"单极化发射、正交极化同时接收"的工作模式,具备了一定的极化信息获取与处理能力。通过对正交极化通道的接收信号进行融合处理,可以提高输出信噪比(SNR),提高雷达的目标检测性能。同时,对两路接收信号进行复加权求和处理,还可以实现一定的抗干扰功能。然而,双极化雷达仅能够测量目标散射矩阵的一列元素,无法获取目标完整的极化散射信息,例如,发射 H 极化,同时接收 H、V 极化时,仅能得到目标极化散射矩阵的 HH、VH 元素。因此,这种极化测量体制雷达的极化信息利用程度有限。

为此,自 20 世纪 80 年代起,国内外学者开始研究全极化测量体制,研制了多台(套)全极化雷达系统。全极化雷达能够完整测量目标极化散射矩阵的四个元素,为各种极化信息处理提供了数据支持。从发射、接收端的极化组合来划分,当前全极化雷达的极化测量体制大体分为分时极化测量体制、同时极化测量体制以及紧凑极化测量体制。在这几种极化测量体制下,目标回波信号中均包含有目标完整的极化散射信息,但在系统实现结构、发射波形、信号处理等诸多方面存在明显差别,下面加以详细说明。

1. 分时极化测量体制

分时极化测量体制雷达以脉冲重复间隔(PRI)为周期轮流发射正交极化(H,V)信号,并同时接收 H、V 极化信号,该类体制的极化雷达是利用连续两个脉冲测量得到完整的极化散射矩阵。这种测量体制通常被称为分时极化测量体制,其系统框图如图 1.2.1 所示。分时极化测量雷达具有一路极化可变的发射通道、两路独立的正交极化接收通道,其发射信号波形和接收信号处理与传统极化雷达并无本质差别。

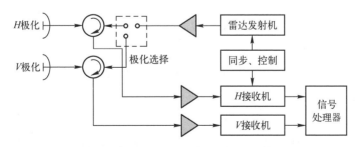

图 1.2.1　分时极化测量雷达的系统结构框图

使用分时极化测量体制的全极化雷达系统虽然能够获得目标极化散射矩阵全部的散射元素,但尚存在一些固有缺陷,具体表现为:

(1) 为精确获取目标在不同极化通道内的散射元素,通常假定目标雷达横截面积(RCS)满足 Swerling I 型,且进一步假定目标极化散射矩阵在一次极化测量或一个相干处理时间内保持不变;而对于散射特性随时间快起伏的目标,分时极化测量体制则会造成雷达实测极化散射矩阵两列元素之间存在去相关效应。

(2) 分时极化测量体制雷达需要在脉冲间实现发射极化的切换,早期的以电机驱动的旋转阀开关而导致难以严格控制不同脉冲回波信号的相参性,因而并不适用于相参体制的雷达系统。基于铁氧体移相器的极化捷变器虽然克服了上述困难,但其极化隔离度一般为 $-20\sim-25\text{dB}$,加之系统收发天线的串扰误差,在雷达未经校准的情况下,则会影响雷达对交叉极化通道散射元素的测量。

(3) 由于分时极化测量体制雷达至少需要两个脉冲才能完成一次极化散射矩阵测量,对于运动目标而言,目标运动产生的多普勒效应会在实测极化散射矩阵两列元素之间引入额外的多普勒调制,导致测量结果失真。

2. 同时极化测量体制

针对分时极化测量体制的不足,20 世纪 80 年代末 Sachidananda 等[101]最先提出了同时极化测量的思路;在此基础上,Giuli 等[51]提出发射一次脉冲测量目标相干极化散射矩阵,即同时极化测量体制,其核心思想是雷达发射信号由两个具有一定带宽的调制信号相干叠加得到,两个正交极化通道的发射波形尽可能正交,然后对雷达回波信号同时进行两路正交波形的相关接收,利用信号调制的正交性分离出不同发射极化对应的回波,从而利用一个脉冲周期得到目标极化散射矩阵四个元素的估计值,其系统结构框图如图 1.2.2 所示。

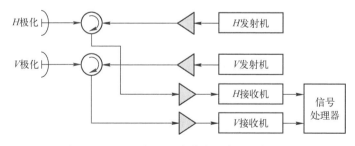

图 1.2.2 同时极化测量雷达的系统结构框图

同时极化测量体制和先进极化信息处理技术相结合,可以实现对动态、时变的全极化信息进行获取、处理和利用,从而显著提高雷达在目标检测、抗干扰、目标识别和参数反演等方面的能力，在气象雷达目标参数反演、高速运动目标检测与跟踪、极化成像雷达对地遥感侦察等领域具有重要的应用价值。

然而，相较于分时极化测量雷达，这种体制雷达虽省去了价格昂贵的发射极化切换器件，消除了多普勒频率及其变化对 PSM 相位测量精度的影响等，但因增加了发射射频通道，使得设备量增大、系统复杂，以及价格相对高昂。此外，该体制雷达在发射信号波形设计和信号处理等方面与传统雷达存在较大差别。

3. 紧凑极化测量体制

紧凑极化测量体制是近些年提出的一种特殊的极化测量体制，称为 Compact polarity 或者 Hybrid polarity 体制，即"紧凑极化测量体制"，主要用于空间 SAR 探测[102-103]。紧凑极化测量体制主要有两种模式：一种是 $\pi/4$ 模式，主要是指极化雷达发射 45°线极化信号，同时接收 H/V 极化信号；另一种是 Hybrid-polarity（DTLR）模式，是指极化雷达发射圆极化信号，同时接收 H/V 极化信号。以 DTLR 模式为例，图 1.2.3 给出了紧凑极化测量雷达的系统结构框图。需要注意的是，当且仅当发射极化是圆极化时，散射矩阵的 Stokes 参数的四个量是关于目标取向不变的。这种体制的优势在于制造工艺相对简单，具有自校准特性，不易受到噪声和交叉极化通道影响。

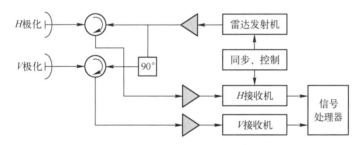

图 1.2.3　紧凑极化测量雷达的系统结构框图

对当前的极化测量体制进行综合比较可以发现：传统双极化测量体制对天线极化隔离度和雷达的信息处理能力要求不高，系统相对较为简单，但其极化测量能力相对较低，不能获取目标完整的相干极化散射矩阵。分时极化测量体制对天线极化隔离度的要求依旧不高，但与前者相比其信息处理能力的要求提高，系统的复杂度和设备量也均有所提高，随之带来的是分时极化测量体制的极化测量能力大为提升，能够获得完整的极化散射矩阵。但是由于其对高速运动目标或大尺度分布式目标进行极化测量时，难以保证测量精度，因此分时极化测量体制并不能称为完全意义的全极化测量雷达。与前两种极化测量体制相比，同时极化测量体制对天线极化隔离度和雷达的信息处理能力要求均较高，由于极化测量波形及其信号处理过程对雷达系统提出了新的要求，虽然雷达系统的复杂度进一步增大，但相应的其极化测量能力也大幅提高。尤其是对于高动态机动目标、大尺度分布式目标等进行较为精确的极化散射特性测量，同时极化测量体制仍是未来乃至相当长一段时期内极化测量体制发展的主流趋势。紧凑极化测量体制的制造工艺相对简单，对具有特定形状的目标极化特性进行测量具有很大的优势，具有特殊的应用背景，普适性有限。表 1.2.1 直观地从上述几个角度对这四类极化测量雷达体制进行了对比分析。

表 1.2.1 极化测量体制比较

技术指标	测量体制				
	天线隔离度要求	信号处理能力	系统复杂度	造价	极化测量能力
第一类：双极化体制	低	低	低	低	低
第二类：分时极化体制	低	低	中	中	较高
第三类：同时极化体制	高	高	高	高	高
第四类：紧凑极化体制	低	高	低	低	较高

综上所述，极化测量体制雷达的发展呈现出以下几点趋势：

(1) 由单极化体制向双极化/全极化体制发展；

(2) 由分时极化体制向同时极化体制发展；

(3) 全极化体制与其他先进雷达体制的兼容实现，诸如相控阵、三维成像和多输入多输出（MIMO）等雷达体制。

1.2.3 雷达极化检测

利用雷达极化信息提高目标检测性能的研究始于 20 世纪 50 年代，国外要早于国内。在国外方面，早期的研究包括：文献 [104] 对接收极化分集非相干测量雷达起伏目标的极化检测问题进行了研究，以接收回波 Stokes 参数的时间平均估计为输入量推导了双通道极化检测算法；文献 [105] 对收发极化分集相干测量雷达的目标检测问题进行了研究，并就起伏目标极化角的改变对检测性能的影响进行了对比分析，指出对于去极化目标，通过联合控制发射极化和接收极化，可获得高的检测性能。1989 年，麻省理工学院林肯实验室的 Novak 博士等研究了地杂波背景中目标的极化检测问题，假定目标和杂波参数已知，提出了最优极化检测器（OPD），并比较了它与一致似然比检验（ILRT）、极化白化滤波器（PWF）和张成（SPAN）检测器间的检测性能[106]。Novak 设计的检测器是基于全极化测量雷达，一般被看作全极化雷达目标检测研究的开端。

由于 Novak 提出的一系列检测器要求对目标及杂波散射矩阵参数已知，而这种假设在工程应用难以实现，于是各种基于辅助数据的极化检测器相继出现。首先，针对双极化阵列雷达的目标检测问题，美国雪城大学的 Park 等将极化信息与空时自适应处理（STAP）技术相结合，提出了雷达阵列流形已知条件下极化-空-时域广义似然比（PST-GLR）检测方法及相应的改进方法[107]。随后，针对全极化阵列雷达的目标检测问题，意大利罗马大学的 Lombardo 等研究了高斯/非高斯杂波背景雷达目标极化自适应检测问题，借助于辅助通道杂波数据估计待检测单元杂波协方差矩阵，分别对高斯/非高斯杂波背景下的目标检测提出了极化广义最大似然比（下称 P-GLRT-1）检测器和极化纹理无关广义似然比（TF-GLRT）检测器。接着，意大利那不勒斯"费德里克"二世大学的 De Maio 教授对极化检测问题进一步展开深入研究[108]，针对文献［109］和［110］中采用一般 GLRT 处理带来的检测器结构复杂、不易实现的问题，转而采用 Robey[111] 的两步 GLRT 检测处理方式，分别就高斯/非高斯杂波背景下的极化检测问题提出了统计量结构更简单、检测性能更优的极化自适应匹配滤波器（PAMF）和极化广义似然比（下称 P-GLRT-2）检测器；鉴于文献［112］中检测问题不存在单边最大势（UMP）检测，基于 Rao 方法和 Wald 方法，分别推导得到了 P-Rao 检测器和 P-Wald（下称 P-Wald-1）检测器，性能分析表明，在辅助通道杂波数据较少的条件下，P-Wald-1 方法较 P-GLRT-2 和 P-Rao 法的检测性能更好更稳健。

学者们也尝试利用雷达极化优化提高目标检测性能。美国华盛顿大学 Hurtado 和 Nehorai 等[113]研究了一种强非均匀背景下静止或慢运动目标的极化检测方法，提出当利用目标多普勒信息无法检测和分辨目标时，可采用目标与杂波的极化差异来提高目标的检测性能，值得一提的是，该检测器可对雷达发射极化进行自适应控制，分析结果表明，采用极化自适应控制比固定极化检测器可实现检测性能提升 3dB。此外，对于极化 MIMO 雷达，美国普林斯顿大学的 Calderbank 等[103]研究了集中式全极化 MIMO 雷达的天线设计问题，提出了一种基于 Golay 编码的全极化 MIMO 雷达相位编码波形，相对传统全极化雷达检测性能提升了 6dB。华盛顿大学的 Gogineni 等[114]从检测能力提升的角度研究了分布式全极化 MIMO 雷达的极化自适应设计问题，推导了相应的极化检测器，验证了分布式极化自适应 MIMO 雷达相对分布式极化方式固定 MIMO 雷达和传统极化雷达的性能提升潜力。

在高距离分辨（HRR）条件下，目标不再为"点目标"而是"分布式目标"，或称之为"扩展目标"，而合理利用高分辨雷达条件下目标的散射特性，设计扩展目标检测器将显著提高目标的检测性能。针对高分辨条件下的极化检测问题，受美国海军实验室的 Maio 提出的基于筛选法的修正广义似然比检测（MGLRT）用于分布式目标自适应检测的启发，提出了一种分布式目标的极化修正广义似然比检测方法（P-MGLRT）[115]，验证了极化信息的引入具有进一步提升分布式目标检测性能的能力。在此基础上，同样是针对分布式目标极化检测问题，文献［116］推导了需借助于辅助通道杂波数据的针对分布式目标检测的 P-Wald（下称 P-Wald-2）检测器、P-GLRT（下称 P-GLRT-3）检测器和仅利用待检测单元通道数据的极化自适应 MGLRT 检测器（PAM-GLRT），性能分析证实了 P-Wald-2 较 P-GLRT-3 和 PAMGLRT 有着更优、更稳健的检测性能。此外，Farina 等研究了基于高距离分辨率极化雷达的目标检测和分类问题[117]；俄罗斯 Tatarinov 等提出了"极化多普勒响应函数"的概念，并利用极化-多普勒差异来鉴别背景杂波中的微弱运动目标[118]。美国学者 Garren 等[119]研究了目标和干扰极化特性已知条件下以提高目标检测和识别性能为目的的发射极化波形和接收滤波器最优设计问题，以信杂噪比（SC-NR）最大作为准则，提出了波形极化的最优设计方案，并利用坦克、装甲车目标电磁计算目标特性数据证实，在低信杂比（SCR）条件下（SCR = 0dB），波形极化自适应设计可实现目标检测能力提高 4dB。但需要指出的是，文献［119］提出的求最优波形极化迭代计算方法无法确保迭代结果随迭代次数的单调递增性能，造成在计算过程中迭代算法常陷入死循环，针对这一情况，文献［120］提出了相应的改进方法，确保迭代算法的单调递增性能。

在国内方面，极化检测方面也取得了大量的研究成果。北京理工大学的柯有安先生可谓国内研究极化的第一人，1963 年在《电子学报》上发表文章《雷达散射矩阵与极化匹配接收》[121]，详细阐述了 Sinclair 极化散射矩阵和极化匹配接收的概念，接着分别于 1978 年、1987 年在《电子技术》[122]和《现代雷达》[123]上发文就极化表征理论和极化目标识别的应用潜力进行了论述。1992 年，柯有安等[124]提出可利用极化信息进行雷达反隐身的技术思路。空军第二研究所一批老专家从 20 世纪 90 年代至今都在研究极化技术，特别地，在极化检测技术方面，1996 年，王被德[125]在《现代雷达》上详细介绍了 Novak 在极化检测方面的工作，指出雷达采用极化增强和极化检测技术后，对各种类型、各种姿态的目标，平均可提高探测能力 6~10dB。哈尔滨工业大学的乔晓林、刘永坦和宋立众等自 20 世纪 90 年代开始致力于极化导引头和高频地波雷达的极化滤波、检测和抗射频干扰等问题研究。在极化检测方面，2003 年，乔晓林等[126]针对相参雷达体制提出了基于极化和相位编码的雷达信号相关检测方法，在用二相编码完成脉冲压缩的基础上利用极化编码进行相关检测，该方法不但提高了雷达的检测性能，而且由于采用了新型的极化编码技术，可以提高雷达的抗干扰能力；2006 年，乔晓林等[127]针对强杂波环境提出了一种极化域新的自适应滤波算法，基于线性约束最小方差准则，采用变极化接收技术，实现对信号的最佳接收，为实现实时处理和自适应快速变化的干扰，推导了一种递推极化滤波算法，仿真结果也证明了该方法的有效性。2013 年，宋立众等[128]在论述一种极化 MIMO 雷达导引头关键技术中提出了利用能量进行一次检测后再基于极化特性进行二次检测的两级检测方案，认为该信号检测方法较为充分地利用了回波的能量和极化信息，目标的检测性能得以显著提高。此外，西安电子科技大学廖桂生教授团队研究和比较了 PST-GLR 与其改进方法的性能[129]；西安电子科技大学刘军和刘立东则分别研究了雷达目标的子空间检测方法[130]和极化自适应检测方法[131]。哈尔滨工业大学电子科技大学何子述教授、饶妮妮教授、崔国龙教授等团队分别研究了海上小目标的自适应极化检测、极化 MIMO 雷达隐身目标的检测、相控阵雷达中的极化空时联合处理、极化 MIMO 雷达目标检测等[132-134]。国防科技大学长期从事雷达极化理论和技术研究，在极化检测理论和技术方面有着较深的积累，相关研究包括：孙文峰等[135]提出了一种宽带毫米波雷达体制下，基于高分辨一维距离像的强地物杂波背景中目标检测方法，即自适应距离单元积累检测法；针对高分辨雷达回波极化度往往较低的情况，王雪松等[136]基于目标回波为目标体上各个散射中心独立散射回波的相干合成这一事实提出了一种接收横向极化滤波器组的概念，利用它进行了极化雷达信号的检测研究，获得了良好的检测效果；徐振海等提出一种先利用极化白化器对三个极化通道的回波进行融合，然后对散射中心进行检测，最后利用检测到的散射中心数目判定雷达目标有无的检测方法[22]。

1.2.4 雷达极化抗干扰

极化抗干扰是雷达极化信息应用中非常重要的一个研究课题，因为极化信息可以显著提高雷达系统的抗杂波、抗无源干扰及抗有源干扰性能。针对面临的干扰样式不同，当前极化抗干扰技术大致分为：抗杂波干扰、抗无源诱饵干扰、抗有源压制干扰及抗有源假目标干扰四类，对应的主要方法以及各种抗干扰方法采用的核心理论和关键技术如图 1.2.4 所示。

1. 极化抗杂波干扰

极化抗干扰的最早应用是针对雨杂波、地（海）杂波干扰提出的，用于提高雷达系统在强杂波背景中的目标探测能力。例如，人们很早就认识到采

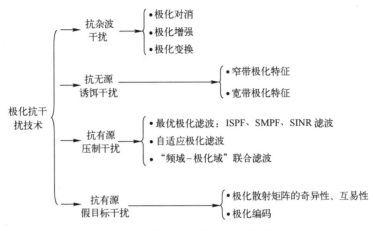

图 1.2.4 当前主要的极化抗干扰方法

用圆极化天线能够抑制雨杂波,抑制性能在 10~35dB。1975 年,Nathanson 在研究雨杂波抑制问题时,给出了著名的自适应极化对消方法(APC),通过自适应地调整正交极化通道接收信号的复加权系数,可以有效抑制极化状态固定或缓变的杂波干扰[44]。1984 年,Poelman 提出了多凹口极化滤波器(MLP)用于抑制杂波干扰[137];1985 年及 1990 年,Giuli 和 Gherardelli 将 APC 和 MLP 滤波器结合,分别提出了改进算法,提高了 MLP 的自适应能力[45,138]。国内,张国毅、乔晓林等针对高频地波雷达,提出了序贯极化滤波法、频域-极化域联合滤波算法等[9,139-140]。

目标极化增强是抗杂波干扰的另外一种思路,大体可分为两类:一类是针对雷达接收功率最优化提出的,Kostinski 和 Boerner 于 1985 年针对无噪声、无杂波环境中非时变目标回波的极化增强问题,提出了著名的最佳极化求解三步法原理[47],1987 年又提出了存在杂波情况下的扩展三步法原理[141],Santalla V 和 Yang 等分别发表了关于极化对比增强的文章[16,58]。另一类是极化 SAR 图像中的目标对比增强[142-143],立足于极化 SAR 图像中目标和杂波的极化统计特性差异,通过求解一组最优收、发天线极化组合,使输出信杂比(SCR)最大,改善了 SAR 图像中的目标检测性能。

2. 抗无源诱饵干扰

除采用箔条云来掩盖真实目标回波外,突防飞机、导弹等目标还会抛撒多种无源诱饵,以扰乱防御雷达的正常工作。例如,突防飞机在确定己方被跟踪后,可能投放箔条弹,使敌方跟踪雷达出现失跟、误跟现象;在弹道导弹突防中,突防弹头可能释放各种轻诱饵和重诱饵来诱骗防御雷达系统。要识别这种无源诱饵干扰,除利用运动特性、几何外形、RCS 起伏特性以外,还有极化信息提供了一种新的有效技术途径。针对反舰雷达导引头的应用背景，文献［144］在舰船目标和箔条弹可分辨条件下，提出了以极化角为特征量的箔条弹干扰鉴别方法，实测数据验证了算法的有效性。文献［145］分析了角反射器无源干扰的极化特性，用 Krogager 极化分解理论提取出极化特征量，利用支持向量机算法实现了假目标的有效识别。文献［146］分析了弹头极化散射矩阵和弹头姿态的关系，利用弹头和诱饵的运动特性差异，提出了一种基于全极化信息的真假目标识别方法。

3. 抗有源压制干扰

有源压制干扰可以在距离、速度或图像域掩盖真实目标回波，干扰监视、制导、成像雷达的目标检测、跟踪及成像功能。众所周知，有源干扰信号的极化状态由干扰机天线的极化方式决定，在雷达一次处理时间内通常具有很高的极化度，这为利用极化信息来对抗有源压制干扰提供了物理前提。对抗有源压制干扰最直接的方法就是极化滤波，最优极化滤波是其中研究较多的一类[147-153]。最优极化滤波器大体可分为三类[148]：以输出干扰功率最小化（ISPF）为准则的干扰抑制极化滤波器；以输出目标信号功率最大化（SMPF）为准则的目标匹配极化滤波器；以输出信号干扰噪声比（SINR）最大为准则的 SINR 极化滤波器，文献［148］对比分析了这三种极化滤波器的性能和适用范围。1995 年，Stapor 研究了单一信号源、干扰源和完全极化情况下，以 SINR 最大为准则的最优化问题[147]。王雪松、徐振海、杨运甫等研究了 SINR 极化滤波器的优化求解问题[148-152]。然而，上述最优极化滤波方法需要知道目标信号、干扰信号的极化参数，这些参数通常是未知的，需要由测量数据估计得到。因此，具有极化参数估计功能的自适应极化滤波器成为一个新的发展方向，文献［153］针对干扰抑制和目标匹配的联合处理问题，提出了干扰背景下的收发最优极化估计方法。另外，哈尔滨工业大学的张国毅博士研究了高频地波雷达中的极化滤波方法，利用多个天波电台干扰在频域和极化域存在差异的特点，提出了频域-极化域的联合滤波方法[9]。文献［82］分析了典型抛物面天线的空域极化特性，基于该特性提出了一种对抗有源压制干扰的方法。文献［154］将极化信息和频率信息相结合，采用极化、频率联合捷变方法来对抗压制式干扰。在发射端不断改变信号的极化方式和频率；接收时利用极化滤波处理增强信干噪比，抗干扰效果良好。文献［128］提出一种新体制导引头，其核心是使用双极化天线阵列，各子阵发射正交信号。利用匹配滤波技术来实现信号分离，并使用瞬态极化检测技术来提升其抗干扰性能。文献［155］针对转发式干扰，构建了全极化单脉冲雷达的系统模型，并利用测量得到的目标极化散射矩阵信息来鉴别和抑制干扰。

4. 抗有源假目标干扰

近年来，随着直接数字合成（DDS）、数字射频存储器（DRFM）等先进技术的发展，新型应答式、转发式的有源欺骗干扰已成为新一代电子干扰的重要措施[156]。这种新型干扰设备通过精确复制或转发雷达信号，能够产生时频特性十分逼真的虚假干扰信号，在距离、速度甚至图像域上欺骗雷达系统，起到以假乱真的效果。然而，有源假目标与真实目标在极化特性上通常具有明显差异，因此，国内学者研究了基于极化特性的有源假目标干扰鉴别方法。文献［157］分析了几种简单形体目标与固定极化假目标干扰在散射特性上的差异，以极化散射矩阵的奇异性和互易性进行真假目标鉴别；文献［26］研究了干扰信号和目标回波的瞬态极化投影矢量（IPPV）在脉间的变化规律，在此基础上提出了以IPPV起伏度为特征量的真假目标鉴别方法；文献［158］主要利用了真假目标极化散射矩阵的奇异性差别，实现了对固定极化和脉间变极化假目标干扰的有效鉴别；文献［159］研究了基于极化编码的有源假目标干扰鉴别方法。另外，文献［160］和［161］研究了角闪烁干扰的极化抑制算法。文献［162］提出利用两正交极化天线同时接收信号，通过比较两天线的测角误差实现了对干扰的识别与抑制。文献［163-165］介绍了几种利用极化滤波技术对主瓣干扰进行抑制的方法，但是并不适用于存在多个极化方式不同的主瓣干扰的情况。文献［166］针对相干两点源角度欺骗式干扰，提出了一种二元假设检验方法，鉴别效果良好。文献［167］将目标检测问题转换为二元假设统计检测问题，建立标量辨别模型，通过不断改变发射天线的极化方式来获取最优发射极化，进而提高目标的检测性能，从而达到抗干扰的目的。

1.3 本书主要内容

本书主要以极化信息在防空反导、精确制导等领域雷达中的应用为研究背景，以瞬态极化理论应用为牵引，开展了极化雷达信号处理的基础理论、关键技术与典型应用等研究，涵盖电磁波极化及其表征、动态雷达目标宽窄带极化特性、典型雷达极化测量、目标信号极化检测以及极化抗噪声压制干扰、转发式假目标极化识别和极化单脉冲测角与干扰抑制等研究内容。本书提供的雷达极化信号处理理论模型和算法及部分验证实例，可为极化雷达系统的研制发展和雷达极化信息的高效利用提供有益参考。各章内容简介如下：

第1章主要介绍极化雷达系统以及雷达极化信号处理的发展现状。第2章介绍电磁波极化及表征、动态目标的宽窄带极化特性等雷达极化相关基础知识。第 3 章介绍 3 种极化测量技术：基于三极化测量体制的运动目标极化散射矩阵测量、基于调幅线性调频波形的运动目标极化散射矩阵测量，以及基于全极化正交频率分集（OFDM）波形的宽带极化测量技术。第 4 章介绍基于收发极化优化的目标检测器设计方法。第 5 章讨论经典极化滤波方法中极化状态参数的估计问题以及典型的极化滤波器，并介绍一种宽带雷达噪声压制干扰条件下的自适应极化对消方法。第 6 章针对转发式假目标干扰样式，介绍 3 种极化识别技术：有源多假目标的极化识别与抑制、基于瞬态极化雷达的有源假目标鉴别与抑制，以及基于极化相关特性的 HRRP 欺骗干扰鉴别技术。第 7 章讨论极化单脉冲雷达测角与干扰抑制问题。针对窄带和宽度单脉冲雷达对抗箔条质心干扰问题，介绍基于极化单脉冲雷达的点（分布式）目标的角度估计方法；针对有源转发式干扰，介绍一种转发式干扰的全极化单脉冲雷达鉴别方法。

参 考 文 献

[1] Skolnik M I. 雷达系统导论［M］. 3 版. 左群声, 等译. 北京：电子工业出版社, 2006.
[2] 黄培康, 殷红成, 许小剑. 雷达目标特性［M］. 北京：电子工业出版社, 2005.
[3] 赵国庆, 等. 雷达对抗原理［M］. 西安：西安电子科技大学出版社, 1999.
[4] 庄钊文, 肖顺平, 王雪松. 雷达极化信息处理及其应用［M］. 北京：国防工业出版社, 1999.
[5] Giuli D. Polarization diversity in radars［J］. Proceedings of the IEEE, 1986, 74（2）：245-269.
[6] Zebker H A, van Zyl J J. Imaging radar polarimetry：a review［J］. Proceedings of the IEEE, 1991, 79（11）：1583-1606.
[7] Henry J C. The Lincoln laboratory 35 GHz airborne SAR imaging radar system［C］//Proceeding of Telesystems Conference. Atlanta, USA, 1991：353-358.
[8] Titin-Schnaider C, Attia S. Calibration of the MERIC full-polarimetric radar：theory and implementation［J］. Aerospace Science and Technology, 2003（7）：633-640.
[9] 张国毅. 高频地波雷达极化抗干扰技术研究［D］. 哈尔滨：哈尔滨工业大学研究生院, 2002.
[10] Barbur G. Processing of dual-orthogonal CW polarimetric radar signals［D］. Delft, Netherland：Technology University Delft, 2009.
[11] 曾勇虎. 极化雷达时频分析与目标识别的研究［D］. 长沙：国防科学技术大学, 2004.
[12] Boerner W M. Basics of SAR polarimetryⅡ［C］//Radar Polarimetry and Interferomety.

Washangton, DC, USA, 2004: 56-63.

[13] Novak L M, Burl M C. Optimal speckle peduction in polarimetric SAR imagery [J]. IEEE Transactions on Aerospace and Electronic Systems, 1990, 26 (2): 293-305.

[14] Touzi R, Goze S, et al. Polarimetric discrimintors for SAR images [J]. IEEE Transactions on Geoscience and Remote Sensing, 1992, 30 (5): 973-980.

[15] 徐牧. 极化 SAR 图像人造目标提取与几何结构反演研究 [D]. 长沙: 国防科学技术大学, 2008.

[16] Santalla V, Antar Y M M, Pino A G. Polarimetric radar covariance matrix algorithms and applications to meteorological radar data [J]. IEEE Transactions on Geoscience and Remote Sensing, 1999, 37 (2): 1128-1137.

[17] Santalla del Rio V. Least squares estimation of Doppler and polarimetric parameters for weather targets [J]. IEEE Transactions on Geoscience and Remote Sensing, 2007, 45 (11): 3760-3772.

[18] Galletti M, Bebbington D H O, Chandra M, et al. Measurement and characterization of entropy and degree of polarization of weather radar targets [J]. IEEE Transactions on Geoscience and Remote Sensing, 2008, 46 (10): 3196-3207.

[19] Mott H. 极化雷达遥感 [M]. 杨良汝, 等译. 北京: 国防工业出版社, 2008.

[20] 王雪松. 宽带极化信息处理的研究 [D]. 长沙: 国防科学技术大学, 1999.

[21] 冯德军, 王雪松, 肖顺平, 等. 全极化高分辨雷达距离像统计识别方法 [J]. 电子与信息学报, 2006, 28 (3): 517-521.

[22] 徐振海, 王雪松, 周颖, 等. 基于 PWF 融合的高分辨极化雷达目标检测算法 [J]. 电子学报, 2001, 29 (12): 1620-1623.

[23] 曾勇虎, 王雪松, 肖顺平, 等. 高分辨极化雷达检测中极化滤波器的选择 [J]. 系统工程与电子技术, 2005, 27 (2): 201-287.

[24] 李永祯, 王雪松, 徐振海. 基于强散射点径向积累的高分辨极化目标检测研究 [J]. 电子学报, 2001, 29 (3): 307-310.

[25] 李永祯, 王雪松, 李军. 基于 Stokes 矢量的高分辨极化检测方法 [J]. 现代雷达, 2001, 23 (1): 52-58.

[26] 李永祯, 王雪松, 肖顺平, 等. 基于 IPPV 的真假目标极化鉴别算法 [J]. 现代雷达, 2004, 26 (9): 38-42.

[27] Sinclair G. The transmission and reception of elliptically polarized radar waves [J]. Proceedings of the IRE, 1950 (38): 148-151.

[28] Kennaugh E M. Polariztion properties of radar reflectors [D]. Columbus: Deptartment of Electronic Engineering, The Ohio State University, 1952.

[29] Gent H. Elliptically polarized waves and theire reflectors from radar targets: a theoretical analysis [R]. Chelenham, England, UK: Telecommunications Research Establishment, 1954.

[30] Deschamps G A. Part 2: geometrical reprsentation of the polarization state of a plane EM wave [J]. Proceedings of the IRE, 1951, 39: 540-544.

[31] Giuli D. Homopolar and heteropolar generalized ambituity function in polarimetric radars: Direct and inverse methods in radar polarimetry, Part I [M]. Netherlands: Kluwer Academic Publishers, 1992: 1367-1388.

[32] Ingwersen P A, Lemnios W Z. Radars for ballistic missile defense research [J]. Lincoln Laboratory Journal, 2000, 12 (2): 245-266.

[33] McCormic G C. An antenna for obtaining polarization-related data with the Alberta hail radar [C]//Proceeding 13th Radar Meteorology Conference. 1968: 340-347.

[34] Copeland J D. Radar target classification by polarization properties [J]. Proceedings of the IRE, 1960, 48: 1290-1296.

[35] Huynen J R. Study on ballistic-missile sorting based on radar cross-section data [R]. Palo Alto, CA: Lockheed Aircraft Corp. , Missiles and Space Division, 1960.

[36] Lowenschuss O. Scattering matrix application [J]. Proceedings of the IEEE, 1965: 988-992.

[37] Huynen J R. Phenomenological theory of radar targets [D]. Netherlands: Technical University Delft, 1970.

[38] Collier C G. Radar meteorology in United Kingdom [C]//Proceeding on Radar Meteorology. AMC, 1984: 1-8.

[39] van Zyl J J, Zebker H A, Elachi C. Imaging radar polarization signatures: theory and observation [J]. Radio Science, 1987, 22 (4): 529-543.

[40] Zebker H A, van Zyl J J, Held D N. Imaging radar polarimetry from wave synthesis [J]. Journal of Geophysical Research, 1987 (92): 683-701.

[41] Foo B Y, Boerner W M. Basic monostatic polarimetric broad band target scattering analysis required for high resolution polarimetric target downrange crossrange imaging of airborne scatterers [J]. Measurement, Processing and Analysis of Radar Target Signatures, 1985, 2: 114-121.

[42] van Zyl J J. Unsupervised classification of scattering behavior using radar polarimetry data [J]. IEEE Transactions on Geoscience and Remote Sensing, 1989, 27 (1): 36-45.

[43] Poelman A J. On using orthogonally polarized noncoherent receiving channels to detect target echoes in Gaussian noise [J]. IEEE Transactions on Aerospace and Electronic Systems, 1975, 11: 660-663.

[44] Nathanson F E. Adaptive circular polarization [C]//IEEE International Radar Conference, 1975: 221-225.

[45] Giuli D, Fossi M, Gheraadelli M. A technique for adaptive polarization filtering in radars [C]//International Radar Conference. Arlingtion, USA, 1985: 213-219.

[46] van Zyl J J, Pages C H, Elachi C. On the optimum polarizations of incoherently reflected waves [J]. IEEE Transactions on Antennas and Propagation, 1987, 35 (7): 818-824.

[47] Kostinski A B, James B D, Boerner W M. On foundations of radar polarimetry [J]. IEEE Transactions on Antennas and Propagation, 1986, 34 (12): 1395-1404.

[48] Mese E D, Giuli D. Detection Probability of a Partially Fluctuating Target [J]. Proceeding of the IEEE, 1984 (131): 179-182.

[49] Horn R. The DLR airborne SAR project E-SAR [C]//Proceedings of the International Geoscience and Remote Sensing Symposium. New York, 1996: 1624-1628.

[50] 吴一戎, 洪文, 王彦平. 极化干涉 SAR 的研究现状与启示 [J]. 电子与信息学报, 2007, 29 (5): 1258-1262.

[51] Giuli D, Facheris L, Fossi M. Simultaneous scattering matrix measurement through signal coding [C]//Proceedings of the IEEE 1990 International Radar Conference. Arlington, VA, USA, 1990: 258-262.

[52] 王雪松, 王剑, 王涛. 雷达目标极化散射矩阵的瞬时测量方法 [J]. 电子学报, 2006, 34 (6): 1020-1025.

[53] 施龙飞. 雷达极化抗干扰技术研究 [D]. 长沙: 国防科学技术大学, 2007.

[54] Chang Y, Wang X, Li Y, et al. The signal selection and processing method for polarization measurement radar [J]. Science in China, Series F: Information Sciences, 2009, 52 (10): 1296-1304.

[55] Petersen W A, Knupp K, Walters J, et al. The UAH-NSSTC/WHNT ARMOR C-band Dual-polarimetric radar: a unique collaboration in research, educaiton and technology transfer [C]//AMS 32nd Conference on Radar Meteorology. Albuqurque, NM, 2005.

[56] Wang X S, Li Y Z, Dai H Y. et al. Research on instantaneous polarization radar system and external experiment [J]. Chinese Science Bulletin, 2010, 55 (15): 1560-1567.

[57] Chamberlain N F, Walton E K, Garber F D. Radar target identification of aircraft using polarization diverse features [J]. IEEE Transactions on Aerospace and Electronic Systems, 1991, 27 (1): 58-67.

[58] Yang J, Dong G W, Peng Y N. Generalized optimization of polarimetric contrast enhancement [J]. IEEE Transactions on Geoscience and Remote Sensing, 2004, 42 (3): 171-174.

[59] 代大海. 极化雷达成像及目标特征提取研究 [D]. 长沙: 国防科学技术大学, 2008.

[60] 李永祯. 瞬态极化统计特性及处理的研究 [D]. 长沙: 国防科学技术大学, 2004.

[61] 刘涛. 瞬态极化统计理论及应用研究 [D]. 长沙: 国防科学技术大学, 2007.

[62] 李永祯, 肖顺平, 王雪松, 等. 基于 ISVS 的微弱信号检测 [J]. 电子学报, 2005, 33 (6): 1028-1031.

[63] 李永祯, 肖顺平, 王雪松, 等. 地基防御雷达的有源假目标极化鉴别能 [J]. 系统工程与电子技术, 2005, 27 (7): 1164-1168.

[64] Heinselman P L, Priegnitz D L, Manross K L, et al. Rapid sampling of severe storms by the national weather radar testbed phased array radar. [J]. Weather and Forecasting, 2008, 23 (5): 808-824.

[65] Fulton C, Herd J, Karimkashi S, et al. Dual-polarization challenges in weather radar requirements for multifunction phased array radar [C]//IEEE International Symposium on

Phased Array Systems and Technology. 2013: 494-501.

[66] Venne L S, Cox S B, Smith L M, et al. Amphibian community richness in cropland and grassland playas in the southern high plains [J]. Wetlands, USA 2012, 32 (4): 619-629.

[67] 尹志林. 某隐身巡航导弹气动及雷达目标特性分析 [D]. 南京: 南京航空航天大学, 2009.

[68] Russell J L, Gatewood G D, Wagman N E. ALTAIR [J]. Astronomical Journal, 1978, 83 (11): 1455-1458.

[69] 招锦明. 利剑射天狼——萨姆-2型地对空导弹 [J]. 模型世界, 2004 (2): 10-12.

[70] Livingstone C E, Gray A L, Hawkins R K, et al. CCRS C/X-airborne synthetic aperture radar: an R and D tool for the ERS-1 time frame [C]//Proceedings of the 1988 IEEE National Radar Conference. 1988: 15-21.

[71] Luscombe A P, Chotoo K, Huxtable B D. Polarimetric calibration for RADARS AT-2 [C]//Proceedings of IEEE Geoscience and Remote Sensing Symposium. Richmond B C, Canada, 2000: 2197-2199.

[72] Wang Y, Chen X, Ge J L, et al. Internal and external calibration of POLINSAR [C]//Proceedings of the IEEE Conference on Radar. Hefei, China, 2011: 879-882.

[73] 张庆君. 高分三号卫星总体设计与关键技术 [J]. 测绘学报, 2017, 46 (3): 269-277.

[74] Xu X. Low observable targets detection by joint fractal properties of sea clutter: an experimental study of IPIX OHGR datasets [J]. IEEE Transactions on Antennas and Propagation, 2010, 58 (4): 1425-1429.

[75] 刘巧玲, 李超, 庞晨, 等. 系统频率偏差对同时全极化测量的影响及其校准 [J]. 国防科技大学学报, 2019 (1): 25-28.

[76] Krasnov O A, Ligthart L P, Li Z, et al. The PARSAX-full polarimetric FMCW radar with dual-orthogonal signals [C]//European Radar Conference. Delft, Netherlands, 2008: 84-87.

[77] 李棉全, 马梁, 李永祯, 等. 瞬态极化雷达接收滤波器的优化设计 [J]. 电子学报, 2010, 38 (12): 2915-2919.

[78] Imbo P, Souyris J C. Assessment of partial polarimetry versus full polarimetry architectures for target analysis [C]//Proceedings of EUSAR. Munich, Germany, 2000.

[79] Spudis P D, Bussey D B J, Baloga S M, et al. Initial results for the north pole of the moon from mini-SAR, chandrayaan-1 mission [J]. Geophysical Research Letters, 2010, 37: 1-6.

[80] Nozette S, Spudis P, Bussey B, et al. The lunar reconnaissance orbiter miniature radio frequency (Mini-RF) technology demonstration [J]. Space Science Reviews, 2010, 150 (1-4): 285-302.

[81] 罗佳. 天线空域极化特性及应用 [D]. 长沙: 国防科学技术大学, 2008.

[82] 李金梁,罗佳,常宇亮,等.基于天线空域极化特性的虚拟极化接收技术[J].电波科学学报,2009,24(3):389-393.

[83] Boerner W M. Direct and inverse methods in radar polarimetry (Proc. of DIMRP'88) [M]. Netherlands: Kluwer Academic Publishers, 1992.

[84] Agrawal A P, Boerner W M. Redevelopment of Kennaugh's target characteristic polarization state theory using the polarization transformation ratio formalism for the coherent case [J]. IEEE Transactions on Geoscience and Remote Sensing, 1989, 27 (1): 2-13.

[85] Boerner W M, Yan W L, Xi A Q, et al. On the baisc principles of radar polarimetry: the target characteristic polarization state theory of Kennaugh, Huynen's polarization fork concept, and its extension to the partially polarized case [J]. Proceedings of the IEE, 1991, 79 (10): 1538-1550.

[86] Yamaguchi Y, Boerner W M, Eorn H J, et al. On the characteristic polarization states in the cross-polarized radar channel [J]. IEEE Transactions on Geoscience and Remote Sensing, 1992, 30 (5): 1078-1080.

[87] Brickel S H. Some invariant properties of the polarization scattering matrix [J]. Proceedings of the IEEE, 1965, 53 (8): 1070-1072.

[88] Guissard A. Mueller and Kennaugh matrices in radar polarimetry [J]. IEEE Transactions on Geoscience and Remote Sensing, 1994, 32 (3): 590-597.

[89] Hubbert J C. A comparison of radar, optic and specular null polarizaton theories [J]. IEEE Transactions on Geoscience and Remote Sensing, 1994, 32 (3): 658-671.

[90] Cameron W L, Leung L K. Feature-motivated scattering matrix decomposition [C]//IEEE International Radar Conference. 1990: 549-557.

[91] Krogager E. A new decomposition of radar target scattering matrix [J]. Electronic Letters, 1990, 26 (18): 1525-1526.

[92] Freeman A, Durden S T. A three-component scattering model for polarimetric SAR data [J]. IEEE Transactions on Geoscience and Remote Sensing, 1998, 36 (3): 963-973.

[93] Cloude S R, Pottier E. A review of target decomposition theorems in radar polarimetry [J]. IEEE Transactions on Geoscience and Remote Sensing, 1996, 34 (2): 498-518.

[94] Cloude S R, Pottier E. An entropy-based classification scheme for land applications of polarimetric SAR [J]. IEEE Transactions on Geoscience and Remote Sensing, 1997, 35 (1): 68-78.

[95] Holm W A, Barnes R M. On radar polarization mixed target state decomposition techniques [C]//IEEE Radar Conference, 1988: 249-254.

[96] 郭桂蓉,庄钊文,陈曾平.电磁特征抽取与目标识别[M].长沙:国防科技大学出版社,1996.

[97] 肖顺平.宽带极化雷达目标识别的理论与应用[D].长沙:国防科学技术大学,1995.

[98] 肖顺平,郭桂蓉,庄钊文,等.基于散射中心的目标建模与识别[J].系统工程与电

子技术, 1994, 6: 55-61.
[99] 肖顺平, 庄钊文, 王雪松, 等. 目标动态极化结构特征提取与识别 [J]. 电子学报, 1998, 26 (3): 48-52.
[100] 肖顺平, 王雪松, 庄钊文. 基于极化不变量的飞机目标识别 [J]. 红外与毫米波学报, 1996, 15 (6): 439-444.
[101] Sachidananda M, Zrnic D S. Characteristics of echoes from alternately polarized transmission [R]. NOAA/NSSL, 1986.
[102] Raney R K. Hybrid-polarity SAR architecture [J]. IEEE Transactions on Geoscience and Remote Sensing, 45 (11), 2007: 3397-3403.
[103] Howard S D, Calderbank A R, Moran W. A simple signal processing architecture for instantaneous radar polarimetry [J]. IEEE Transactions on Information Theory, 2007, 53 (4): 1282-1289.
[104] Long M. New type land and sea clutter suppressor [C]//IEEE 1980 International Radar Conference. Washington, DC, 1980: 62-66.
[105] Giuli D, Gherardelli M, Dalle Mese E. Performance evaluation of some adaptive polarization techniques [C]//Proceedings of the IEEE International Radar Conference. London, U. K., 1982: 76-81.
[106] Novak L, Seciitin M, Cardullo M. Studies of target detection algorithms that use polarimetric radar data [J]. IEEE Transactions on Aerospace and Electronic Systems. 1989, 25 (2): 150-165.
[107] Park H R, Li J, Wang H. Polarization-space-time domain generalized likelihood ratio detection of radar targets [J]. Signal Processing, 1995, 41 (2): 153-164.
[108] De Maio A, Alfano G, Conte E. Polarization diversity detection in compound-Gaussian clutter [J]. IEEE Transactions on Aerospace and Electronic Systems, 2004, 40 (1): 114-131.
[109] Pastina D, Lombardo P, Bucciarelli T. Adaptive polarimetric target detection with coherent radar. Part I: Detection against Gaussian background [J]. IEEE Transactions on Aerospace and Electronic Systems, 2001, 37 (4): 1194-1206.
[110] Lombardo P, Pastina D, Bucciarelli T. Adaptive polarimetric target detection with coherent radar. II. Detection against non-Gaussian background [J]. IEEE Transactions on Aerospace and Electronic Systems. 2001, 37 (4): 1207-1220.
[111] Robey F C, Fuhrmann D, Kelly E J. A CFAR adaptive matched Filter detector [J]. IEEE Transactions on Aerospace and Electronic Systems, 1992, 28 (1): 208-216.
[112] De Maio A, Alfano G. Polarimetric adaptive detection in non-Gaussian noise [J]. Signal Processing, 2003, 83 (2): 297-306.
[113] Hurtado M, Xiao J J, Nehorai A. Target estimation, detection, and tracking [J]. IEEE Signal Processing Magazine, 2009, 36 (1): 42-52.
[114] Gogineni S N A. Polarimetric MIMO radar with distributed antennas for target detection

[J]. IEEE Transactions on Signal Processing, 2010, 58 (3): 1689-1697.

[115] De Maio A. Polarimetric adaptive detection of range-distributed targets [J]. IEEE Transactions on Signal Processing, 2002, 50 (9): 2152-2159.

[116] Alfano G, De Maio A, Conte E. Polarization diversity detection of distributed targets in compound-Gaussian clutter [J]. IEEE Transactions on Aerospace and Electronic Systems (Correspondence), 2004, 40 (2): 45-49.

[117] Farina A, Scannapieco F, Vinelli F. Target detection and classification with polarimetric high range resolution radar [M]. Netherlands: Springer, 1992.

[118] Tatarinov S, Ligthart L, Tatarinov V. Factorization of polarization-angular and polarization-frequency response of complex radar object, having random distribution of scattering centers [C]//Geoscience and Remote Sensing Symposium, 1999. IGARSS '99 Proceedings. IEEE 1999 International. 1999: 1390-1391.

[119] Garren D A, Odom A C, Osborn M K, et al. Full-polarization matched-illumination for target detection and identification [J]. IEEE Transactions on Aerospace and Electronic Systems, 2002, 38 (3): 824-837.

[120] Chen C Y, Vaidyanathan P P. MIMO radar waveform optimization with prior information of the extended target and clutter [J]. IEEE Transactions on Signal Processing, 2009, 57 (9): 3533-3544.

[121] 柯有安. 雷达散射矩阵与极化匹配接收 [J]. 电子学报, 1963 (3): 12-16.

[122] 柯有安. 雷达目标特识别 [J]. 电子技术, 1978 (1): 12-14.

[123] 柯有安. 雷达极化理论 [J]. 现代雷达, 1987 (2): 89-95.

[124] 刘志文. 雷达反隐身的若干问题与技术途径 [J]. 现代雷达, 1992, 6 (3): 1-9.

[125] 王被德. 近三年来雷达极化研究的进展 [J]. 现代雷达, 1996, 2 (1): 1-14.

[126] 乔晓林, 宋立众, 谢新华. 极化编码脉压雷达信号的相关检测 [J]. 系统工程与电子技术, 2003, 25 (5): 550-553.

[127] 乔晓林, 薛敬宏. 极化自适应滤波算法的新实现 [J]. 现代雷达, 2006, 28 (1): 58-60.

[128] 宋立众, 乔晓林. 一种极化 MIMO 雷达导引头关键技术研究 [J]. 北京理工大学学报, 2013, 33 (6): 644-649.

[129] 杜文韬, 廖桂生, 杨志伟. 极化—空时级联处理性能分析 [J]. 西安电子科技大学学报: 自然科学版, 2013, 40 (5): 1-7.

[130] Liu J, Zhang Z J, Yang Y. Performance enhancement of subspace detection with a diversely polarized antenna [J]. IEEE Signal Processing Letters, 2012, 19 (1): 4-7.

[131] 刘立东, 吴顺君, 孙晓闻. 复合高斯杂波中相干雷达极化自适应检测算法研究 [J]. 电子与信息学报, 2006, 28 (2): 326-329.

[132] 廖羽宇, 何子述. 极化 MIMO 雷达隐身目标检测性能研究 [J]. 计算机应用研究, 2012, 29 (1): 246-249.

[133] 饶妮妮, 贾海洋, 程宇峰, 等. 极化空时联合处理应用于相控阵雷达分析 [J]. 电子

科技大学学报, 2010, 39 (5): 666-669.

[134] 崔国龙. 多天线配置雷达系统的目标检测算法研究 [D]. 成都: 电子科技大学, 2012.

[135] 孙文峰, 何松华, 郭桂蓉, 等. 自适应距离单元积累检测法及其应用 [J]. 电子学报, 1999, 27 (2): 111-113.

[136] 王雪松, 徐振海. 高分辨雷达目标极化检测仿真实验与结果分析 [J]. 电子学报, 2000, 28 (12): 59-63.

[137] Poelman A J, Guy J R F. Multinotch logic-product polarization suppression filters: a typicaldesign example and its performance in a rain clutter environment [J]. IEE Proceeding F: Communications Radar and Signal Processing, 1984, 131 (7): 383-396.

[138] Gherardelli M, Giuli D, Fossi M. Suboptimum adaptive polarization cancellers for dual polarization radars [J]. IEE Proceeding F: Communications Radar and Signal Processing, 1988, 135: 60-72.

[139] Qiao X L, Liu Y T. Sequential polarization filtering for a ground wave radar [C]//1991 CIE International Conference on Radar. Beijing, 1991: 245-269.

[140] 张国毅, 刘永坦. 高频地波雷达多干扰的极化抑制 [J]. 电子学报, 2001, 29 (9): 1206-1209.

[141] Kostinski A B, Boerner W M. On the polarimetric contrast optimization [J]. IEEE Transactions on Antennas and Propagation, 1987, 35 (8): 988-991.

[142] Swartz A A, Yueh H A, Novak L M. Optimal polarizations for achieving maximum contrast in radar images [J]. Journal of Geophysical Resea 1993 (B12), 1988: 15252-15260.

[143] Boerner W M, Mott H. Polarimetric contrast enhancement coefficients for perfecting high resolution POL-SAR/SAL image feature extraction [J]. SPIE, Wideband Interferometric Sensing and Imaging Polarimetry, 1997, 3120: 106-117.

[144] 李金梁. 箔条干扰的特性与雷达抗箔条技术研究 [D]. 长沙: 国防科学技术大学, 2010.

[145] 汤广富. 末制导反舰雷达导引头抗无源干扰信号处理技术研究 [D]. 长沙: 国防科学技术大学, 2010.

[146] 王涛, 王雪松, 肖顺平. 基于目标全极化信息的弹头及诱饵识别方法研究 [C]// 第九届全国雷达学术年会. Yantai, 2004: 536-540.

[147] Stapor D P. Optimal receive antenna polarization in the presence of interference and noise [J]. IEEE Transactions on Antennas and Propagation, 1995, 43 (5): 473-477.

[148] 王雪松, 代大海, 徐振海, 等. 极化滤波器的性能评估与选择 [J]. 自然科学进展, 2004, 14 (4): 442-448.

[149] Wang X S, Chang Y L, Dai D H, et al. Band characteristics of SINR polarizatioin filter [J]. IEEE Transactions on Antennas and Propagation, 2007, 55 (4): 1148-1154.

[150] 王雪松, 庄钊文, 肖顺平, 等. 极化信号的极化接收理论: 完全极化情形 [J]. 电子

学报，1998，26（6）：42-46.
[151] 王雪松，徐振海，代大海，等．干扰环境中部分极化信号的最佳滤波［J］．电子与信息学报，2004，26（4）：593-597.
[152] Yang Y F, Tao R, Wang Y. A new SINR equatioin based on the polarizatioin ellipse parameters [J]. IEEE Transactions on Antennas and Propagation, 2005, 53（4）: 1571-1577.
[153] 施龙飞，王雪松，肖顺平，等．干扰背景下雷达最佳极化的分步估计方法［J］．自然科学进展，2005，15（11）：1324-1329.
[154] 商龙，王红卫，郭俊杰．导引头极化和频率联合捷变抗压制性干扰技术［J］．火力与指挥控制，2013，38（10）：141-144.
[155] 李永祯，胡万秋，陈思伟，等．有源转发式的全极化单脉冲雷达抑制方法研究［J］．电子与信息学报，2015，37（2）：276-282.
[156] 刘忠．基于DRFM的线性调频脉冲压缩雷达抗干扰新技术［D］．长沙：国防科技大学研究生院，2008.
[157] 李永祯，王雪松，王涛，等．有源诱饵的极化鉴别研究［J］．国防科技大学学报，2004，26（3）：83-88.
[158] 施龙飞，王雪松，肖顺平．转发式假目标干扰的极化鉴别［J］．中国科学（F辑：信息科学），2004，4（39）：468-475.
[159] 王涛，王雪松，肖顺平．随机调制单极化有源假目标的极化鉴别研究［J］．自然科学进展，2006，26（5）：611-617.
[160] Song L Z, Qiao X L, Meng X D. Study on the angle glint suppression technology for high resolution dual polarization radar seeker [C]//ICSP'04 Proceedings. Beijing, 2004: 2057-2060.
[161] 王涛，王雪松，肖顺平．一种极化测量雷达的角闪烁抑制方法［J］．电波科学学报，2004，19（6）：702-707.
[162] 李永祯，王伟，汪连栋，等．交叉极化角欺骗干扰的极化抑制方法研究［J］．系统工程与电子技术，2007，29（5）：716-719.
[163] Dai H, Wang X, Lin Y. Main-lobe jamming suppression method of using spatial polarization characteristics of antennas [J]. IEEE Transaction on Aerospace Electronic and System, 2012, 48（3）: 2167-2179.
[164] 刘勇，戴幻尧，李金梁，等．空域虚拟极化滤波原理及实验结果［J］．电波科学学报，2011，26（2）：272-279.
[165] 刘勇，梁伟，王同权，等．基于空域极化捷变的有源假目标鉴别［J］．电波科学学报，2014，29（2）：287-294.
[166] 宗志伟，李永祯，施龙飞，等．全极化雷达相干两点源角度欺骗干扰识别方法［J］．电波科学学报，2014，29（4）：621-626.
[167] Xiang Z, Chen B X, Yang M L. Transmitter polarization optimization with polarimetric MIMO radar for mainlobe interference suppression [J]. Digital Processing, 2017, 65: 19-26.

第 2 章

雷达极化基础知识

2.1 引　言

自 1669 年,Bartolinus 利用方解石晶体将一束入射光分解为"普通光"和"异常光"而发现极化现象以来,基于"时谐性"的假设条件,学者们先后提出了 Jones 矢量、椭圆几何描述子、极化相位描述子、极化比以及 Stokes 矢量等静态参数来描述完全极化电磁波的极化特性;对于准单色波,提出了"部分极化"的概念来描述其极化特性,其实质是把准单色波视为一个具有各态历经性的平稳随机过程,通过对其进行时间平均以代替集平均,进而得到一组统计意义上的部分极化描述子[1-8]。近年来,随着宽带电磁理论以及极化测量技术的发展,譬如复杂调制宽带电磁波、瞬变电磁波等,王雪松[9]率先提出了"瞬态极化"的概念用以表征电磁波极化的时变现象,建立了适用于描述一般电磁波的瞬态极化描述子参量集合。这些关于确定性电磁波的极化描述方法和表征工具在理论分析、工程设计等不同场合得到了广泛的应用。

然而在实际应用中,电磁波的极化却并不总是确定性的,恰恰相反,在更多的场合,人们观测到的是随机变化的,如自然光、箔条云团散射的雷达波等,因而关于随机极化波统计特性的研究也是如火如荼。自 20 世纪 60 年代以来,学者们一直对于电磁波极化的统计描述给予了高度关注,主要工作集中在波的幅度、相位、极化椭圆几何描述子以及 Stokes 矢量等统计描述上,给出了电磁波极化的整体统计特征[10-13];在瞬态极化理论的基础上,李永祯和刘涛等[14-15]较为系统地研究了随机电磁波瞬态极化的统计特性,阐述了电磁波的瞬态极化统计特性。

相应的,雷达目标极化特性的表征理论也经历了类似的发展过程。针对相干散射目标,Sinclair 提出了可用一个 2 阶相干散射矩阵来描述目标电磁散射特性的全部信息;对于非相干散射的雷达目标,学者们先后提出了 Mueller 矩阵、Kennaugh 矩阵、极化协方差矩阵和相干矩阵等方法来描述部分极化波激励下雷达目标的电磁散射特性,并提出了目标最优极化的概念[1-7];针对宽带时变雷达目标,王雪松[9]于1999年提出了雷达目标电磁散射的瞬态极化表征方法,李永祯等[16]和曾勇虎[17]分别从不同角度对瞬态极化理论进行了拓展和完善,提出了电磁波和雷达目标的瞬态极化时频分布表征和统计表征方法。

本章内容安排如下:2.2节归纳总结适用于不同条件下电磁波和雷达目标极化特性的表征方法,为适应不同的应用需求提供数学工具;2.3节和2.4节分别讨论动态目标的窄带和宽带极化特性,从物理层面揭示目标信号、干扰信号的极化本质特征,为后续极化信号处理提供物理依据。

2.2 电磁波的极化及其表征

作为矢量波共有的一种性质,极化是指用一个场矢量来描述空间某一个固定点所观测到的矢量波随时间变化的特性。对电磁波而言,极化描述了电场矢量端点作为时间的函数所形成的空间轨迹,表明了电场强度的取向和幅度随时间而变化的性质。

2.2.1 完全极化电磁波及表征

1. 完全极化电磁波的概念

所谓完全极化电磁波通常是指在观测期间极化状态不变的电磁波,其电场矢量端点在传播空间任一点处描绘出一个具有恒定椭圆率角和倾角的极化椭圆,极化椭圆是不随时间而变化的,诸如单载频连续波、单频脉冲信号等。对于一个沿笛卡儿坐标系中+z方向传播的单频信号(单色波)而言,在水平垂直极化基(H,V)下,其电场矢量可简记为

$$\boldsymbol{e}_{HV}(z,t)=\begin{bmatrix}E_H(z,t)\\E_V(z,t)\end{bmatrix}=\begin{bmatrix}a_H\mathrm{e}^{\mathrm{j}(\omega t-kz+\varphi_H)}\\a_V\mathrm{e}^{\mathrm{j}(\omega t-kz+\varphi_V)}\end{bmatrix},\quad t\in T \qquad(2.2.1)$$

其中,k为波数,$k=\dfrac{2\pi}{\lambda}$,λ为波长,φ_H、φ_V为电磁波水平、垂直极化分量的相位,a_H、a_V为电磁波水平、垂直极化分量的幅度,T为电磁波的时域支撑集。

在上式的基础上,下面简要回顾Jones矢量、椭圆几何描述子、极化相位描述子、极化比以及Stokes矢量等经典极化表征参数的概念以及相互关系。

2. 完全极化电磁波极化的描述

1) Jones矢量

对于上述单色波而言,其Jones矢量为

$$\boldsymbol{e}_{HV} = \begin{bmatrix} E_H \\ E_V \end{bmatrix} = \begin{bmatrix} a_H e^{j\varphi_H} \\ a_V e^{j\varphi_V} \end{bmatrix} = \begin{bmatrix} x_H + jy_H \\ x_V + jy_V \end{bmatrix} \tag{2.2.2}$$

显然，Jones 表征方法不仅包含了电磁波的极化信息，也包含了波的强度信息和相位信息，其取值空间为一个二维复空间。

2) 极化比

根据极化比的定义[7]可知，电磁波在水平垂直极化基下可表示为

$$\rho_{HV} = \frac{E_V}{E_H} = \tan\gamma e^{j\phi}, \quad (\gamma,\phi) \in \left[0, \frac{\pi}{2}\right] \times [0, 2\pi] \tag{2.2.3}$$

其中，$\gamma = \arctan^{-1}\frac{a_V}{a_H}$，$\phi = \varphi_V - \varphi_H$。

极化比表征方法仅包含了电磁波的极化信息，其取值空间为包含无穷远点(∞)的复平面。

3) 极化相位描述子

$(\gamma,\phi) \in \left[0, \frac{\pi}{2}\right] \times [0, 2\pi]$，即为极化相位描述子，其和极化比是等价的，也仅包含了电磁波的极化信息，不过其取值空间是二维实平面的一个矩形子集。

4) 极化椭圆几何描述子

由极化椭圆几何描述子(ε,τ)的定义[7]，易得

$$\begin{cases} \varepsilon = \frac{1}{2}\arcsin\frac{2a_H a_V \sin\phi}{a_H^2 + a_V^2} \\ \tau = \frac{1}{2}\arctan\frac{2a_H a_V \cos\phi}{a_H^2 - a_V^2} \end{cases}, \quad (\varepsilon,\tau) \in \left(-\frac{\pi}{4}, \frac{\pi}{4}\right] \times \left(-\frac{\pi}{2}, \frac{\pi}{2}\right] \tag{2.2.4}$$

其中，ε、τ分别表示在空间一点处电场矢端所绘极化椭圆的椭圆率角和倾角，如图 2.2.1 所示。需要指出的是，工程上常用的极化角即为极化倾角τ，其轴比为$\sigma = |\tan\varepsilon|$。

由此可见，极化椭圆几何描述子与极化相位描述子和极化比从表征的信息角度来讲是完全等价的，均仅描述了电磁波的极化信息，其取值空间也是二维实空间的一个矩形子集。

5) Stokes 矢量

由 Stokes 矢量的定义式[7]，在水平垂直极化基下，有

$$\begin{cases} g_0 = a_H^2 + a_V^2, & g_1 = a_H^2 - a_V^2 \\ g_2 = 2a_H a_V \cos\phi, & g_3 = 2a_H a_V \sin\phi \end{cases} \tag{2.2.5}$$

其中，$g_0^2 = g_1^2 + g_2^2 + g_3^2$。

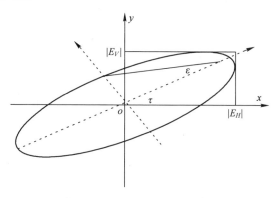

图 2.2.1　极化椭圆的几何参数

完全极化电磁波 Stokes 矢量的 g_0 描述了电磁波的功率密度，而其余 3 个元素所构成的子矢量则表征了波的极化状态。其中，g_1 是在水平垂直极化基下的两个正交分量的功率之差；g_2 为电磁波在 45°和 135°正交极化基下的两个正交分量之间的功率差；g_3 为电磁波在左、右旋圆极化基下的两正交分量之间的功率差。

根据式（2.2.5）可以给出 Stokes 矢量的几何解释：g_1，g_2，g_3 可以看作半径为 g_0 的球上一点的笛卡儿坐标，2ε 为该点矢径相对于 g_1-g_2 平面的俯仰角坐标，且其符号与 g_3 相同，2τ 则是该点矢径在 g_1-g_2 平面内的投影与 g_1 轴正向的夹角，其符号以相对于 g_1 轴正方向沿逆时针方向旋转为正。这种几何解释由 Poincaré 引入，故将该球称为 Poincaré 极化球，如图 2.2.2 所示。

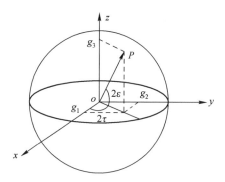

图 2.2.2　Poincaré 极化球及球上极化状态的几何描述子表征

Poincaré 极化球是表征极化状态的非常有用的工具，任何一个完全极化电磁波都可以用 Poincaré 极化球上的一点予以表征。对极化状态而言，所有可能的极化状态和 Poincaré 球上的点集构成了一一对应关系。也就是说，任意极化状态在 Poincaré 球上找到对应的一点 P，P 点的经度角和纬度角分别对应极化椭圆的椭圆率角 ε 和倾角 τ 的两倍。

需要指出的是，在忽略相位信息的前提下，Jones 矢量和 Stokes 矢量是完全等价的；若不考虑电磁波的功率密度及其相位信息，而仅考虑电磁波的极化信息，那么上述这五种极化描述是彼此等价的。

2.2.2 部分极化电磁波及表征

1. 部分极化电磁波的概念

所谓部分极化电磁波（准单色波）通常是指在观测期间矢量端点在传播空间给定点处描绘出的轨迹是一条形状和取向都随时间变化的类似于椭圆曲线的电磁波。一般而言，主要包含以下两种情况：

1) 窄带信号

在实际系统中，一个辐射源产生的电磁波具有一定的带宽，此时电磁波为色散的，但是通常具有有限带宽且带宽远比中心频率小，即为窄带信号。

此时，对于沿 $+z$ 方向传播的电磁行波而言，在水平垂直极化基下，其电场矢量可简记为

$$\boldsymbol{e}_{HV}(z,t) = \begin{bmatrix} E_H(z,t) \\ E_V(z,t) \end{bmatrix} = \begin{bmatrix} a_H(t) \mathrm{e}^{\mathrm{j}[\omega t - kz + \varphi_H(t)]} \\ a_V(t) \mathrm{e}^{\mathrm{j}[\omega t - kz + \varphi_V(t)]} \end{bmatrix}, \quad t \in T \qquad (2.2.6)$$

其中，$a_H(t)$、$a_V(t)$ 和 $\varphi_H(t)$、$\varphi_V(t)$ 都是缓变过程，这时波近似为一个简谐波，但是变化关系是确定的。

2) 平稳随机极化电磁波

由于接收机噪声或者地海杂波等因素的影响，雷达天线接收的电磁波的极化通常是随机变化的，即使是单频连续波雷达也是如此。也就是说，式（2.2.6）中的 $a_H(t)$、$a_V(t)$ 和 $\varphi_H(t)$、$\varphi_V(t)$ 是一个随机过程，指出的是其为各态历经性平稳随机过程。

2. 部分极化电磁波极化的描述

对于部分极化电磁波的描述是将其视为一个具有各态历经性的平稳随机过程，通过对其进行时间平均以代替集平均，进而得到一组统计意义上的部分极化描述子。下面给出常用的几种描述方法。

1) 相干矩阵与相干矢量

设一个部分极化平面电磁波沿 $+z$ 轴方向传播，其电场分量如式（2.2.6）所示，则可定义部分极化波的相干矩阵 $\boldsymbol{C} = \begin{bmatrix} C_{HH} & C_{HV} \\ C_{VH} & C_{VV} \end{bmatrix}$ 为

$$C = \langle e(t) e^H(t) \rangle = \begin{bmatrix} \langle a_H^2(t) \rangle & \langle a_H(t) a_V(t) e^{j[\phi_H(t) - \phi_V(t)]} \rangle \\ \langle a_H(t) a_V(t) e^{-j[\phi_H(t) - \phi_V(t)]} \rangle & \langle a_V^2(t) \rangle \end{bmatrix}$$

(2.2.7)

其中，上标"H"表示 Hermit 转置，"⟨ ⟩"表示求集平均。对于部分极化波的幅度和相位通常可以认为是具有各态历经性的平稳随机过程，这样相干矩阵的定义式中出现的集平均运算可以用时间平均来代替。

由上式可见，相干矩阵 C 是一个 Hermit 矩阵，易知，相干矩阵的迹是这个电磁波的平均功率密度，且相干矩阵的行列式是非负的，可以将其唯一地作如下形式的分解

$$C = C_1 + C_2 = \begin{bmatrix} A & 0 \\ 0 & A \end{bmatrix} + \begin{bmatrix} B & D \\ D^* & F \end{bmatrix}$$

(2.2.8)

其中，$A, B, F \geq 0$，$BF = |D|^2$。

利用部分极化波的相干矩阵可以定义波的相干因子为

$$\mu = \frac{C_{HV}}{\sqrt{C_{HH} C_{VV}}}$$

(2.2.9)

显然，$|\mu| \leq 1$，μ 的模值反映了波的电场分量之间的相关程度。当 $|\mu| = 1$ 时，意味着这个波的两个正交场分量之间具有完全相干性，极化状态不随时间而变化，即为完全极化波；当 $|\mu| < 1$ 时，意味着波的两个场分量之间是部分相干的，称为部分极化波；当 $|\mu| = 0$ 时，意味着波的两个场分量之间是完全不相关的，称为完全未极化波。

对相干矩阵行展开后再转置就得到波的相干矢量，记为 $\vec{C}$，它是一个 4 维复列矢量

$$\vec{C} = [C_{HH}, C_{HV}, C_{VH}, C_{VV}]^T = \langle e(t) \otimes e^*(t) \rangle$$

(2.2.10)

其中，"$\otimes$"表示 Kronecher 积。

2) 部分极化波的 Stokes 参数表征

由式 (2.2.6) 可见，部分极化波的 Stokes 矢量定义为

$$J = \begin{bmatrix} g_0 \\ g_1 \\ g_2 \\ g_3 \end{bmatrix} = \begin{bmatrix} \langle a_H^2(t) \rangle + \langle a_V^2(t) \rangle \\ \langle a_H^2(t) \rangle - \langle a_V^2(t) \rangle \\ 2 \langle a_H(t) a_V(t) \cos\phi(t) \rangle \\ 2 \langle a_H(t) a_V(t) \sin\phi(t) \rangle \end{bmatrix}$$

(2.2.11)

其中，$\phi(t) = \phi_V(t) - \phi_H(t)$，$g_0^2 \geq g_1^2 + g_2^2 + g_3^2$。

根据式 (2.2.7) 和式 (2.2.11)，可以得到 Stokes 矢量和波的相干矢量之间的关系为

$$\boldsymbol{J}=\boldsymbol{R}\vec{\boldsymbol{C}}, \quad \vec{\boldsymbol{C}}=\frac{1}{2}\boldsymbol{R}^{\mathrm{H}}\boldsymbol{J} \qquad (2.2.12)$$

式中：$\boldsymbol{R}=\begin{bmatrix} 1 & 0 & 0 & 1 \\ 1 & 0 & 0 & -1 \\ 0 & 1 & 1 & 0 \\ 0 & j & -j & 0 \end{bmatrix}$。

众所周知，一个部分极化波可以表示成一个完全极化波和一个完全未极化波之和。那么，对于部分极化波的 Stokes 矢量 $\boldsymbol{J}$ 可以唯一地分解为

$$\boldsymbol{J}=\boldsymbol{J}_1+\boldsymbol{J}_2=\begin{bmatrix} g_0-\sqrt{g_1^2+g_2^2+g_3^2} \\ 0 \\ 0 \\ 0 \end{bmatrix}+\begin{bmatrix} \sqrt{g_1^2+g_2^2+g_3^2} \\ g_1 \\ g_2 \\ g_3 \end{bmatrix} \qquad (2.2.13)$$

显然，$\boldsymbol{J}_1$ 代表着一个未极化波，波的平均功率密度为 $g_0-\sqrt{g_1^2+g_2^2+g_3^2}$，而 $\boldsymbol{J}_2$ 代表一个完全极化波，其平均功率密度为 $\sqrt{g_1^2+g_2^2+g_3^2}$。

由式（2.2.13）可见，部分极化波的完全极化部分的 Stokes 矢量在形式上与单色波的 Stokes 矢量是相同的，这意味着在前面讨论过的用以描述完全极化信号的各种参数和方法也同样地适用于描述部分极化波。

3）极化度与部分极化波的分解

由式（2.2.13）可见，部分极化波的 Stokes 矢量可以唯一地分解为一个完全极化波和一个未极化波的 Stokes 矢量之和，极化度定义为完全极化波的强度与部分极化波总强度之比，即为

$$P=\frac{\sqrt{g_1^2+g_2^2+g_3^2}}{g_0} \qquad (2.2.14)$$

其中，$0 \leqslant P \leqslant 1$。

这样，可将完全极化波表征的 Poincaré 球的表面扩展到整个球体，并且球内任意一点具有明确的物理意义。如当 $P=0$，点在 Poincaré 球心处，表示完全未极化波；当 $P=1$，点在 Poincaré 球表面处，表示完全极化波；当 $0<P<1$ 时，点在 Poincaré 球内部，表示部分极化状态。

为了便于分析，根据部分极化波相干矩阵的定义可以得到极化度的另一种表示方式为

$$P=\frac{\sqrt{(\mathrm{tr}\boldsymbol{C})^2-4\det\boldsymbol{C}}}{\mathrm{tr}\boldsymbol{C}} \qquad (2.2.15)$$

其中，$\mathrm{tr}(\cdot)$ 表示求取矩阵的迹，$\det(\cdot)$ 表示求取矩阵的行列式。

2.2.3 瞬态极化电磁波及表征

1. 瞬态极化电磁波的概念

所谓瞬态极化电磁波通常是指在观测期间矢量端点在传播空间给定点处描绘出的轨迹是一条形状和取向都随时间变化的电磁波，如双频电磁信号、宽带电磁信号等。从其定义可见，瞬态极化电磁波是更为普适的概念，其内涵涵盖了部分极化波和完全极化波。

设空间传播的一般平面电磁行波在水平垂直极化基 (H,V) 下可表示为

$$\boldsymbol{e}_{HV}(t) = \begin{bmatrix} a_H(t) e^{j\varphi_H(t)} \\ a_V(t) e^{j\varphi_V(t)} \end{bmatrix}, \quad t \in T \tag{2.2.16}$$

其中，$a_H(t)$ 和 $a_V(t)$ 为电磁波随时间变化的水平、垂直极化分量的幅度，$\varphi_H(t)$ 和 $\varphi_V(t)$ 为其水平、垂直极化分量的相位。需要说明的是，此时 $a_H(t)$、$a_V(t)$、$\varphi_H(t)$ 和 $\varphi_V(t)$ 未必是如式（2.2.6）所示的缓变过程，在数学上可以是一个任意关于时间 t 的函数。

由于极化椭圆几何描述子是基于电场矢量端点在电磁波传播截面上随时间变化轨迹为一椭圆的这一几何形状而定义的，当电磁波的极化随时间变化时，也即其轨迹不再为椭圆时，基于椭圆几何形状定义的参数 (ε,τ)，难以直观拓展表征。而其他诸如 Jones 矢量、极化相位描述子、极化比和 Stokes 矢量等四种极化表征方法原则上均可拓展来描述极化时变电磁波的极化信息。由于 Stokes 矢量良好的数学运算和图形显示特性，下面针对一般的平面电磁波，主要基于 Stokes 矢量的扩展来研究其极化现象及表征问题。

具体而言，本小节的研究对象不但包括完全极化电磁波，而且也包括各种极化时变的电磁波，本质上是把电磁波的极化看作动态参量而非静态参量。

2. 电磁波的时域瞬态极化表征

时域瞬态 Stokes 矢量和时域瞬态极化投影矢量（IPPV）在水平垂直极化基下的定义为[8]

$$\boldsymbol{j}_{HV}(t) = \begin{bmatrix} g_{HV0}(t) \\ \boldsymbol{g}_{HV}(t) \end{bmatrix} = \boldsymbol{R}\boldsymbol{e}_{HV}(t) \otimes \boldsymbol{e}_{HV}^*(t), \quad t \in T \tag{2.2.17}$$

和

$$\widetilde{\boldsymbol{g}}_{HV}(t) = [\widetilde{g}_{HV1}(t), \widetilde{g}_{HV2}(t), \widetilde{g}_{HV3}(t)]^{\mathrm{T}} = \frac{\boldsymbol{g}_{HV}(t)}{g_{HV0}(t)}, \quad t \in T \tag{2.2.18}$$

其中，$\boldsymbol{g}_{HV}(t)$ 称为瞬态 Stokes 子矢量。

显然，电磁波的时域瞬态 Stokes 矢量蕴含了其强度信息和极化信息，而其 IPPV 侧重刻画了电磁波的极化特性。下面简要回顾时域极化聚类中心、极

化散度、瞬态极化状态变化率和时域极化测度等电磁波瞬态极化描述子的概念以及刻画电磁信号之间瞬态极化关系的极化相似度和极化起伏度等概念及性质。

1) 时域极化聚类中心

电磁波的 IPPV 在 Poincaré 单位球面上构成了一个以时间作为序参量的 3 维矢量有序集，即为瞬态极化投影集，描述了电磁波瞬态极化随时间的演化特性。瞬态极化投影集是一个分布于单位球面上的空间点集，其分布态势反映了电磁波的整体极化特性。故电磁波的时域极化聚类中心定义为

$$\widetilde{\boldsymbol{G}}_{HV} = \int_T a(t)\, \widetilde{\boldsymbol{g}}_{HV}(t)\, \mathrm{d}t \tag{2.2.19}$$

其中，$a(t)$ 为时域支撑 T 上的权因子函数，它满足

$$a(t) \geq 0, \quad \forall t \in T \ \& \ \int_T a(t)\, \mathrm{d}t = 1$$

这意味着，如果极化投影集的空间分布越疏散，其极化聚类中心越接近原点；反之，若极化投影集的空间分布越趋集中，那么其极化聚类中心就会越接近单位球面。

2) 时域极化散度

电磁波的瞬态极化投影集所处的空间位置可由极化聚类中心大致给出，而其空间疏密特性则可以用极化散度来描述，定义为

$$D_{HV}^{(k)} = \int_T a(t) \|\widetilde{\boldsymbol{g}}_{HV}(t) - \widetilde{\boldsymbol{G}}_{HV}\|^k \mathrm{d}t \tag{2.2.20}$$

其中，$k \in \mathbb{N}$ 为正整数，称为极化散度的阶数。

电磁波极化散度的值越大，则表明该极化投影集的空间分布越疏散，也即电磁波的极化状态随时间变化越剧烈；反之，则表明极化投影集的空间分布越集中。特别地，当 $D_{HV}^{(k)} = 0$ 时，即为极化状态恒定不变的单色波。

3) 时域瞬态极化状态变化率

对一个具有"几乎处处可微性"的电磁波而言，其瞬态极化状态变化率定义为

$$\boldsymbol{V}_{HV}^{(n)} = \frac{\mathrm{d}^n}{\mathrm{d}t^n}\widetilde{\boldsymbol{g}}_{HV}(t), \quad t \in T \tag{2.2.21}$$

其中，$n \in \mathbb{N}$，称为变化率的阶数。

4) 时域极化测度

时域瞬态极化投影集为电磁波的极化状态随时间在 Poincaré 单位球面上的连续或分段变化曲线，故可定义其极化测度为空间曲线的测度，即有

$$B_{PT} = \int_T \left\| \frac{\mathrm{d}}{\mathrm{d}t} \boldsymbol{g}_{HV}(t) \right\| \mathrm{d}t = \int_T \| \boldsymbol{V}_{HV}^{(1)}(t) \| \mathrm{d}t = \int_T \frac{\sqrt{\| \boldsymbol{g}'_{HV}(t) \| - [g'_{HV0}(t)]^2}}{g_{HV0}(t)} \mathrm{d}t$$
(2.2.22)

其中，上标"'"代表一阶导数。

5) 时域瞬态极化相似度

设在同一时域支撑集 T 上的两个电磁信号在水平垂直极化基下分别表示为 $\boldsymbol{e}_{HVA}(t)$、$t \in T$ 和 $\boldsymbol{e}_{HVB}(t)$，$t \in T$，其时域 IPPV 分别为 $\tilde{\boldsymbol{g}}_{HVA}(t)$、$t \in T$ 和 $\tilde{\boldsymbol{g}}_{HVB}(t)$，$t \in T$，那么可定义电磁波之间的瞬态极化相似度为

$$l_{HV}(t) = \tilde{\boldsymbol{g}}_{HVA}^{\mathrm{T}}(t) \tilde{\boldsymbol{g}}_{HVB}(t), \quad t \in T \quad (2.2.23)$$

6) 时域平均极化相似度

若需比较任意电磁波之间的整体相似程度，类似单一电磁波的刻画，可以定义其时域平均极化相似度为

$$l_M = \int_T a(t) l_{HV}(t) \mathrm{d}t \quad (2.2.24)$$

其中，$a(t)$ 为时域支撑集 T 上的权因子函数。由时域平均极化相似度的定义可见，l_M 必满足如下不等式关系

$$|l_M| \leq 1$$

当且仅当两电磁波在时域支撑集 T 中几乎每个时刻的极化状态都相同或正交时，上式中等号才能成立。

7) 时域极化起伏度

在同一时域支撑集 T 内，任意电磁波之间的整体相似程度可由时域平均极化相似度大致给出，而其极化之间差异的程度则可用时域极化起伏度来描述，定义为

$$l_V^{(k)} = \int_T a(t) |l_{HV}(t) - l_M|^k \mathrm{d}t \quad (2.2.25)$$

其中，$k \in \mathbb{N}$，称为极化起伏度的阶数。

由上可知，时域极化聚类中心、极化散度、瞬态极化状态变化率和极化测度等概念实质上是给出了如何刻画一条"空间曲线"随时间变化特性的方法；时域瞬态极化相似度、平均极化相似度和极化起伏度实质上是给出了如何刻画不同"空间曲线"之间关系的方法。在实际应用中，应根据具体问题和关注的焦点来决定采用相应的刻画手段。

需要指出的是：在信号与系统理论中，为了分析问题方便，常将时域信号通过正交分解等手段变换到另外一个域上来表征，如频域、复频域、复倒谱域和时频联合域等，建立时域和变换域之间的完备对应关系和变换域上的信号描述方法。同理，根据雷达极化分析的需要，对于时变电磁波也可类似

进行域的变换，在变换域上构建瞬态极化表征方法，如变换域上的极化聚类中心、极化散度、极化状态变化率、极化测度与变换域的极化相似度与极化起伏度等描述子。

2.2.4 随机极化电磁波及表征

1. 随机极化电磁波的概念

在大量的实际应用中，波的极化并不总是确定性的。恰恰相反，在更多的场合，人们观测到的是时变的，甚至是随机的极化，如自然光、箔条云团散射的雷达波等。部分极化波表征的是各态历经的平稳随机过程，给出了电磁波极化的整体统计特征，而难以刻画非平稳随机极化波的统计特性。

所谓随机极化电磁波通常是指在观测期间矢量端点在传播空间给定点处描绘出的轨迹是难以确切给出的；对于任意时刻而言，电磁波的极化是一组随机变量，如自然光、箔条云的散射回波等。从其概念可见，随机极化电磁波不仅包括属于平稳随机过程的电磁波，也包括属于非平稳随机过程的电磁波。

对于任意时刻 t 而言，式（2.2.16）表示的一般电磁波中幅度 $a_H(t)$ 和 $a_V(t)$，以及相位 $\varphi_H(t)$ 和 $\varphi_V(t)$ 均为服从某一分布的随机变量。

2. 随机极化电磁波的统计表征

对于实际雷达系统而言，由于雷达回波在每一距离分辨单元内都是由大量随机独立散射元散射相干合成的，根据切比雪夫大数定律，可认为散射回波近似是服从高斯分布的；同时，高斯分布也便于数学运算。因而，本小节以高斯分布为例，简要给出随机电磁波的统计特性。

设一个随机极化波服从零均值高斯分布，即在省略了时间关系后，其在水平垂直极化基 (H,V) 下有

$$\boldsymbol{e}_{HV} \sim N(0, \boldsymbol{\Sigma}_{HV}) \tag{2.2.26}$$

其中，$\boldsymbol{\Sigma}_{HV}$ 为协方差矩阵，且有

$$\boldsymbol{\Sigma}_{HV} = \langle \boldsymbol{e}_{HV} \boldsymbol{e}_{HV}^{\mathrm{H}} \rangle = \begin{bmatrix} \sigma_{HH} & \sigma_{HV} \\ \sigma_{VH} & \sigma_{VV} \end{bmatrix}$$

因此，电磁波在水平垂直极化基 (H,V) 下的联合概率密度函数为

$$f(\boldsymbol{e}_{HV}) = \frac{1}{\pi^2 |\boldsymbol{\Sigma}_{HV}|} \exp\{-\boldsymbol{e}_{HV}^{\mathrm{H}} \boldsymbol{\Sigma}_{HV}^{-1} \boldsymbol{e}_{HV}\} \tag{2.2.27}$$

其中，$|\boldsymbol{\Sigma}_{HV}| = \sigma_{HH}\sigma_{VV} - |\sigma_{HV}|^2$，上标"-1"表示矩阵的逆。

那么 (a_H, a_V, ϕ) 的联合概率密度为

$$f(a_H, a_V, \phi) = \frac{2a_H a_V}{\pi(\sigma_{HH}\sigma_{VV} - |\sigma_{HV}|^2)} \exp\left\{-\frac{\sigma_{VV}a_H^2 + \sigma_{HH}a_V^2 - 2|\sigma_{HV}|a_H a_V \cos(\phi + \beta_{HV})}{\sigma_{HH}\sigma_{VV} - |\sigma_{HV}|^2}\right\}$$

(2.2.28)

基于式（2.2.28）可以给出随机电磁波的幅度、相位、幅度比和相位差的统计分布及其数字特征，电磁波瞬态 Stokes 矢量和 IPPV 的统计特性亦可得到，具体参见文献 [15]。

事实上，电磁信号按照载频进行分类，可以分为单频信号（或单色波）、窄带信号（准单色波）和宽频带信号；依照统计的观点进行分类，可以分为确定性信号和随机性信号两大类。

完全极化电磁波就是指单频信号，原则上 Jones 矢量、椭圆几何描述子、极化相位描述子、极化比以及 Stokes 矢量等极化表征参数只能用于此类信号极化的表征；部分极化电磁波事实上包含两种情况，一是确定性的窄带电磁信号，二是各态历经性平稳随机电磁信号。部分极化电磁波可以采用相干矩阵和相干矢量以及部分极化波的 Stokes 矢量等来描述，是包容了完全极化电磁波的，但是难以刻画宽频带、非平稳随机电磁信号；电磁波的瞬态极化表征虽然是针对宽频带电磁信号而提出的，但它也是可以刻画单频、窄带电磁信号的，是最为普适的表征手段；随机极化波的瞬态极化统计表征是与电磁波的瞬态极化表征相对应的，只不过一个描述确定性信号，另一个是用以刻画随机电磁信号的。

2.3 动态目标的窄带极化特性

在实际应用中，目标极化特性和观测条件通常并非固定不变，而是呈现出一定的时变规律。引起目标极化特性变化的原因大致分为两类：一类是在观测时间内，目标自身内部结构或物理属性发生了变化，从而导致其极化特性发生了改变，如地物杂波、气象目标及箔条干扰等；另一类是目标自身的极化特性不变，但由于目标和雷达之间的相对运动引起观测视线的变化，从而使观测到的目标极化特性呈现出一定的时变特性，如运动中的飞机、导弹等均属于该类情况。本书主要讨论第二类情况。

在窄带观测条件下，飞机、导弹等人造目标通常仅占据一个分辨单元，其散射回波是各组成部分（散射单元）回波的相干合成。这时，目标极化散射特性将敏感于观测视线，也就是说，很小的观测视线变化可能引起极化散射特性较大的改变。因此，在对动态目标进行观测时，由于观测视线是连续变化的，其极化散射特性需要用时变的极化散射矩阵序列来表示。

2.3.1 典型窄带极化特征参量

在窄带观测条件下，由于飞机、导弹等运动目标相对于雷达的观测姿态是连续变化的，因此，雷达测量到的极化散射矩阵及提取的极化特征参量也将是时变的。在 (H,V) 极化基下，设动态目标的时变极化散射矩阵为

$$S(t)=\begin{bmatrix} s_{HH}(t) & s_{HV}(t) \\ s_{VH}(t) & s_{VV}(t) \end{bmatrix}, \quad t\in\Omega_T \tag{2.3.1}$$

其中，Ω_T 是观测时间，$s_{pq}(t)$ 是 pq 极化通道的复散射系数，$p,q\in\{H,V\}$，在互易性条件下满足 $s_{HV}(t)=s_{VH}(t)$。

当雷达工作于脉冲模式时，测量得到的将是目标时变极化散射矩阵的慢时间采样。设雷达脉冲重复周期（PRI）为 T_p，在测量时间 Ω_T 内共有 $2N$ 个测量值，则目标极化散射矩阵采样序列为

$$S(n)=\begin{bmatrix} s_{HH}(n) & s_{HV}(n) \\ s_{VH}(n) & s_{VV}(n) \end{bmatrix}, \quad n=1,2,\cdots,2N \tag{2.3.2}$$

可以将极化散射矩阵在 Pauli 矩阵基下展开，表示成极化散射矢量的形式。在水平垂直极化基下，Pauli 矩阵基为

$$\boldsymbol{\Psi}_T=\left\{\sqrt{2}\begin{bmatrix} 1 & 0 \\ 0 & 1 \end{bmatrix}, \sqrt{2}\begin{bmatrix} 1 & 0 \\ 0 & -1 \end{bmatrix}, \sqrt{2}\begin{bmatrix} 0 & 1 \\ 1 & 0 \end{bmatrix}, \sqrt{2}\begin{bmatrix} 0 & j \\ j & 0 \end{bmatrix}\right\} \tag{2.3.3}$$

则第 n 次测量得到的目标极化散射矢量为

$$\boldsymbol{k}_p(n)=\frac{1}{\sqrt{2}}\begin{bmatrix} s_{HH}(n)+s_{VV}(n) \\ s_{HH}(n)-s_{VV}(n) \\ 2s_{VH}(n) \end{bmatrix} \tag{2.3.4}$$

描述目标极化散射特性的另一类表达形式是功率型散射矩阵，如 Mueller 矩阵、Kennaugh 矩阵等，本节以 Mueller 矩阵为例进行介绍。由目标极化散射矩阵的第 n 次测量值可以直接求出对应的 Mueller 矩阵为[18]

$$\boldsymbol{M}(n)=\boldsymbol{R}[\boldsymbol{S}(n)\otimes\boldsymbol{S}^*(n)]\boldsymbol{R}^{-1} \tag{2.3.5}$$

其中，$\boldsymbol{R}=\begin{bmatrix} 1 & 0 & 0 & 1 \\ 1 & 0 & 0 & -1 \\ 0 & 1 & 1 & 0 \\ 0 & j & -j & 0 \end{bmatrix}$。

由式（2.3.5）可以求出 $\boldsymbol{M}(n)$ 的具体元素为

$$\begin{cases}m_{11}(n)=\dfrac{1}{2}[\,|s_{HH}(n)|^2+2\,|s_{VH}(n)|^2+|s_{VV}(n)|^2\,]\\[4pt]
m_{12}(n)=m_{21}(n)=\dfrac{1}{2}[\,|s_{HH}(n)|^2-|s_{VV}(n)|^2\,]\\[4pt]
m_{13}(n)=m_{31}(n)=\mathrm{Re}[s_{HH}(n)s_{HV}^*(n)]+\mathrm{Re}[s_{HV}(n)s_{VV}^*(n)]\\[4pt]
m_{14}(n)=-m_{41}(n)=-\mathrm{Im}[s_{HH}^*(n)s_{HV}(n)]-\mathrm{Im}[s_{HV}^*(n)s_{VV}(n)]\\[4pt]
m_{22}(n)=\dfrac{1}{2}[\,|s_{HH}(n)|^2-2\,|s_{HV}(n)|^2+|s_{VV}(n)|^2\,]\\[4pt]
m_{24}(n)=-m_{42}(n)=-\mathrm{Im}[s_{HH}^*(n)s_{HV}(n)]-\mathrm{Im}[s_{HV}(n)s_{VV}^*(n)]\\[4pt]
m_{33}(n)=\mathrm{Re}[s_{HH}(n)s_{VV}^*(n)]+|s_{HV}(n)|^2\\[4pt]
m_{34}(n)=-m_{43}(n)=-\mathrm{Im}[s_{HH}^*(n)s_{VV}(n)]\\[4pt]
m_{44}(n)=\mathrm{Re}[s_{HH}(n)s_{VV}^*(n)]-|s_{HV}(n)|^2\\[4pt]
m_{23}(n)=m_{32}(n)=\mathrm{Re}[s_{HH}(n)s_{HV}^*(n)]-\mathrm{Re}[s_{HV}(n)s_{VV}^*(n)]
\end{cases} \quad (2.3.6)$$

当测量时间较短时，目标散射回波在该测量时间内具有较高的极化度，则可以用平均极化散射矩阵或平均 Mueller 矩阵来表示其极化散射特性，由式（2.3.2）求出目标平均极化散射矩阵为

$$\bar{S}=\frac{1}{2N}\sum_{n=1}^{2N}S(n) \qquad (2.3.7)$$

同理，由式（2.3.5）求出目标平均 Mueller 矩阵为

$$\bar{M}=\frac{1}{2N}\sum_{n=1}^{2N}M(n) \qquad (2.3.8)$$

直接应用极化散射矩阵进行目标分类、识别存在诸多不足：一是极化散射矩阵元素与极化基的选择有关，当选择不同极化基时，极化散射矩阵形式可能差别很大；二是极化散射矩阵元素缺乏描述目标特性的物理含义。因此，本节选用几类物理含义更加明确的极化特征参量来描述目标的极化散射特性。

1. 基于极化散射矩阵的特征参量

利用极化散射矩阵可以提取出与极化基选择无关的极化不变量，最著名的是 Huynen 极化特征参量[1-2]。具体而言，在求出目标平均极化散射矩阵 $\bar{S}$ 后，通过椭圆率变换和旋转变换可将其转换成对角矩阵，即

$$\bar{S}=\begin{bmatrix}\cos\bar{\varphi} & -\sin\bar{\varphi}\\ \sin\bar{\varphi} & \cos\bar{\varphi}\end{bmatrix}\begin{bmatrix}\cos\bar{\tau} & \mathrm{j}\sin\bar{\tau}\\ \mathrm{j}\sin\bar{\tau} & \cos\bar{\tau}\end{bmatrix}\begin{bmatrix}\bar{m}\mathrm{e}^{\mathrm{j}2\bar{\nu}} & 0\\ 0 & \bar{m}\tan^2\bar{\gamma}\mathrm{e}^{-\mathrm{j}2\bar{\nu}}\end{bmatrix}\begin{bmatrix}\cos\bar{\tau} & \mathrm{j}\sin\bar{\tau}\\ \mathrm{j}\sin\bar{\tau} & \cos\bar{\tau}\end{bmatrix}\begin{bmatrix}\cos\bar{\varphi} & \sin\bar{\varphi}\\ -\sin\bar{\varphi} & \cos\bar{\varphi}\end{bmatrix}$$

(2.3.9)

其中，$\begin{bmatrix}\cos\bar{\varphi} & -\sin\bar{\varphi}\\ \sin\bar{\varphi} & \cos\bar{\varphi}\end{bmatrix}$ 是旋转变换矩阵，$\begin{bmatrix}\cos\bar{\tau} & \mathrm{j}\sin\bar{\tau}\\ \mathrm{j}\sin\bar{\tau} & \cos\bar{\tau}\end{bmatrix}$ 是椭圆率变换矩阵，

参数 $\bar{m}$、$\bar{\nu}$、$\bar{\gamma}$、$\bar{\varphi}$、$\bar{\tau}$ 具有较明确的物理含义，如下所示：

$\bar{m}$——目标最大幅度，是目标大小或 RCS 的测度；

$\bar{\nu}$——跳跃角，取值范围为 $[-45°,45°]$，表明目标是单次散射还是多次散射；

$\bar{\gamma}$——特征角，取值范围为 $[0°,45°]$，是目标线状或球状程度的度量；

$\bar{\varphi}$——特征极化基的指向角，取值范围为 $[-90°,90°]$，是目标围绕雷达视线的方位角度量；

$\bar{\tau}$——特征极化基的椭圆率角，也称螺旋角，取值范围为 $[-45°,45°]$，反映了目标关于某一平面的对称程度，当 $\bar{\tau}=0°$ 时，目标几何形状关于某一平面对称，当 $\bar{\tau}=\pm45°$ 时，目标对应于极不对称情况，$|\bar{\tau}|$ 值越大，目标形状的对称性就越差。

表 2.3.1 列出了球（平板）、二面角、螺旋体等几类简单目标的极化散射矩阵及对应的 Huynen 极化特征参量，由极化散射矩阵求解 Huynen 极化参量的运算步骤可以参见文献 [19]。

表 2.3.1 几类简单目标的窄带极化特征描述参量

简单目标 (散射结构)	极化 散射矩阵	Huynen 极化 特征参量	Mueller 矩阵	功率型 极化特征参量
球（平板）	$\begin{bmatrix} 1 & 0 \\ 0 & 1 \end{bmatrix}$	$m=1,\nu=0°$, $\gamma=45°,\varphi=(任意)$, $\tau=(任意)$	$\begin{bmatrix} 1 & 0 & 0 & 0 \\ 0 & 1 & 0 & 0 \\ 0 & 0 & 1 & 0 \\ 0 & 0 & 0 & 1 \end{bmatrix}$	$A_0^T=1, B_0^T+B^T=0, B_0^T-B^T=0$, $C^T=0, D^T=0, E^T=0$, $F^T=0, G^T=0, H^T=0$
0°二面角	$\begin{bmatrix} 1 & 0 \\ 0 & -1 \end{bmatrix}$	$m=1,\nu=45°$, $\gamma=45°,\varphi=(任意)$, $\tau=(任意)$	$\begin{bmatrix} 1 & 0 & 0 & 0 \\ 0 & 1 & 0 & 0 \\ 0 & 0 & -1 & 0 \\ 0 & 0 & 0 & -1 \end{bmatrix}$	$A_0^T=0, B_0^T+B^T=2, B_0^T-B^T=0$, $C^T=0, D^T=0, E^T=0$, $F^T=0, G^T=0, H^T=0$
45°二面角	$\begin{bmatrix} 0 & 1 \\ 1 & 0 \end{bmatrix}$	$m=1,\nu=45°$, $\gamma=45°,\varphi=45°$, $\tau=0°$	$\begin{bmatrix} 1 & 0 & 0 & 0 \\ 0 & -1 & 0 & 0 \\ 0 & 0 & 1 & 0 \\ 0 & 0 & 0 & -1 \end{bmatrix}$	$A_0^T=0, B_0^T+B^T=0, B_0^T-B^T=2$, $C^T=0, D^T=0, E^T=0$, $F^T=0, G^T=0, H^T=0$
左旋 螺旋体	$\dfrac{1}{2}\begin{bmatrix} 1 & j \\ j & -1 \end{bmatrix}$	$m=1,\nu=(任意)$, $\gamma=0°,\varphi=(任意)$, $\tau=-45°$	$\dfrac{1}{2}\begin{bmatrix} 1 & 0 & 0 & -1 \\ 0 & 0 & 0 & 0 \\ 0 & 0 & 0 & 0 \\ 1 & 0 & 0 & -1 \end{bmatrix}$	$A_0^T=0, B_0^T+B^T=\dfrac{1}{2}, B_0^T-B^T=\dfrac{1}{2}$, $C^T=0, D^T=0, E^T=0$, $F^T=-\dfrac{1}{2}, G^T=0, H^T=0$
右旋 螺旋体	$\dfrac{1}{2}\begin{bmatrix} 1 & -j \\ -j & -1 \end{bmatrix}$	$m=1,\nu=(任意)$, $\gamma=0°,\varphi=(任意)$, $\tau=45°$	$\dfrac{1}{2}\begin{bmatrix} 1 & 0 & 0 & 1 \\ 0 & 0 & 0 & 0 \\ 0 & 0 & 0 & 0 \\ -1 & 0 & 0 & -1 \end{bmatrix}$	$A_0^T=0, B_0^T+B^T=\dfrac{1}{2}, B_0^T-B^T=\dfrac{1}{2}$, $C^T=0, D^T=0, E^T=0$, $F^T=\dfrac{1}{2}, G^T=0, H^T=0$

2. 基于 Mueller 矩阵的极化特征参量

如果动态目标的极化散射特性是二阶平稳的，可以用 Mueller 矩阵来表示（对应于式（2.3.8））。根据 Huynen 极化分解理论，目标平均 Mueller 矩阵可以分解成一个确定 Mueller 矩阵（对应于确定目标）和一个噪声 Mueller 矩阵的相加[20-21]，即 $\overline{M}$ 分解为

$$\overline{M} = M_T + M_N$$

$$= \begin{bmatrix} A_0+B_0^T & C^T & H^T & F^T \\ C^T & A_0+B^T & E^T & G^T \\ H^T & E^T & A_0-B^T & D^T \\ -F^T & -G^T & -D^T & A_0-B_0^T \end{bmatrix} + \begin{bmatrix} B_0^N & 0 & 0 & F^N \\ C & B^N & E^N & 0 \\ 0 & E^N & -B^N & 0 \\ F^N & 0 & 0 & B_0^N \end{bmatrix} \quad (2.3.10)$$

其中，M_T 对应确定目标的 Mueller 矩阵，M_N 为噪声 Mueller 矩阵，且 M_T 矩阵元素满足以下关系：

$$\begin{cases} 2A_0(B_0^T+B^T) = (C^T)^2+(D^T)^2 \\ 2A_0(B_0^T-B^T) = (G^T)^2+(H^T)^2 \\ 2A_0 E^T = C^T H^T - D^T G^T \\ 2A_0 F^T = C^T G^T + D^T H^T \end{cases} \quad (2.3.11)$$

如果目标的极化散射特性在观测时间内保持不变，则上述分解得到的噪声 Mueller 矩阵元素均为 0。由式（2.3.10）分解得到的参数 A_0、B_0^T、B^T、C^T、D^T、E^T、F^T、G^T、H^T 称为目标功率型极化特征参量，由 Mueller 矩阵求解功率型参数的过程可以参见文献 [20]，这些参数具有较明确的物理含义，如下：

A_0——对称性参数，反映了目标非奇异、偶次散射分量；

$B_0^T-B^T$——非对称性参数；

$B_0^T+B^T$——奇异性参数；

C^T——整体形状参数，线状目标对应的值大；

D^T——局部形状参数，对应局部的不连续点；

E^T——局部螺旋性参数，对应目标、表面扭曲度；

F^T——整体螺旋性参数；

G^T——目标局部耦合参数。

H^T——目标整体耦合参数。

表 2.3.1 给出了二面角及螺旋体等几类简单目标的 Mueller 矩阵及对应的功率型极化特征参量。

3. 基于特征分解的极化特征参量

在极化 SAR 的目标分类等应用中，Cloude 等研究了基于极化相干矩阵特

征分解的目标分类方法，提出了著名的散射熵 H、平均散射角 α 及反熵 A 等特征参数[21-22]。后来，郭雷、Berizzi 等在获取人造目标的全极化高分辨距离像（HRRP）基础上，将这种方法应用于舰船、飞机目标的分类与识别[23-25]。然而，在上述研究中，目标极化相干矩阵均是由空间域（一维图像或二维图像）的极化数据估计得到。这里将这种方法进行扩展，用于描述动态目标的极化散射特性。

在测量时间内，由目标极化散射矢量的 $2N$ 次测量结果（式（2.3.4））可求出其相干矩阵估计为

$$T = \frac{1}{2N}\sum_{n=1}^{2N} T(n) = \frac{1}{2N}\sum_{n=1}^{2N} k_p(n)k_p^H(n) \quad (2.3.12)$$

其中，$T(n) = k_p(n)k_p^H(n)$。

对 T 进行特征分解得到

$$T = \lambda_1 u_1 u_1^H + \lambda_2 u_2 u_2^H + \lambda_3 u_3 u_3^H = \sum_{i=1}^{3} \lambda_i u_i u_i^H \quad (2.3.13)$$

其中，λ_i 为 T 的第 i 个特征值，且 $\lambda_1 \geq \lambda_2 \geq \lambda_3$，$u_i$ 是与 λ_i 对应的归一化特征矢量，$\|u_i\|^2 = 1$，则 u_i 可以写成

$$u_i = \exp(j\varphi_i)\begin{bmatrix} \cos\alpha_i \\ \sin\alpha_i\cos\beta_i\exp(j\delta_i) \\ \sin\alpha_i\sin\beta_i\exp(j\gamma_i) \end{bmatrix}, \quad i = 1,2,3 \quad (2.3.14)$$

式中：α_i 表征了目标的散射机理；β_i 为目标定向角；φ_i 为 $s_{HH}+s_{VV}$ 的绝对相位，δ_i 为 $s_{HH}-s_{VV}$ 与 $s_{HH}+s_{VV}$ 之间的相位差，γ_i 为 $s_{HH}-s_{VV}$ 与 s_{HV} 之间的相位差。

由上式分别定义目标散射熵 H、平均散射角 α 及反熵 A 为

$$\begin{cases} H = -\sum_{i=1}^{3} p_i \log_3 p_i, \; p_i = \lambda_i \Big/ \sum_{i=1}^{3} \lambda_i \\ \alpha = p_1\alpha_1 + p_2\alpha_2 + p_3\alpha_3 \\ A = \dfrac{\lambda_2 - \lambda_3}{\lambda_2 + \lambda_3} = \dfrac{p_2 - p_3}{p_2 + p_3} \end{cases} \quad (2.3.15)$$

其中，散射熵 H 取值范围为 $[0,1]$，用于描述目标散射的随机性。当 $H=0$ 时，极化相干矩阵 T 只有一个特征值不为 0，表明目标仅有一种主散射机理，对应于确定目标情况，H 值越小，目标越接近确定散射性机理。随着 H 值的增大，目标去极化散射程度将增加，目标散射不再认为存在一种主散射机理，而是由几种散射机理组成，且 H 越大表明目标散射的随机性越强。平均散射角 α 的取值范围为 $[0°, 90°]$，用于描述目标的主要散射机理。当 $\alpha=0°$ 时，表明目标的主散射机理是各向同性的表面散射，如均匀导体球、平静水面等；随着 α

的增大，反映出的散射机理变为各向异性的表面散射，如 Bragg 散射等；当 $\alpha=45°$ 时，目标表现为偶极子散射模型，如各向异性微粒散射；当 $\alpha=90°$ 时，目标是二面角散射机理[23]。

2.3.2 典型目标的窄带极化散射特性

对于飞机、导弹等刚体运动目标而言，其极化散射特性发生起伏是由观测视线变化引起的。因此，下面以 4 类弹头模型为例，分析了其在不同观测角下的极化相关特性，然后通过建立目标运动航迹，仿真分析了动态目标的极化特性。

1. 窄带条件下的极化相关特性分析

在窄带低分辨观测条件下，设目标在观测视线 $\boldsymbol{\Phi}_0$ 时的极化散射矢量为 $\boldsymbol{k}_p(\boldsymbol{\Phi}_0) = [k_{p,1}(\boldsymbol{\Phi}_0) \quad k_{p,2}(\boldsymbol{\Phi}_0) \quad k_{p,3}(\boldsymbol{\Phi}_0)]^{\mathrm{T}}$，在 $\boldsymbol{\Phi}_0 + \Delta\boldsymbol{\Phi}$ 时的极化散射矢量为 $\boldsymbol{k}_p(\boldsymbol{\Phi}_0 + \Delta\boldsymbol{\Phi}) = [k_{p,1}(\boldsymbol{\Phi}_0 + \Delta\boldsymbol{\Phi}) \quad k_{p,2}(\boldsymbol{\Phi}_0 + \Delta\boldsymbol{\Phi}) \quad k_{p,3}(\boldsymbol{\Phi}_0 + \Delta\boldsymbol{\Phi})]^{\mathrm{T}}$，则两者之间的归一化相关系数定义为

$$C_p(\boldsymbol{\Phi}_0 + \Delta\boldsymbol{\Phi}) = \frac{|\boldsymbol{k}_p^{\mathrm{H}}(\boldsymbol{\Phi}_0)\boldsymbol{k}_p(\boldsymbol{\Phi}_0 + \Delta\boldsymbol{\Phi})|}{\sqrt{\|\boldsymbol{k}_p(\boldsymbol{\Phi}_0)\|^2}\sqrt{\|\boldsymbol{k}_p(\boldsymbol{\Phi}_0 + \Delta\boldsymbol{\Phi})\|^2}} \quad (2.3.16)$$

其中，$0 \leq C_p(\boldsymbol{\Phi}_0 + \Delta\boldsymbol{\Phi}) \leq 1$，反映了目标窄带极化特性在两个观测角度的相关性，其值越小，两者的相关性越弱；其值越大，两者的相关性越强。

这里以 4 类弹头目标模型的暗室测量数据为例，分析了其窄带极化特性随方位角的相关特性。4 类目标模型分别是圆锥体、锥球体、开缝锥球体及某有翼弹头模型，如图 2.3.1 所示，其中，开缝锥球体和锥球体的形状、尺寸完全相同，只是在锥球结合部多了一条缝宽和缝深均为 6mm 的缝。测量频率范围为 8.75~10.75GHz，频率步进间隔为 20MHz，分析时取用的测量频率为 10GHz。测量姿态角为：俯仰角 0°，横滚角 0°，方位角（θ）范围 0°~180°，步进间隔 0.2°。

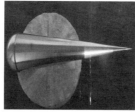

(a) 圆锥体　　　　　(b) 锥球体　　　　　(c) 有翼弹头目标模型

图 2.3.1　几类弹头目标模型

按式（2.3.16）对 4 类弹头模型进行极化相关特性分析，结果如图 2.3.2 所示，其中，$\theta_0 = 0°:1°:30°$，$\Delta\theta = 0°:0.2°:20°$。可以看出，目标极化相关特

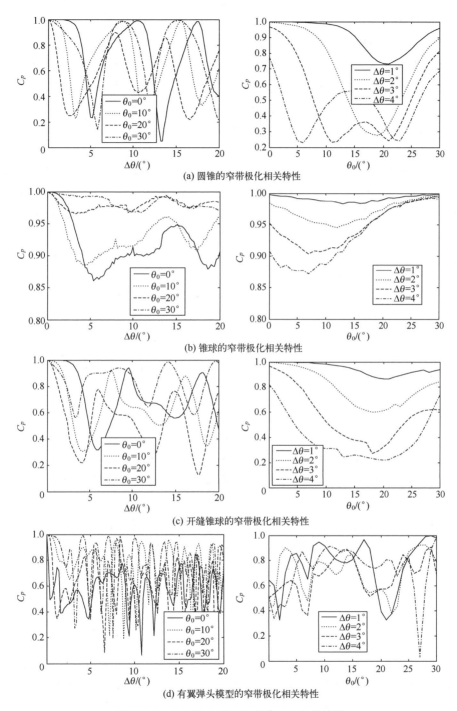

图 2.3.2 4 类弹头模型的窄带极化相关特性

性随方位角的变化呈现出非规律性变化。对于结构简单的圆锥、无缝锥球等目标,其极化特性与姿态角的敏感程度较小,即在较大的 $\Delta\theta$ 范围内,极化相关系数都较大,例如,无缝锥球在 $\Delta\theta = 20°$ 范围内的极化相关系数均大于 0.85。对于结构较复杂的有翼弹头模型,其极化特性将更加敏感于姿态角度,在很小的 $\Delta\theta$(如 1°)范围内,极化相关系数就可能降到 0.5 以下。

2. 动态目标窄带极化特性建模与仿真分析

对于飞机、导弹及卫星等刚体目标,其运动效应可以分为质心航迹运动和姿态旋转运动两部分[26]。质心航迹运动决定了目标质心在雷达坐标系中的时变位置,通常用直角坐标参数给出,姿态旋转运动确定了目标坐标系和雷达坐标系之间的相对关系,用三个欧拉角参数给出。这里通过对目标运动航迹和姿态角度进行建模,并选择合适的极化特征量,仿真分析了动态目标的窄带极化散射特性。

1) 目标航迹和姿态建模

根据文献 [26] 和 [27],目标实际运动航迹可以建模成围绕以某确定航迹作随机扰动的随机变化量。设目标确定运动航迹在雷达坐标系中的位置矢量为 $[x_{T,0}(n) \quad y_{T,0}(n) \quad z_{T,0}(n)]^T$,三个值分别是时变坐标值 $x_{T,0}(t)$、$y_{T,0}(t)$ 及 $z_{T,0}(t)$ 在 nT_p 时刻的采样值,设航迹位置坐标值的随机扰动矢量为 $[\Delta x(n) \quad \Delta y(n) \quad \Delta z(n)]^T$,则有

$$\begin{bmatrix} x_T(n) \\ y_T(n) \\ z_T(n) \end{bmatrix} = \begin{bmatrix} x_{T,0}(n) \\ y_{T,0}(n) \\ z_{T,0}(n) \end{bmatrix} + \begin{bmatrix} \Delta x(n) \\ \Delta y(n) \\ \Delta z(n) \end{bmatrix}, \quad n = 1, 2, \cdots, 2N \quad (2.3.17)$$

其中,三个位置扰动量可以建模为相关随机变量形式,具体表达式参见文献 [27]。

同理,目标三个姿态欧拉角也可看作围绕某确定值的随机变量,设目标确定姿态角矢量为 $[\alpha_0(n) \quad \gamma_0(n) \quad \eta_0(n)]^T$,三个角度的随机扰动矢量为 $[\Delta\alpha(n) \quad \Delta\gamma(n) \quad \Delta\eta(n)]^T$,则实际的目标姿态角采样值为

$$\begin{bmatrix} \alpha(n) \\ \gamma(n) \\ \eta(n) \end{bmatrix} = \begin{bmatrix} \alpha_0(n) \\ \gamma_0(n) \\ \eta_0(n) \end{bmatrix} + \begin{bmatrix} \Delta\alpha(n) \\ \Delta\gamma(n) \\ \Delta\eta(n) \end{bmatrix}, \quad n = 1, 2, \cdots, 2N \quad (2.3.18)$$

在确定目标航迹、姿态角参数后,由式(2.3.8)可以求出雷达在目标坐标系中的位置,进而确定观测视线在目标坐标系的时变方位角和俯仰角。

2) 极化特征量选取

将整个观测时间内的测量值划分为 L 个处理区段,每个处理区段包含 N_p 次

测量结果，即有 $2N=LN_p$。设在第 l 个处理区段，目标极化散射矩阵测量序列为
$\hat{\boldsymbol{S}}(l,n)=\begin{bmatrix} \hat{s}_{HH}(l,n) & \hat{s}_{HV}(l,n) \\ \hat{s}_{VH}(l,n) & \hat{s}_{VV}(l,n) \end{bmatrix}$，$l=1,2,\cdots,L$，$n=1,2,\cdots,N_p$，由此求出对应的极化散射矢量为 $\boldsymbol{k}_p(l,n)=[\hat{s}_{HH}(l,n)+\hat{s}_{VV}(l,n) \quad \hat{s}_{HH}(l,n)-\hat{s}_{VV}(l,n) \quad 2\hat{s}_{VH}(l,n)]^T$，对 N_p 个测量值进行平均，可以得到目标平均极化散射矢量为

$$\bar{\boldsymbol{k}}_p(l)=\frac{1}{N_p}\sum_{n=1}^{N_p}\boldsymbol{k}_p(l,n) \tag{2.3.19}$$

其中，$\bar{\boldsymbol{k}}_p(l)=[\bar{k}_p(l,1) \quad \bar{k}_p(l,2) \quad \bar{k}_p(l,3)]^T$ 三个元素的相对大小确定了在该区段内的主体散射机理，$\bar{k}_p(l,1)$ 对应球体（平板）散射分量，$\bar{k}_p(l,2)$ 对应 $0°$ 二面角散射分量，$\bar{k}_p(l,3)$ 对应 $45°$ 二面角散射分量。

同理，利用目标极化散射矢量序列可以求出极化相干矩阵估计为

$$\boldsymbol{T}(l)=\frac{1}{N_p}\sum_{n=1}^{N_p}\boldsymbol{k}_p(l,n)\boldsymbol{k}_p^H(l,n) \tag{2.3.20}$$

对 $\boldsymbol{T}(l)$ 进行特征分解，求出在该处理区段内的散射熵 $H(l)$、平均散射角 $\alpha(l)$ 及反熵 $A(l)$，其中，$H(l)\in[0,1]$，$\alpha(l)\in[0°,90°]$，$A(l)\in[0,1]$。$H(l)$ 反映了目标在该处理区段内极化特性起伏程度，$H(l)$ 值越小，目标极化特性起伏就越小，$H(l)$ 值越大，目标极化特性起伏越强。$\alpha(l)$ 反映了目标在该处理区段内的主散射机理，$\alpha(l)\to 45°$ 表明目标接近各向异性散射机理（如偶极子），$\alpha(l)\to 0°$ 表明目标接近各向同向（球体或平面）散射机理，$\alpha(l)\to 90°$ 表明目标接近二面角散射机理。

通过以上处理，可以得到一组描述动态目标极化特性的特征参数序列，分别为 $H(l)$、$\alpha(l)$、$A(l)$，$l=1,2,\cdots,L$。

3）仿真实验分析

这里以 4 类弹头目标模型进行仿真实验，分析了动态目标的窄带极化散射特性。首先，建立目标的运动航迹，并对确定位置参数叠加随机扰动，通过坐标系变换，得到观测视线在目标坐标系的方位角和俯仰角；其次，通过静态数据查表的方法得到目标在任一时刻的全极化数据；最后，以上一部分选取的极化特征参数来分析其极化特性。

按第 2）部分的仿真步骤，仿真产生目标典型抛物线运动轨迹，如图 2.3.3（a）所示，其中，虚线是整体运动轨迹，实线对应测量时间内的运动轨迹。图中，雷达位于坐标系原点位置，目标在某一时刻的运动速度沿该点的切线方向，该方向也即为弹头目标的轴线方向，由此确定出在该时刻的目标坐标系。通过坐标系转换可求出观测视线在目标坐标系中的时变方位角

和俯仰角。设运动速度 $v_0 = 1000 \text{m/s}$,总观测时间为 6.4s,雷达脉冲重复周期为 0.005s,则在观测时间内共观测 1280 次。图 2.3.3(b)是仿真得到的观测视线俯仰角 $\varphi(n)$ 和方位角 $\theta(n)$。

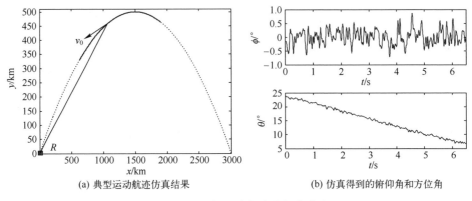

(a) 典型运动航迹仿真结果　　(b) 仿真得到的俯仰角和方位角

图 2.3.3　目标运动轨迹的仿真结果

将所有测量值划分成 20 个处理区段,每个处理区段有 64 次测量结果,图 2.3.4 是按上述仿真条件得到的 4 类目标窄带极化特征量,其中,仿真信噪比 $\text{SNR}(n) = 30\text{dB}$,SNR 定义为 $\text{SNR}(n) = 10 \lg \dfrac{|s_{HH}(n)|^2 + 2|s_{HV}(n)|^2 + |s_{VV}(n)|^2}{\sigma_n^2}$,图 2.3.4(a)是散射熵 H 的仿真结果,图 2.3.4(b)是平均散射角 α 的仿真结果,图 2.3.4(c)是反熵 A 的仿真结果。可以看出,对于结构较简单的目标(如锥球体、开缝锥球体),由于其散射特性较稳定,H 值较小;对于结构较复杂的目标(如有翼弹头),由于其极化散射特性起伏较快,H 值较大。利用该特性可以对目标进行简单分类。

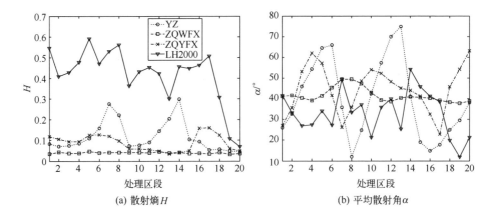

(a) 散射熵 H　　(b) 平均散射角 α

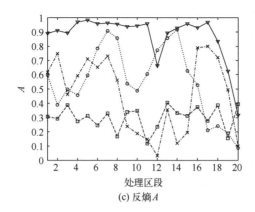

(c) 反熵 A

图 2.3.4　动态目标窄带极化特征参数的仿真结果

2.4 动态目标的宽带极化特性

雷达目标的宽带高分辨特性和极化特性从两个不同角度刻画了目标的物理结构特征[28]。一方面,宽带高分辨信息能够反映出目标径向长度、轮廓等几何结构特征;另一方面,极化信息可用于描述目标表面粗糙度、对称性及空间取向等特征。将两者结合起来可以提取出目标更加精细、准确的结构特征,已成为微波遥感、目标识别等领域的研究热点问题[29-31]。当前,常规的单极化雷达成像技术已较成熟,合成孔径雷达(SAR)、逆合成孔径雷达(ISAR)及干涉合成孔径雷达(InSAR)已逐步走向实用,双极化和全极化雷达成像技术已成为国内外学术界研究的热点问题[31]。在光学区,宽带雷达目标可以用散射中心模型来描述,其总散射回波可以看成各散射中心回波的相干合成。随着雷达分辨率的提高,目标散射中心将被离析出来,得到目标雷达图像[28]。与低分辨观测条件不同,目标在高分辨观测条件下将被离析成散射中心,每个散射中心具有相对简单的散射结构,其极化散射特性也相对稳定,因此目标宽带高分辨信息提高了极化信息的稳健性,在目标分类、识别方面具有更大的应用价值。

2.4.1　典型宽带极化特征参量

目标通常可看成一个线性系统,雷达发射信号为该系统的输入,接收目标回波信号为该系统的输出,目标散射特性可以用一个冲激响应函数来表示[28]。从散射中心的观点来看,目标的整体冲激响应是各散射中心冲激响应的线性叠加。在全极化观测条件下,雷达收发通道均由两个正交极化通道组成,目标在四种不同极化状态组合条件下的散射特性可以用四个不同的冲激响应来表示,如图 2.4.1 所示。

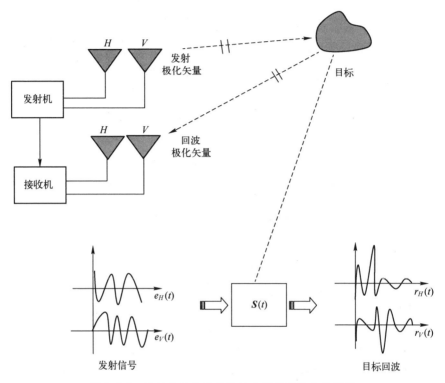

图 2.4.1 目标全极化散射特性分析的线性系统模型

不失一般性,假定极化雷达采用 H、V 极化天线,设目标由 L 个散射中心组成,参考中心为 P,第 l 个散射中心与 P 点的距离为 Δr_l,对应的相对时延为 $\Delta \tau_l = 2\Delta r_l / c$,$l = 1, 2, \cdots, L$,$c$ 为光速。目标在 pq 极化状态组合的冲激响应可以表示成 $s_{pq}(t) = \sum_{l=1}^{L} s_{l,pq} \delta(t - \Delta \tau_l)$,$p, q \in \{H, V\}$,4 路极化通道的冲激响应写成矩阵形式为

$$\boldsymbol{S}(t) = \begin{bmatrix} s_{HH}(t) & s_{HV}(t) \\ s_{VH}(t) & s_{VV}(t) \end{bmatrix} = \sum_{l=1}^{L} \boldsymbol{S}_l \delta(t - \Delta \tau_l) \quad (2.4.1)$$

其中,$\boldsymbol{S}(t)$ 为目标全极化冲激响应矩阵,$\boldsymbol{S}_l$ 是第 l 个散射中心的极化散射矩阵,记作

$$\boldsymbol{S}_l = \begin{bmatrix} s_{l,HH} & s_{l,HV} \\ s_{l,VH} & s_{l,VV} \end{bmatrix} \quad (2.4.2)$$

其中，$l=1,2,\cdots,L$。

对式（2.4.1）进行傅里叶变换可以得到目标全极化频率响应矩阵，表达式为

$$\boldsymbol{S}(f) = \begin{bmatrix} s_{HH}(f) & s_{HV}(f) \\ s_{VH}(f) & s_{VV}(f) \end{bmatrix} = \sum_{l=1}^{L} \boldsymbol{S}_l \exp(-\mathrm{j}2\pi f \Delta \tau_l) \quad (2.4.3)$$

由于目标回波时延与距离相对应，因此目标全极化冲激响应矩阵（式（2.4.1））反映了散射中心在空间分布上的全极化信息，即目标在理想条件（无限带宽）下的全极化雷达图像。目标全极化频率散射矩阵则反映出各散射中心作为一个整体在频域的全极化信息。从信息量角度看，两者所含的目标信息应是等价的。雷达图像能够更加直接地反映出目标长度、大小等物理特征，所以本节主要从雷达图像（冲激响应）的角度来分析动态目标的宽带极化特性。

实际雷达信号的带宽都是有限的，无法获得目标理想的冲激响应。成像雷达的通常处理方法是：利用宽带（超宽带）信号来得到目标散射中心的径向高分辨一维像（HRRP），然后利用目标和雷达间的相对运动引入的多普勒信息获得散射中心的横向高分辨，从而得到目标二维图像[30]。另外，干涉成像雷达利用两幅二维图像之间的相干性可以获得目标高度信息，进而得到目标三维图像[30]。本节将目标一维像、二维像和三维像统称为雷达图像。设全极化成像雷达在某一次成像时间内得到的目标全极化图像为

$$\boldsymbol{S}(\boldsymbol{k}) = \begin{bmatrix} s_{HH}(\boldsymbol{k}) & s_{HV}(\boldsymbol{k}) \\ s_{VH}(\boldsymbol{k}) & s_{VV}(\boldsymbol{k}) \end{bmatrix} = \sum_{l=1}^{L} \boldsymbol{S}_l p(\boldsymbol{k} - \boldsymbol{k}_l) \quad (2.4.4)$$

其中，$s_{pq}(\boldsymbol{k})$是目标在pq极化通道的雷达图像，$p,q \in \{H,V\}$，$p(\cdot)$为点扩展函数，$\boldsymbol{k}$是空间位置矢量，$\boldsymbol{k}_l$是第l个散射中心的空间位置矢量，$\boldsymbol{k}=\{x\}$对应一维像，$\boldsymbol{k}=\{x,y\}$对应二维像，$\boldsymbol{k}=\{x,y,z\}$对应三维像。

随着雷达分辨率的提高，每个分辨单元含有的散射中心数目越少，其极化散射特性也就越趋稳定，因此，更加适合用相干极化散射理论来分析。极化相干分解理论广泛应用于极化 SAR 图像理解，用于人造目标检测、分类、识别与结构反演等[32-37]。相干极化分解的基本原理是：在得到目标全极化高分辨图像后，将提取出的散射中心分解为几类典型散射结构的组合，通过比较分解系数的相对大小来判断散射中心的基本散射机理。常用的相干极化分解方法主要有 Pauli 基分解、Krogager 分解和 Cameron 分解等[20-21]，本节主要以前两种相干极化分解为例进行分析。

1. Pauli 基分解

Pauli 基分解的基本原理是将散射中心的极化散射矩阵在 Pauli 矩阵基下

展开,得到对应的极化散射矢量。在水平垂直极化基下,目标第 l 个散射中心的相干极化散射矩阵 S_l 在 Pauli 矩阵基下分解得到

$$S_l = \sqrt{2}a_l \begin{bmatrix} 1 & 0 \\ 0 & 1 \end{bmatrix} + \sqrt{2}b_l \begin{bmatrix} 1 & 0 \\ 0 & -1 \end{bmatrix} + \sqrt{2}c_l \begin{bmatrix} 0 & 1 \\ 1 & 0 \end{bmatrix} + \sqrt{2}d_l \begin{bmatrix} 0 & -j \\ j & 0 \end{bmatrix} \quad (2.4.5)$$

其中,四个矩阵基分别对应平面一次散射、0°二面角散射、45°二面角散射及反对称散射,a_l、b_l、c_l、d_l 为四个复分解系数,具体为

$$\begin{cases} a_l = \dfrac{1}{\sqrt{2}}[s_{l,HH} + s_{l,VV}] \\ b_l = \dfrac{1}{\sqrt{2}}[s_{l,HH} - s_{l,VV}] \\ c_l = \dfrac{1}{\sqrt{2}}[s_{l,HV} + s_{l,HV}] \\ d_l = \dfrac{j}{\sqrt{2}}[s_{l,HV} - s_{l,HV}] \end{cases} \quad (2.4.6)$$

由四个分解系数之间的相对大小可以判定该散射中心的主散射机理,在互易条件下有 $d_l = 0$。

2. Krogager 分解

Krogager 分解也称 SDH 分解,基本原理是将对称的极化散射矩阵分解为球、二面角及螺旋体三类基本散射结构的线性组合[38-39]。在 (H, V) 极化基下,三类基本散射结构对应的归一化极化散射矩阵分别为

$$S_s = \begin{bmatrix} 1 & 0 \\ 0 & 1 \end{bmatrix}, \quad S_d = \begin{bmatrix} \cos2\theta & -\sin2\theta \\ \sin2\theta & \cos2\theta \end{bmatrix}, \quad S_h = \frac{1}{2}\begin{bmatrix} 1 & \pm j \\ \pm j & -1 \end{bmatrix} \quad (2.4.7)$$

这样,第 l 个散射中心的极化散射矩阵 S_l 可以分解成[38]

$$S_l = k_{l,s} S_s + \exp(j\varphi_l) \cdot (k_{l,d} S_d + k_{l,h} S_h) \quad (2.4.8)$$

其中,$k_{l,s}$、$k_{l,d}$、$k_{l,h}$ 是三个实分解系数,具体求解为[20-40]

$$\begin{cases} k_{l,s} = \left| \dfrac{s_{l,HH} + s_{l,VV}}{2} \right| \\ k_{l,d} = \min\left(\left| \dfrac{s_{l,VV} - s_{l,HH} + 2j s_{l,HV}}{2} \right|, \left| \dfrac{s_{l,HH} - s_{l,VV} + 2j s_{l,HV}}{2} \right| \right) \\ k_{l,h} = \left\| \dfrac{s_{l,VV} - s_{l,HH} + 2j s_{l,HV}}{2} \right\| - \left| \dfrac{s_{l,HH} - s_{l,VV} + 2j s_{l,HV}}{2} \right\| \end{cases} \quad (2.4.9)$$

由以上三个实分解系数的相对大小可以判断该散射中心的主散射结构，相对 SDH 系数分别为 $\bar{k}_{l,s}=\dfrac{k_{l,s}}{k_{l,s}+k_{l,d}+k_{l,h}}$, $\bar{k}_{l,d}=\dfrac{k_{l,d}}{k_{l,s}+k_{l,d}+k_{l,h}}$, $\bar{k}_{l,h}=\dfrac{k_{l,h}}{k_{l,s}+k_{l,d}+k_{l,h}}$。

2.4.2 典型目标全极化 HRRP 特性分析

飞机、导弹等刚体目标的运动将引起观测视线的连续变化，从而使雷达观测到的目标全极化 HRRP 特性发生变化，因此，下面以 4 类弹头目标为例，分析了其全极化 HRRP 随方位角的相关特性，通过建立运动航迹，仿真分析了目标在运动状态下的全极化 HRRP 特性。

1. 目标全极化 HRRP 的相关特性分析

目标全极化 HRRP 是指目标在三路极化通道（$HH/HV/VV$）的 HRRP（单站互易条件下）。在 (H,V) 极化基下，设目标在姿态角 $\boldsymbol{\Phi}_0$ 下的全极化 HRRP 分别为 $R_{HH}(\boldsymbol{\Phi}_0,r)$、$R_{HV}(\boldsymbol{\Phi}_0,r)$ 及 $R_{VV}(\boldsymbol{\Phi}_0,r)$，在姿态角 $\boldsymbol{\Phi}_0+\Delta\boldsymbol{\Phi}$ 下的全极化 HRRP 为 $R_{HH}(\boldsymbol{\Phi}_0+\Delta\boldsymbol{\Phi},r)$、$R_{HV}(\boldsymbol{\Phi}_0+\Delta\boldsymbol{\Phi},r)$ 及 $R_{VV}(\boldsymbol{\Phi}_0+\Delta\boldsymbol{\Phi},r)$。为描述两者之间的相关特性，这里定义几个相关系数作为指标参数，三个归一化自相关系数定义为

$$\begin{cases} C_{HH\text{-}HH}(\boldsymbol{\Phi}_0+\Delta\boldsymbol{\Phi})=\dfrac{\left|\int_{r_{\min}}^{r_{\max}}R_{HH}(\boldsymbol{\Phi}_0,r)R_{HH}^*(\boldsymbol{\Phi}_0+\Delta\boldsymbol{\Phi},r)\mathrm{d}r\right|}{\sqrt{\int_{r_{\min}}^{r_{\max}}|R_{HH}(\boldsymbol{\Phi}_0,r)|^2\mathrm{d}r}\sqrt{\int_{r_{\min}}^{r_{\max}}|R_{HH}(\boldsymbol{\Phi}_0+\Delta\boldsymbol{\Phi},r)|^2\mathrm{d}r}} \\[2ex] C_{HV\text{-}HV}(\boldsymbol{\Phi}_0+\Delta\boldsymbol{\Phi})=\dfrac{\left|\int_{r_{\min}}^{r_{\max}}R_{HV}(\boldsymbol{\Phi}_0,r)R_{HV}^*(\boldsymbol{\Phi}_0+\Delta\boldsymbol{\Phi},r)\mathrm{d}r\right|}{\sqrt{\int_{r_{\min}}^{r_{\max}}|R_{HV}(\boldsymbol{\Phi}_0,r)|^2\mathrm{d}r}\sqrt{\int_{r_{\min}}^{r_{\max}}|R_{HV}(\boldsymbol{\Phi}_0+\Delta\boldsymbol{\Phi},r)|^2\mathrm{d}r}} \\[2ex] C_{VV\text{-}VV}(\boldsymbol{\Phi}_0+\Delta\boldsymbol{\Phi})=\dfrac{\left|\int_{r_{\min}}^{r_{\max}}R_{VV}(\boldsymbol{\Phi}_0,r)R_{VV}^*(\boldsymbol{\Phi}_0+\Delta\boldsymbol{\Phi},r)\mathrm{d}r\right|}{\sqrt{\int_{r_{\min}}^{r_{\max}}|R_{VV}(\boldsymbol{\Phi}_0,r)|^2\mathrm{d}r}\sqrt{\int_{r_{\min}}^{r_{\max}}|R_{VV}(\boldsymbol{\Phi}_0+\Delta\boldsymbol{\Phi},r)|^2\mathrm{d}r}} \end{cases}$$

(2.4.10)

其中，$0 \leqslant C_{HH\text{-}HH}(\boldsymbol{\Phi}_0+\Delta\boldsymbol{\Phi}), C_{HV\text{-}HV}(\boldsymbol{\Phi}_0+\Delta\boldsymbol{\Phi}), C_{VV\text{-}VV}(\boldsymbol{\Phi}_0+\Delta\boldsymbol{\Phi}) \leqslant 1$。

上述三个参数反映了同极化通道 HRRP 与姿态角变化的敏感程度。同时，为表示不同极化通道 HRRP 间的互相关特性与姿态角变化的敏感程度，三个归一化互相关系数定义为

$$\begin{cases} C_{HV-HH}(\pmb{\Phi}_0 + \Delta\pmb{\Phi}) = \dfrac{\left|\int_{r_{\min}}^{r_{\max}} R_{HV}(\pmb{\Phi}_0, r) R_{HH}^*(\pmb{\Phi}_0 + \Delta\pmb{\Phi}, r) \mathrm{d}r\right|}{\sqrt{\int_{r_{\min}}^{r_{\max}} |R_{HV}(\pmb{\Phi}_0, r)|^2 \mathrm{d}r} \sqrt{\int_{r_{\min}}^{r_{\max}} |R_{HH}(\pmb{\Phi}_0 + \Delta\pmb{\Phi}, r)|^2 \mathrm{d}r}} \\ \\ C_{HV-VV}(\pmb{\Phi}_0 + \Delta\pmb{\Phi}) = \dfrac{\left|\int_{r_{\min}}^{r_{\max}} R_{HV}(\pmb{\Phi}_0, r) R_{VV}(\pmb{\Phi}_0 + \Delta\pmb{\Phi}, r) \mathrm{d}r\right|}{\sqrt{\int_{r_{\min}}^{r_{\max}} |R_{HV}(\pmb{\Phi}_0, r)|^2 \mathrm{d}r} \sqrt{\int_{r_{\min}}^{r_{\max}} |R_{VV}(\pmb{\Phi}_0 + \Delta\pmb{\Phi}, r)|^2 \mathrm{d}r}} \\ \\ C_{HH-VV}(\pmb{\Phi}_0 + \Delta\pmb{\Phi}) = \dfrac{\left|\int_{r_{\min}}^{r_{\max}} R_{HH}(\pmb{\Phi}_0, r) R_{VV}^*(\pmb{\Phi}_0 + \Delta\pmb{\Phi}, r) \mathrm{d}r\right|}{\sqrt{\int_{r_{\min}}^{r_{\max}} |R_{HH}(\pmb{\Phi}_0, r)|^2 \mathrm{d}r} \sqrt{\int_{r_{\min}}^{r_{\max}} |R_{VV}(\pmb{\Phi}_0 + \Delta\pmb{\Phi}, r)|^2 \mathrm{d}r}} \end{cases}$$

(2.4.11)

其中，$0 \leqslant C_{HV-HH}(\pmb{\Phi}_0+\Delta\pmb{\Phi}), C_{HV-VV}(\pmb{\Phi}_0+\Delta\pmb{\Phi}), C_{HH-VV}(\pmb{\Phi}_0+\Delta\pmb{\Phi}) \leqslant 1$。

另外，这里用 Pauli 基参数和 SDH 参数来定义另外两个相关系数，表示目标全极化 HRRP 作为一个整体与姿态角的敏感程度，具体定义为

$$\begin{cases} C_{\mathrm{Pauli}}(\pmb{\Phi}_0 + \Delta\pmb{\Phi}) = \dfrac{\left|\int_{r_{\min}}^{r_{\max}} \pmb{k}_p^{\mathrm{H}}(\pmb{\Phi}_0, r) \pmb{k}_p(\pmb{\Phi}_0 + \Delta\pmb{\Phi}, r) \mathrm{d}r\right|}{\sqrt{\left|\int_{r_{\min}}^{r_{\max}} \|\pmb{k}_p(\pmb{\Phi}_0, r)\|^2 \mathrm{d}r\right|} \cdot \sqrt{\left|\int_{r_{\min}}^{r_{\max}} \|\pmb{k}_p(\pmb{\Phi}_0 + \Delta\pmb{\Phi}, r)\|^2 \mathrm{d}r\right|}} \\ \\ C_{\mathrm{SDH}}(\pmb{\Phi}_0 + \Delta\pmb{\Phi}) = \dfrac{\left|\int_{r_{\min}}^{r_{\max}} \pmb{k}_s^{\mathrm{T}}(\pmb{\Phi}_0, r) \pmb{k}_s(\pmb{\Phi}_0 + \Delta\pmb{\Phi}, r) \mathrm{d}r\right|}{\sqrt{\left|\int_{r_{\min}}^{r_{\max}} \|\pmb{k}_s(\pmb{\Phi}_0, r)\|^2 \mathrm{d}r\right|} \cdot \sqrt{\left|\int_{r_{\min}}^{r_{\max}} \|\pmb{k}_s(\pmb{\Phi}_0 + \Delta\pmb{\Phi}, r)\|^2 \mathrm{d}r\right|}} \end{cases}$$

(2.4.12)

以四类弹头目标暗室测量数据为例，分析其全极化 HRRP 的极化相关特性。四类目标的测量频率范围为 $8.75 \sim 10.75 \mathrm{GHz}$，由目标四路极化通道的频域测量数据经快速傅里叶逆变换（IFFT）处理得到全极化 HRRP。图 2.4.2~图 2.4.5 分别是圆锥（YZ）、锥球（ZQWFX）、开缝锥球（ZQYFX）及有翼弹头（LH2000）的分析结果，其中，初始方位角 $\theta_0 = 0°$，$\Delta\theta = 0°:0.2°:10°$。可以看出，结构较简单的圆锥（YZ）、锥球（ZQWFX、ZQYFX）等目标，其全极化 HRRP 特性敏感于姿态的程度较小，在较大的 $\Delta\theta$ 范围内，宽带极化相关系数都较高；而对于结构较复杂的有翼弹头目标（LH2000），其全极化 HRRP 特性将更加敏感于姿态角，即较小的方位角变化就会引起宽带极化相关系数下降很大。

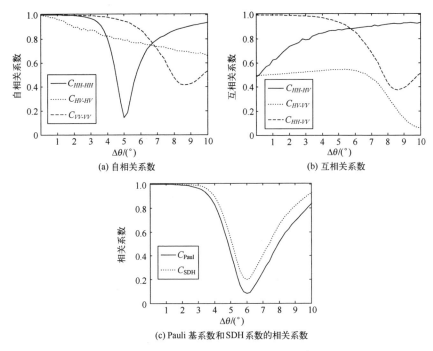

图 2.4.2 圆锥的全极化 HRRP 相关特性

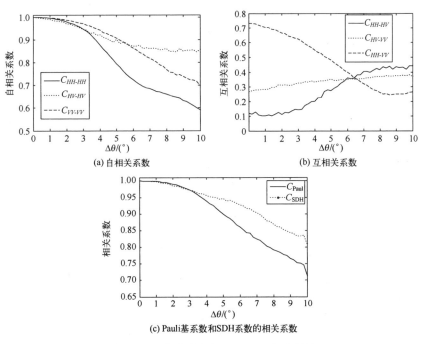

图 2.4.3 锥球的全极化 HRRP 相关特性

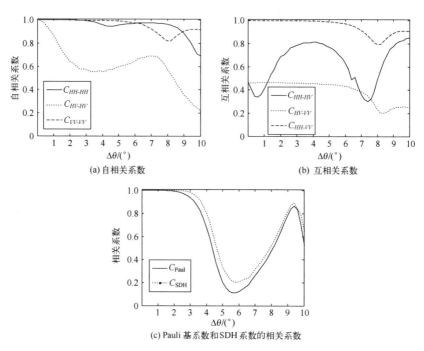

图 2.4.4 开缝锥球的全极化 HRRP 相关特性

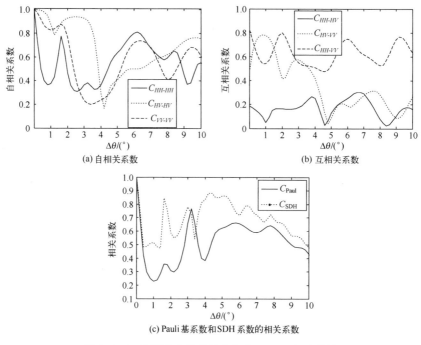

图 2.4.5 有翼弹头模型的全极化 HRRP 相关特性

2. 仿真实验与结果分析

动态目标宽带极化散射特性的仿真步骤如下：首先，仿真产生目标运动航迹；其次，通过坐标系转换求出观测视线在目标坐标系中的时变方位角和俯仰角，进而确定目标在该观测视线下的宽带全极化特性数据；最后，对每一次观测得到的四路极化通道数据进行 IFFT 处理，得到其全极化 HRRP，即 $R_{HH}(n,r)$、$R_{HV}(n,r)$、$R_{VH}(n,r)$ 及 $R_{VV}(n,r)$，其中 n 是观测次数，r 代表距离维，在互易性条件下，有 $R_{HV}(n,r)=R_{VH}(n,r)$。按上述过程产生的运动航迹及求出的观测方位角和俯仰角如图 2.3.3 所示。对每个距离单元的极化散射矩阵进行 Krogager 分解，即可得到三个 SDH 极化参数的 HRRP，即 $k_s(n,r)$、$k_d(n,r)$ 及 $k_h(n,r)$。设整个观测次数（$2N$）划分成 L 个处理区段，每个处理区段包含 N_p 次测量结果，即有 $2N=N_pL$，对每一处理区段的 SDH 极化特征参数 HRRP 进行平均，得到

$$\begin{cases} k_s(l,r) = \dfrac{1}{N_p}\displaystyle\sum_{n=(l-1)N_p+1}^{lN_p} k_s(n,r) \\ k_d(l,r) = \dfrac{1}{N_p}\displaystyle\sum_{n=(l-1)N_p+1}^{lN_p} k_d(n,r), \quad l=1,2,\cdots,L \\ k_h(l,r) = \dfrac{1}{N_p}\displaystyle\sum_{n=(l-1)N_p+1}^{lN_p} k_h(n,r) \end{cases} \quad (2.4.13)$$

按照 2.2.3 节设定的仿真参数，可以得到四类弹头目标在整个测量时间内的全极化 HRRP 特征。图 2.4.6 是圆锥（YZ）目标的仿真结果，其中，图（a）是 SDH 极化特征参数的 HRRP，图（b）是散射中心（第 52 个距离单元）的相对 SDH 参数。图 2.4.7 是锥球（ZQWFX）SDH 极化特征参数的 HRRP 及提取散射中心（第 48、52 个距离单元）的相对 SDH 参数。图 2.4.8 是开缝锥球（ZQYFX）SDH 极化特征参数的 HRRP 及提取散射中心（第 53 个距离单元）的相对 SDH 参数。图 2.4.9 是有翼弹头（LH2000）SDH 极化特征参数的 HRRP 及提取散射中心（第 33、58、60 个距离单元）的相对 SDH 参数。

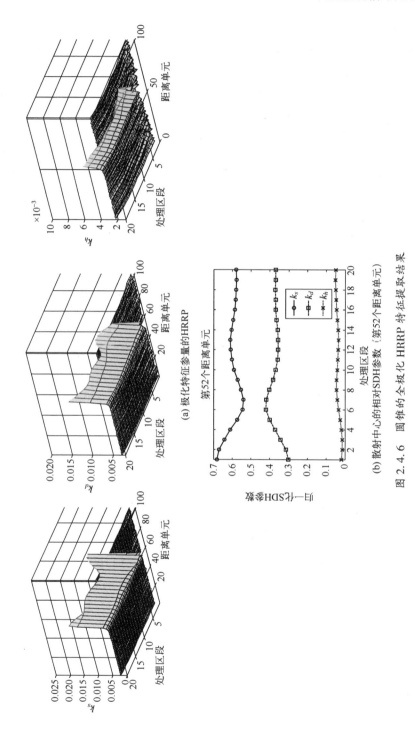

图 2.4.6 圆锥的全极化 HRRP 特征提取结果

第 2 章 雷达极化基础知识

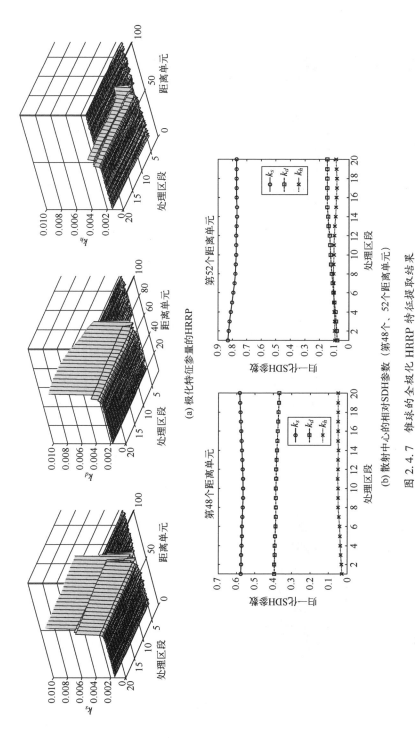

图 2.4.7 锥球的全极化 HRRP 特征提取结果

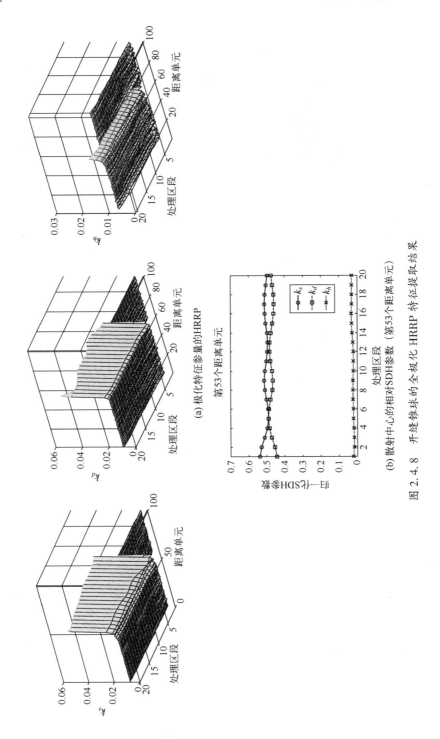

图 2.4.8 开缝锥球的全极化 HRRP 特征提取结果

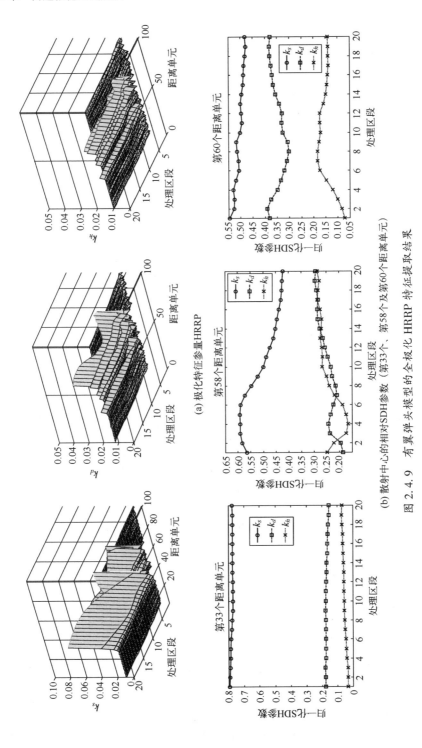

图 2.4.9 有翼弹头模型的全极化 HRRP 特征提取结果

参 考 文 献

[1] Boerner W M. Direct and inverse methods in radar polarimetry (Proc. of DIMRP'88) [M]. Netherlands: Kluwer Academic Publishers, 1992.

[2] Huynen J R. Phenomenological theory of radar targets [D]. Delft, Netherland: University of Technology, 1970.

[3] Giuli D. Polarization diversity in radars [J]. Proceedings of the IEEE, 1986, 74 (2): 245-269.

[4] van Zyl J J. On the importance of polarization in radar scattering problems [D]. Pasadena, CA: California Institute of Technology, 1986.

[5] Huynen J R. Phenomenological theory of radar target [D]. Netherlands: Technical University Delft, 1970.

[6] Kennangh E M. Polarization properties of radar reflectors [D]. Columbus: The Ohio State University, 1952.

[7] Sinclair G. The transmission and reception of elliptically polarized radar waves [J]. Proceedings of the IRE, 1950, 38: 148-151.

[8] 庄钊文, 肖顺平, 王雪松. 雷达极化信息处理及其应用 [M]. 北京: 国防工业出版社, 1999.

[9] 王雪松. 宽带极化信息处理的研究 [D]. 长沙: 国防科学技术大学, 1999.

[10] Axellson S. Polarimetric statistics of electromagnetic waves scattered by distributed targets [Z]. PB93-195907, 1993.

[11] Touzi R, Lopes A. Statistics of the stokes parameters and of the complex coherence parameters in one-look and multi-look speckle fields [J]. IEEE Transactions on Geoscience and Remote Sensing, 1996, 34 (2): 519-531.

[12] Eom H J, Boerner W M. Statistical properties of the phase difference between two orthogonally polarized SAR signals [J]. IEEE Transactions on Geoscience and Remote Sensing, 1991, 29 (1): 182-184.

[13] Ecker H A, Cofer J W. Statistical characteristics of the polarization power ratio for radar return with circular polarization [J]. IEEE Transactions on Aerospace and Electronic Systems, 5: 762-769, 1969

[14] 庄钊文, 李永祯, 肖顺平, 等. 瞬态极化的统计特性与处理 [M]. 北京: 国防工业出版社, 2005.

[15] 刘涛. 雷达瞬态极化统计学理论及其应用研究 [D]. 长沙: 国防科学技术大学研究生院, 2007.

[16] 李永祯, 施龙飞, 王涛, 等. 电磁波极化的统计特性及应用 [M]. 北京: 科学出版社, 2017.

[17] 曾勇虎. 极化雷达时频分析与目标识别的研究 [D]. 长沙: 国防科学技术大

学,2004.
- [18] 张祖稷,金林,束咸荣. 雷达天线技术 [M]. 北京:电子工业出版社,2005.
- [19] Agrawal A P, Boerner W M. Redevelopment of Kennaugh's target characteristic polarization state theory using the polarization transformation ratio formalism for the coherent case [J]. IEEE Transactions on Geoscience and Remote Sensing, 1989, 27 (1): 2-13.
- [20] MOTT H. 极化雷达遥感 [M]. 杨良汝,等译. 北京:国防工业出版社,2008.
- [21] Cloude S R, Pottier E. A review of target decomposition theorems in radar polarimetry [J]. IEEE Transactions on Geoscience and Remote Sensing, 1996, 34 (2): 498-518.
- [22] Cloude S R, Pottier E. An entropy-based classification scheme for land applications of polarimetric SAR [J]. IEEE Transactions on Geoscience and Remote Sensing, 1997, 35 (1): 68-78.
- [23] 郭雷. 宽带雷达目标极化特征提取与核方法识别研究 [D]. 长沙:国防科学技术大学,2009.
- [24] Berizzi F, Martorella M, Capria A. H/α polarimetric features for man-made target classification [C]//IEEE Radar Conference. Rome, Italy, 2008: 1596-1601.
- [25] Paladini R, Martorella M, Berizzi F. Incoherent polarmetric ISAR decompositioin for target classification [C]// Proceedings of the European Radar Conference. Amsterdam, Netherlands, 2008: 33-36.
- [26] 罗宏. 动态雷达目标的建模与识别研究 [D]. 北京:中国航天总公司第二研究院,1999.
- [27] Shacchini J J. Simulation of a dynamic aircraft radar signature [D]. Ohio: Air Force Institute of Technology, 1996.
- [28] 黄培康,殷红成,许小剑. 雷达目标特性 [M]. 北京:电子工业出版社,2005.
- [29] Martorlla M, Giusti E, Capria A, et al. Automatic target recognition by means of polarimetric ISAR images and eeural networks [J]. IEEE Transactions on Geoscience and Remote Sensing, 2009, 47 (11): 3786-3794.
- [30] Martorella M, Giusti E, Demi L, et al. Automatic target recognition by means of polarimetric ISAR images: a model matching based algorithm [C]// International Radar Conference. Adelaide, SA, Australia, 2008: 27-31.
- [31] Boerner W M. Recent advancements of multi-modal radar & SAR imaging [C]// IEEE 2007 International Symposium on Microwave, Antenna, Propagation and EMC Technologies For Wireless Communications. Hang zhou, China, 2007: 1485-1489.
- [32] Boerner W M. Basics of SAR polarimetry I [C]// Radar Polarimetry and Interferomety. Washangton, DC, USA, 2004: 1-38.
- [33] Boerner W M. Basics of SAR polarimetry II [C]// Radar Polarimetry and Interferomety. Washangton, DC, USA, 2004: 1-30.
- [34] Mott H. 极化雷达遥感 [J]. 杨良汝,等译. 北京:国防工业出版社,2008.
- [35] Novak L M, Burl M C. Optimal speckle reduction in polarimetric SAR imagery [J]. IEEE

Transactions on Aerospace and Electronic Systems, 1990, 26 (2): 293-305.

[36] Touzi R, Goze S, et al, Polarimetric discrimintors for SAR images [J]. IEEE Transactions on Geoscience and Remote Sensing, 1992, 30 (5): 973-980.

[37] 徐牧. 极化 SAR 图像人造目标提取与几何结构反演研究 [D]. 长沙：国防科学技术大学, 2008.

[38] Krogager E. A new decomposition of radar target scattering matrix [J]. Electronic Letters, 1990, 26 (18): 1525-1526.

[39] Krogager E, Boerner W M, Madsen S N. Feature-motived sinclair matrix (sphere/deplane/helix) decomposition and its application to target sorting for land feature classification [J]. SPIE, 1997, 3120: 144-154.

[40] 李莹. 基于目标分解的极化雷达飞机识别法 [J]. 清华大学学报, 2001, 41 (7): 32-35.

第 3 章

雷达极化测量技术

3.1 引 言

极化测量体制是极化雷达技术的基础性问题,对雷达的体积、重量、成本、系统复杂度、波形设计、信号处理以及工作性能都具有重要影响。一般而言,对于不同功能需求、应用背景和技术特点的雷达系统,会采用不同的极化测量体制。

受器件水平、研制成本等因素限制,早期的全极化雷达大多采用分时极化测量体制,即交替发射正交极化信号,同时接收目标回波的正交极化分量。这种测量体制通过连续两个 PRI 才能获得目标完整的极化散射矩阵,在动态目标的极化特性测量方面存在明显不足。为此,国内外学者研究了同时极化测量体制,通过"同时发射、同时接收"两路正交(准正交)编码信号,在单次 PRI 内即可测量目标完整的极化散射矩阵,已成为当前全极化雷达的重要发展方向[1-6]。无论是分时极化测量体制还是同时极化测量体制,其本质上是雷达通过变极化来实现对运动目标的全极化测量。两种测量体制的不同点在于分时极化测量体制雷达采用的是脉间变极化,而同时极化测量体制雷达则可实现脉内变极化过程。

本章内容安排如下:3.2 节主要针对分时极化测量体制的特点,讨论雷达极化捷变器的设计问题,随后针对运动目标极化特性需要补偿的问题,设计出一种三极化测量体制来满足分时极化测量体制测量运动目标极化特性的需求。3.3 节从波形设计的角度出发研究同时极化测量体制雷达的全极化测量方法,3.3.1 节提出一种将调幅线性调频波形应用于同时极化测量体制雷达,并从系统设计、算法对比、精度分析等方面进行了验证;3.3.2 节设计一种全极化 OFDM 波形,并给出对应的宽带极化散射矩阵测量及处理方法,使用暗室测量数据仿真实验验证 OFDM 波形获取目标全极化信息的可行性和正确性。

3.2 雷达极化信息的分时极化测量技术

分时极化测量体制雷达在一个脉冲发射完毕后,需要通过修改极化捷变器的设置来改变发射极化。早期的极化捷变器是以电机驱动的旋转阀开关,当旋转阀转动时,能量可交替穿过不同的极化通道,但以电机驱动的机械旋转阀波导开关难以严格控制不同脉冲回波信号的相参性,故并不适用于相参体制的雷达系统[7]。美国在20世纪80年代设计了基于电控铁氧体移相器的极化捷变器使相参脉冲体制雷达的极化捷变成为可能,该极化捷变器本质上是一个比例可控的功分器,通过对功分比例的调整,可实现雷达发射或接收任意的极化波[8]。除了交替发射两个正交极化外,三极化测量体制最早在气象观测领域被提出[9]。基于三极化测量体制的雷达系统可交替发射三个不同的极化,然后同时接收回波信号的主极化和交叉极化。对于传统的分时极化测量体制雷达而言,由于目标的运动在极化散射矩阵两列元素之间引入了额外的相位差,进而会导致测量结果不准确。虽然运动补偿方法可以减小目标运动对于极化散射矩阵测量的影响,但补偿结果与目标速度估计精度直接相关。下面讨论一种基于三极化测量体制的极化测量方法,雷达在无须估计目标运动速度的前提下可对运动目标极化散射矩阵进行精确测量。

3.2.1 雷达极化捷变器

雷达极化捷变器是极化雷达实现极化切换的关键模块。图3.2.1给出了一种以电机驱动的机械旋转阀波导开关,该开关的隔离度为-30dB,可以重复

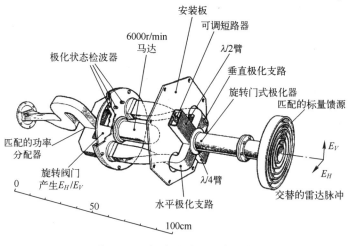

图 3.2.1 机械旋转阀波导开关

频率为610Hz的速率进行极化切换[7]。但是，以电机驱动的机械旋转阀波导开关难以严格控制不同脉冲回波信号的相参性，因此，该类波导开关并不适用于相参体制的雷达系统。

在20世纪80年代，美国CSU-CHILL气象雷达设计了基于电控铁氧体移相器的波导开关[10]，图3.2.2给出了其4端口波导开关发射H极化、接收H/V极化的结构框图，在该波导开关中，移相器的设置用于连接接收机/发射机与双极化天线。

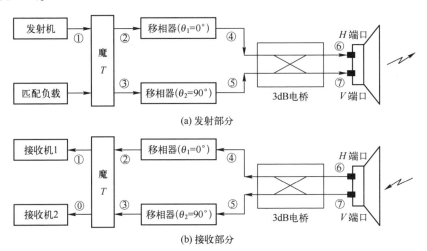

图3.2.2 基于电控铁氧体移相器的波导开关（H极化）

假定雷达发射机的输出信号的幅度为A（图3.2.2（a）①），经过魔T后，输入信号被分为两个幅度为$\frac{A}{\sqrt{2}}$、相位相同的信号，并由图3.2.2（a）②、③端口输出。两路信号分别经过移相器，则图3.2.2（a）中端口④、⑤的输出可表示为

$$V_4 = \frac{A}{\sqrt{2}}\exp(\mathrm{j}\theta_1) = \frac{A}{\sqrt{2}}; V_5 = \frac{A}{\sqrt{2}}\exp(\mathrm{j}\theta_2) = \frac{A}{\sqrt{2}}\mathrm{j} \tag{3.2.1}$$

经过3dB电桥后，图3.2.2（a）中端口⑥和⑦的输出可表示为

$$V_6 = \frac{1}{\sqrt{2}}(\mathrm{j}V_4 + V_5) = A\mathrm{j}; V_7 = \frac{1}{\sqrt{2}}(V_4 + \mathrm{j}V_5) = 0 \tag{3.2.2}$$

由上式可知：波导开关在理想的工作状态下，可将发射机的发射功率无损耗地传输到双极化天线H极化端口，而传输到V极化端口的信号功率为0。然而，实际上发射机从图3.2.2（a）①端口输入的插入损耗约为0.5dB，而图3.2.2（a）中①和⑦端口的隔离度即为发射极化隔离度一般为-20～-25dB。

因此，即使在天线的交叉极化隔离度很小的情况下（天线的交叉极化隔离度一般可以小于-30dB），辐射的极化状态也将会有1%的分量在交叉极化上[11]。

在发射脉冲从雷达辐射出去约 2μs 以后，铁氧体移相器可以转化为接收状态，其信号接收过程如图 3.2.2（b）所示。假定双极化天线的接收电压分别为 V_6 和 V_7（图 3.2.2（b）⑥、⑦），经过 3dB 电桥后图 3.2.2（b）中端口④、⑤的输出可表示为

$$V_4 = \frac{1}{\sqrt{2}}(jV_6+V_7) \quad V_5 = \frac{1}{\sqrt{2}}(V_6+jV_7) \quad (3.2.3)$$

两路信号分别经过移相器，图 3.2.2（b）中端口②、③的输出可表示为

$$\begin{cases} V_2 = V_4 = \frac{1}{\sqrt{2}}(jV_6+V_7) \\ V_3 = V_5\exp(j\theta_2) = \frac{1}{\sqrt{2}}(jV_6-V_7) \end{cases} \quad (3.2.4)$$

经过魔 T 后，图 3.2.2（b）中接收机 1 和接收机 2 的输入可表示为

$$V_1 = \frac{1}{\sqrt{2}}(V_2+V_3) = jV_6 \quad V_0 = \frac{1}{\sqrt{2}}(-V_2+V_3) = -V_7 \quad (3.2.5)$$

其中，V_1 和 V_0 可作为接收机的期望输入。理论上，如果隔离度足够高，图 3.2.2（b）的接收机 2 并不会接收到电压 V_6。但是，由于波导开关隔离度有限，一部分不希望的 V_6 分量将会泄漏到接收机 2 中，影响接收机对 V_7 的测量。

类似的，若移相器按照图 3.2.3 设置，波导开关可发射 V 极化、接收 H/V 极化。在该情况下，图 3.2.3（a）中端口⑥和⑦的输出可表示为

$$\begin{cases} V_6 = \frac{1}{\sqrt{2}}(jV_4+V_5) = 0 \\ V_7 = \frac{1}{\sqrt{2}}(V_4+jV_5) = Aj \end{cases} \quad (3.2.6)$$

图 3.2.3（b）中接收机 1 和接收机 2 的输入可表示为

$$V_1 = \frac{1}{\sqrt{2}}(V_2+V_3) = -jV_7 \quad V_0 = \frac{1}{\sqrt{2}}(-V_2+V_3) = -V_6 \quad (3.2.7)$$

结合图 3.2.2 和图 3.2.3，表 3.2.1 给出了分时极化测量体制雷达系统铁氧体移相器的控制序列。

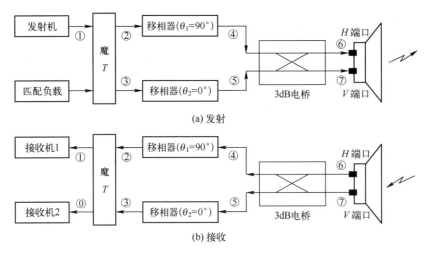

图 3.2.3 基于电控铁氧体移相器的波导开关（V 极化）

表 3.2.1 分时极化测量体制雷达系统铁氧体移相器控制序列（H/V 极化基）

	脉冲重复频率	1	2	3	4	5	6	…
参数	θ_1	0°	90°	0°	90°	0°	90°	…
	θ_2	90°	0°	90°	0°	90°	0°	…
	发射极化	H	V	H	V	H	V	…
	接收极化	H/V	H/V	H/V	H/V	H/V	H/V	…
PSM 测量次数		1		2		3		…

通常情况下，铁氧体移相器由发射状态切换为接收状态的切换时间一般小于 5μs，接收和发射的隔离度小于-20dB，为了获取稳定的发射/接收隔离度，铁氧体移相器需要在恒温的环境中工作。此外，为了使得极化雷达具有任意极化捷变的能力，基于上述波导开关的设计，德国 DLR 将高功率波导开关、微波偏振网络和收发转换开关结合在一个系统内[12]，其结构框图如图 3.2.4 所示。

假定雷达发射机的输出信号的幅度为 A（图 3.2.4（a）①），经过魔 T 和移相器后，端口④、⑤的输出可以表示为

$$V_4 = \frac{A}{\sqrt{2}}\exp(j\theta_1) \quad V_5 = \frac{A}{\sqrt{2}}\exp(j\theta_2) \tag{3.2.8}$$

经过 3dB 电桥后，端口⑥、⑦的输出可表示为

$$\begin{cases} V_6 = \frac{1}{\sqrt{2}}(jV_4+V_5) = A\cos\left(\frac{(\theta_1-\theta_2)}{2}+\frac{\pi}{4}\right)\exp\left(j\frac{(\theta_1+\theta_2)}{2}+j\frac{\pi}{4}\right) \\ V_7 = \frac{1}{\sqrt{2}}(V_4+jV_5) = A\sin\left(\frac{(\theta_1-\theta_2)}{2}+\frac{\pi}{4}\right)\exp\left(j\frac{(\theta_1+\theta_2)}{2}+j\frac{\pi}{4}\right) \end{cases} \tag{3.2.9}$$

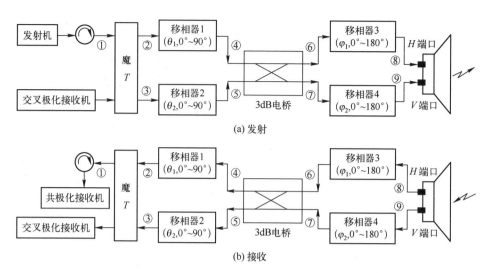

图 3.2.4 DLR 雷达系统极化捷变器

这样，在端口⑥、⑦的输出可以通过控制 $\theta_1-\theta_2$ 分成任意比例，即该部分电路可以等效为一个可变比例的功分器。当传输信号 V_6 和 V_7 各自经过移相器后，端口⑧、⑨的输出可以表示为

$$\begin{cases} V_8 = V_6 \exp(j\varphi_1) = A\cos\left(\dfrac{(\theta_1-\theta_2)}{2}+\dfrac{\pi}{4}\right)\exp\left(j\dfrac{(\theta_1+\theta_2)}{2}+j\dfrac{\pi}{4}+j\varphi_1\right) \\ V_9 = V_7 \exp(j\varphi_2) = A\sin\left(\dfrac{(\theta_1-\theta_2)}{2}+\dfrac{\pi}{4}\right)\exp\left(j\dfrac{(\theta_1+\theta_2)}{2}+j\dfrac{\pi}{4}+j\varphi_2\right) \end{cases}$$

(3.2.10)

发射极化的极化比可表示为

$$\chi = \tan\left(\dfrac{(\theta_1-\theta_2)}{2}+\dfrac{\pi}{4}\right)\exp(j(\varphi_2-\varphi_1))   \quad (3.2.11)$$

式（3.2.11）表明，极化雷达发射信号极化比的幅度可由移相器 1 和 2 进行调整，而极化比的相位则由移相器 3 和 4 进行调整。

当雷达接收信号时，假定双极化天线 H 端口和 V 端口接收到的电压分别为

$$V_H = V_8 \quad V_V = V_9 \quad (3.2.12)$$

经过移相器 3、4，图 3.2.4（b）中 3dB 电桥端口⑥、⑦的输入可表示为

$$V_6 = V_8 \exp(j\varphi_1) \quad V_7 = V_9 \exp(j\varphi_2) \quad (3.2.13)$$

则端口④、⑤的输出可表示为

第3章 雷达极化测量技术

$$\begin{cases} V_4 = \dfrac{1}{\sqrt{2}}\left(V_H\exp\left(\mathrm{j}\varphi_1+\mathrm{j}\dfrac{\pi}{2}\right)+V_V\exp(\mathrm{j}\varphi_2)\right) \\ V_5 = \dfrac{1}{\sqrt{2}}\left(V_H\exp(\mathrm{j}\varphi_1)+V_V\exp\left(\mathrm{j}\varphi_2+\mathrm{j}\dfrac{\pi}{2}\right)\right) \end{cases} \quad (3.2.14)$$

经过移相器1、2，则输出信号为

$$\begin{cases} V_2 = \dfrac{1}{\sqrt{2}}\left(V_H\exp\left(\mathrm{j}\varphi_1+\mathrm{j}\dfrac{\pi}{2}+\mathrm{j}\theta_1\right)+V_V\exp(\mathrm{j}\varphi_2+\mathrm{j}\theta_1)\right) \\ V_3 = \dfrac{1}{\sqrt{2}}\left(V_H\exp(\mathrm{j}\varphi_1+\mathrm{j}\theta_2)+V_V\exp\left(\mathrm{j}\varphi_2+\mathrm{j}\dfrac{\pi}{2}+\mathrm{j}\theta_2\right)\right) \end{cases} \quad (3.2.15)$$

经过魔 T 后将信号进行合并，两个输出端口的输出信号可分别表示为

$$V_1 = \dfrac{1}{\sqrt{2}}(V_2+V_3) = V_H\cos\left(\dfrac{(\theta_1-\theta_2)}{2}+\dfrac{\pi}{4}\right)\exp\left(\mathrm{j}\left(\varphi_1+\dfrac{(\theta_1+\theta_2)}{2}+\dfrac{\pi}{4}\right)\right)$$
$$+V_V\sin\left(\dfrac{(\theta_1-\theta_2)}{2}+\dfrac{\pi}{4}\right)\exp\left(\mathrm{j}\left(\varphi_2+\dfrac{(\theta_1+\theta_2)}{2}+\dfrac{\pi}{4}\right)\right)$$

(3.2.16)

$$V_0 = \dfrac{1}{\sqrt{2}}(-V_2+V_3) = V_H\sin\left(\dfrac{(\theta_1-\theta_2)}{2}+\dfrac{\pi}{4}\right)\exp\left(\mathrm{j}\left(\varphi_1+\dfrac{(\theta_1+\theta_2)}{2}+\dfrac{3}{4}\pi\right)\right)$$
$$+V_V\cos\left(\dfrac{(\theta_1-\theta_2)}{2}+\dfrac{\pi}{4}\right)\exp\left(\mathrm{j}\left(\varphi_2+\dfrac{(\theta_1+\theta_2)}{2}-\dfrac{3}{4}\pi\right)\right)$$

(3.2.17)

对信号 V_0 进行取共轭操作，可得

$$V_0' = V_0^* = V_H\sin\left(\dfrac{(\theta_1-\theta_2)}{2}+\dfrac{\pi}{4}\right)\exp\left(-\mathrm{j}\left(\varphi_1+\dfrac{(\theta_1+\theta_2)}{2}+\dfrac{3}{4}\pi\right)\right)$$
$$+V_V\cos\left(\dfrac{(\theta_1-\theta_2)}{2}+\dfrac{\pi}{4}\right)\exp\left(-\mathrm{j}\left(\varphi_2+\dfrac{(\theta_1+\theta_2)}{2}+\dfrac{3}{4}\pi\right)\right)$$

(3.2.18)

其中，信号 V_0 和 V_0' 的极化比分别为

$$\begin{cases} \chi_{V_0} = \tan\left(\dfrac{(\theta_1-\theta_2)}{2}+\dfrac{\pi}{4}\right)\exp(\mathrm{j}(\varphi_2-\varphi_1)) \\ \chi_{V_0'} = \cot\left(\dfrac{(\theta_1-\theta_2)}{2}+\dfrac{\pi}{4}\right)\exp(-\mathrm{j}(\varphi_2-\varphi_1)) \end{cases} \quad (3.2.19)$$

相对于发射极化而言，V_0 和 V_0' 分别表示回波信号的主极化和交叉极化。通常情况下，雷达极化捷变器的接收/发射隔离度大约是−30dB 或者更好一些，但是由于铁氧体移相器对于温度敏感，因此必须放置在温度受控的环境中，并且为了获得最佳的隔离度可能需要频繁调整[12-13]。

3.2.2 基于三极化测量体制的运动目标极化散射矩阵测量

传统基于分时极化测量体制的极化雷达，由于目标运动在目标散射矩阵两列之间引入了额外的相位差，导致测量结果不准确。为了使分时极化测量体制雷达能够对运动目标极化散射矩阵进行精确测量，本节介绍一种三极化测量体制雷达对运动目标极化散射矩阵进行测量的方法。

1. 三极化测量体制雷达信号模型

假定雷达发射线性调频信号，发射波形可表示为

$$s(t) = \mathrm{rect}\left(\frac{t}{T_p}\right)\exp(\mathrm{j}\pi k t^2 + \mathrm{j}2\pi f_c t) \quad \mathrm{rect}\left(\frac{t}{T_p}\right) = \begin{cases} 1, & |t| < 0.5T_p \\ 0, & |t| > 0.5T_p \end{cases} \quad (3.2.20)$$

其中，$\mathrm{rect}(\cdot)$ 表示矩形窗函数，T_p 表示信号的时间宽度，f_c 表示载波频率，k 表示调频斜率。式（3.2.20）中信号带宽可以表示为 $B = kT_p$。雷达发射信号矢量可表示为

$$\boldsymbol{s}(t) = \boldsymbol{\xi}_\alpha s(t) = [\xi_H, \xi_V]^\mathrm{T} s(t) \quad (3.2.21)$$

其中，$\boldsymbol{\xi}_\alpha$ 表示发射天线的极化矢量，下角标 α 表示雷达发射天线的极化状态。若接收天线的极化矢量为 $\boldsymbol{\eta}_\beta$，则雷达接收到的回波为

$$\begin{cases} z_m^{\alpha\beta}(t) = p_{\alpha\beta} s\left(t - \dfrac{2d_m}{c}\right) + w_m(t) \\ p_{\alpha\beta} = \boldsymbol{\eta}_\alpha^\mathrm{T} \boldsymbol{P} \boldsymbol{\xi}_\beta, \quad m = 1, 2, \cdots, N \end{cases} \quad (3.2.22)$$

其中，β 表示雷达接收天线的极化状态，$p_{\alpha\beta}$ 表示雷达发射 β 极化，接收 α 极化时对应的目标散射元素，c 表示光速，d_m 表示雷达与目标之间的径向距离，$w_m(t)$ 表示方差为 σ_w^2 的高斯白噪声，$\boldsymbol{P}$ 为 H/V 极化基下目标的极化散射矩阵，N 表示完成一次极化散射矩阵测量所需的脉冲数目，对于经典的基于正交极化的分时极化测量体制雷达而言，$N=2$。

式（3.2.22）经过匹配滤波后，目标回波的一维距离像为

$$z_m^{\alpha\beta}(t) = A p_{\alpha\beta} \mathrm{sinc}\left(\pi B\left(t - \frac{2d_m}{c}\right)\right)\exp\left(-\mathrm{j}\frac{4\pi d_m}{\lambda}\right) + w_m(t) \quad (3.2.23)$$

其中，$A = BT_p$，$\mathrm{sinc}(\cdot)$ 表示 sinc 函数，λ 为雷达工作波长。为了分析目标运动对极化散射矩阵测量的影响，假定目标的回波远大于噪声。

当 $t = \dfrac{2d_m}{c}$ 时，式（3.2.23）可简化为

$$z_m^{\alpha\beta} \approx A p_{\alpha\beta} \exp\left(-\mathrm{j}\frac{4\pi d_m}{\lambda}\right) \quad (3.2.24)$$

第3章 雷达极化测量技术

假定分时极化测量体制雷达交替发射两个正交极化 γ 和 $\gamma^\perp$,则至少需要两个脉冲才能完成一次极化散射矩阵的测量。为了便于分析,可将实测的目标极化散射矩阵写成矢量形式

$$\begin{cases} \boldsymbol{p}_{\text{SATSR}} = [z_1^{\gamma\gamma}, z_1^{\gamma^\perp\gamma}, z_2^{\gamma\gamma^\perp}, z_2^{\gamma^\perp\gamma^\perp}]^{\text{T}} \\ z_1^{\gamma\gamma} \approx A p_{\gamma\gamma} \exp(-\text{j}\varphi_1), z_1^{\gamma^\perp\gamma} \approx A p_{\gamma^\perp\gamma} \exp(-\text{j}\varphi_1) \\ z_2^{\gamma\gamma^\perp} \approx A p_{\gamma\gamma^\perp} \exp(-\text{j}\varphi_2), z_2^{\gamma^\perp\gamma^\perp} \approx A p_{\gamma^\perp\gamma^\perp} \exp(-\text{j}\varphi_2) \\ \varphi_1 = \frac{4\pi d_0}{\lambda}, \varphi_2 = \varphi_1 + \frac{4\pi v T_{\text{PRT}}}{\lambda} \end{cases} \quad (3.2.25)$$

其中,d_0 表示目标的初始距离,v 表示目标的径向速度,T_{PRT} 表示雷达的脉冲重复时间。若以 $z_1^{\gamma\gamma}$ 为参考,式(3.2.25)可进行归一化

$$\bar{\boldsymbol{p}}_{\text{SATSR}} \approx [1, \bar{p}_{\gamma^\perp\gamma}, X \bar{p}_{\gamma\gamma^\perp}, X \bar{p}_{\gamma^\perp\gamma^\perp}]^{\text{T}}; X = \exp(\text{j}(\varphi_1 - \varphi_2)) \quad (3.2.26)$$

其中,$\bar{p}_{\gamma^\perp\gamma} = \frac{p_{\gamma^\perp\gamma}}{p_{\gamma\gamma}}$,$\bar{p}_{\gamma\gamma^\perp} = \frac{p_{\gamma\gamma^\perp}}{p_{\gamma\gamma}}$,$\bar{p}_{\gamma^\perp\gamma^\perp} = \frac{p_{\gamma^\perp\gamma^\perp}}{p_{\gamma\gamma}}$。

在式(3.2.26)中,归一化的目标散射矢量包含一个额外的相位项 X,该相位项由目标运动引起。假定运动目标散射矢量满足互易定理($\bar{p}_{\gamma^\perp\gamma} = \bar{p}_{\gamma\gamma^\perp}$),$X$ 的估计为

$$\hat{X} = \frac{z_1^{\gamma^\perp\gamma}}{z_2^{\gamma\gamma^\perp}} \quad (3.2.27)$$

依据式(3.2.27),可对实测目标极化散射矢量进行修正,其修正结构为

$$\bar{\boldsymbol{p}}_{\text{SATSR-R}} = \left[1, \frac{z_1^{\gamma^\perp\gamma}}{z_1^{\gamma\gamma}}, \frac{z_1^{\gamma^\perp\gamma}}{z_1^{\gamma\gamma}}, \frac{z_2^{\gamma^\perp\gamma^\perp} z_1^{\gamma^\perp\gamma}}{z_1^{\gamma\gamma} z_2^{\gamma\gamma^\perp}}\right]^{\text{T}} \quad (3.2.28)$$

其中,下角标 SATSR-R 表示使用互易定理对 SATSR 雷达测量的目标极化散射矢量进行了修正。这也意味着,修正后的极化散射矢量对于互易定理有很强的依赖性。在实际情况中,如金属球、平板、三面角反射器等强散射目标,其交叉极化散射回波通常远小于主极化回波,交叉极化的测量结果往往更容易受到接收机噪声的影响,导致测量结果不准确。总的来看,式(3.2.28)可从理论上对运动目标实测极化散射矢量进行修正,但由于目标交叉极化回波难以精确获得,因此,该方法应用场景有限。为此,国防科技大学王雪松教授团队提出一种使用三极化测量体制对运动目标极化散射矢量进行测量。

由于雷达发射正交极化 γ 和 $\gamma^\perp$ 时,目标回波已在式(3.2.25)中进行了分析,因此,将直接对雷达发射的第三个极化进行分析,假定雷达发射的第三个极化为 χ,该极化可由先前发射的两个正交极化来进行合成,合成的极化 χ 可表示为

$$\chi = \gamma + \mu \gamma^{\perp} \tag{3.2.29}$$

其中，μ 为实数，表示两个正交极化分量之间的比例，且满足 $\mu \in [0, +\infty]$。当雷达发射 χ 极化后，雷达的接收极化分别为 χ 和 $\chi^{\perp}$，因此，雷达接收到的目标回波可以表示为

$$\begin{cases} z_3^{\chi\chi} \approx A p_{\chi\chi} \exp(-\mathrm{j}\varphi_3) \\ z_3^{\chi^{\perp}\chi} \approx A p_{\chi^{\perp}\chi} \exp(-\mathrm{j}\varphi_3) \end{cases}, \quad \varphi_3 = \frac{4\pi(d_0 + 2vT_{\mathrm{PRT}})}{\lambda} \tag{3.2.30}$$

其中，φ_3 表示该时刻目标回波的相位。

依据极化基变换原理，散射元素 $p_{\chi\chi}$ 和 $p_{\chi^{\perp}\chi}$ 可表示为

$$\begin{cases} p_{\chi\chi} = p_{\gamma\gamma} + \mu p_{\gamma^{\perp}\gamma} + \mu p_{\gamma\gamma^{\perp}} + \mu^2 p_{\gamma^{\perp}\gamma^{\perp}} \\ p_{\chi^{\perp}\chi} = \mu p_{\gamma\gamma} - p_{\gamma^{\perp}\gamma} + \mu^2 p_{\gamma\gamma^{\perp}} - \mu p_{\gamma^{\perp}\gamma^{\perp}} \end{cases} \tag{3.2.31}$$

假定 $\dfrac{z_1^{\gamma^{\perp}\gamma}}{z_1^{\gamma\gamma}} = a$，$\dfrac{z_2^{\gamma\gamma^{\perp}}}{z_2^{\gamma^{\perp}\gamma^{\perp}}} = b$，$\dfrac{z_3^{\chi^{\perp}\chi}}{z_3^{\chi\chi}} = g$，由于目标回波远大于接收机热噪声，依据式（3.2.25）和式（3.2.30），可得

$$\frac{p_{\gamma^{\perp}\gamma}}{p_{\gamma\gamma}} \approx a; \frac{p_{\gamma\gamma^{\perp}}}{p_{\gamma^{\perp}\gamma^{\perp}}} \approx b; \frac{p_{\chi^{\perp}\chi}}{p_{\chi\chi}} \approx g \tag{3.2.32}$$

由式（3.2.31）和式（3.2.32）可得

$$\frac{p_{\chi^{\perp}\chi}}{p_{\chi\chi}} = \frac{\mu p_{\gamma\gamma} - p_{\gamma^{\perp}\gamma} + \mu^2 p_{\gamma\gamma^{\perp}} - \mu p_{\gamma^{\perp}\gamma^{\perp}}}{p_{\gamma\gamma} + \mu p_{\gamma^{\perp}\gamma} + \mu p_{\gamma\gamma^{\perp}} + \mu^2 p_{\gamma^{\perp}\gamma^{\perp}}} \approx \frac{\mu p_{\gamma\gamma} - a p_{\gamma\gamma} + \mu^2 b p_{\gamma^{\perp}\gamma^{\perp}} - \mu p_{\gamma^{\perp}\gamma^{\perp}}}{p_{\gamma\gamma} + \mu a p_{\gamma\gamma} + \mu b p_{\gamma^{\perp}\gamma^{\perp}} + \mu^2 p_{\gamma^{\perp}\gamma^{\perp}}} \approx g \tag{3.2.33}$$

则 $\bar{p}_{\gamma^{\perp}\gamma^{\perp}}$ 可表示为

$$\begin{cases} \bar{p}_{\gamma^{\perp}\gamma^{\perp}} = \dfrac{p_{\gamma^{\perp}\gamma^{\perp}}}{p_{\gamma\gamma}} \approx \dfrac{(\mu-a) - g(1+a\mu)}{\mu(g(b+\mu) - (\mu b - 1))} = M \dfrac{z_2^{\gamma^{\perp}\gamma^{\perp}}}{z_1^{\gamma\gamma}} \\ M = \dfrac{z_1^{\gamma\gamma}(\mu z_3^{\chi\chi} - z_3^{\chi^{\perp}\chi}) - z_1^{\gamma^{\perp}\gamma}(z_3^{\chi\chi} + \mu z_3^{\chi^{\perp}\chi})}{\mu(z_2^{\gamma^{\perp}\gamma^{\perp}}(z_3^{\chi\chi} + \mu z_3^{\chi^{\perp}\chi}) - z_2^{\gamma\gamma^{\perp}}(\mu z_3^{\chi\chi} - z_3^{\chi^{\perp}\chi}))} \end{cases} \tag{3.2.34}$$

$\bar{p}_{\gamma\gamma^{\perp}}$ 可表示为

$$\bar{p}_{\gamma\gamma^{\perp}} = \frac{p_{\gamma\gamma^{\perp}}}{p_{\gamma^{\perp}\gamma^{\perp}}} \frac{p_{\gamma^{\perp}\gamma^{\perp}}}{p_{\gamma\gamma}} \approx \frac{b((\mu-a) - g(1+a\mu))}{\mu(g(b+\mu) - (\mu b - 1))} = M \frac{z_2^{\gamma\gamma^{\perp}}}{z_1^{\gamma\gamma}} \tag{3.2.35}$$

由式（3.2.34）、式（3.2.35）可得，使用三极化测量体制获得的目标归一化极化散射矢量为

$$\bar{p}_{\text{3-Pol}} = \left[1, \frac{z_1^{\gamma^{\perp}\gamma}}{z_1^{\gamma\gamma}}, M \frac{z_2^{\gamma\gamma^{\perp}}}{z_1^{\gamma\gamma}}, M \frac{z_2^{\gamma^{\perp}\gamma^{\perp}}}{z_1^{\gamma\gamma}} \right]^{\mathrm{T}} \tag{3.2.36}$$

在式（3.2.36）中，变量 M 可以看作实测目标极化散射矢量的修正因子。由式（3.2.34）可知，变量 M 由变量 μ 和三极化测量体制的 6 个实测参数共同决定。由式（3.2.25）、式（3.2.30）和式（3.2.32），可将变量 M 化简为

$$M \approx \frac{p_{\gamma\gamma}(\mu p_{xx}-p_{x^{\perp}x})-p_{\gamma^{\perp}\gamma}(p_{xx}+\mu p_{x^{\perp}x})}{X\mu(p_{\gamma^{\perp}\gamma^{\perp}}(p_{xx}+\mu p_{x^{\perp}x})-p_{\gamma\gamma^{\perp}}(\mu p_{xx}-p_{x^{\perp}x}))} \approx \exp\left(\frac{j4\pi v T_{\mathrm{PRT}}}{\lambda}\right) \quad (3.2.37)$$

由上式可知，变量 M 本质上是一个由目标运动引起的相位项，当目标的径向速度减小为 $v=0\mathrm{m/s}$ 时，$M\approx 1$。在该情况下，式（3.2.36）可退化为式（3.2.26），这说明式（3.2.36）也适用于静止目标。相较于传统的基于双极化的分时极化测量体制雷达而言，使用三极化测量体制测量运动目标极化散射矩阵时，无须对目标运动速度进行估计，无论目标是否运动，只要在信噪比足够高的前提下，均能够对目标极化散射矩阵实现精确测量。但是，由于三极化测量体制雷达交替发射三个极化，其极化捷变器就是关键之一。

2. 三极化雷达系统极化捷变器的设计

三极化雷达极化捷变器的设计是使用三极化测量体制雷达实现运动目标极化散射矩阵测量的前提。基于前面极化捷变器的设计，一个可实现的三极化雷达硬件结构框图如图 3.2.5 所示。

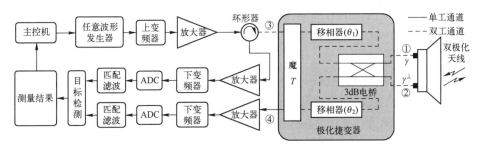

图 3.2.5 基于三极化测量体制的雷达系统结构框图

假设发射机输入到端口③的信号幅度为 A，经过魔 T，移相器和 3dB 电桥后，端口①和②的输出为

$$\begin{cases} V_1 = a\exp\left(j\frac{2(\theta_1+\theta_2)+\pi}{4}\right)\cos\left(\frac{2(\theta_1-\theta_2)+\pi}{4}\right) \\ V_2 = a\exp\left(j\frac{2(\theta_1+\theta_2)+\pi}{4}\right)\sin\left(\frac{2(\theta_1-\theta_2)+\pi}{4}\right) \end{cases} \quad (3.2.38)$$

其中，θ_1 和 θ_2 分别为两个移相器设定的相位。式（3.2.39）中，变量 μ 可定义为 V_1、V_2 两个信号的幅度比

$$\mu = \left|\frac{V_2}{V_1}\right| = \left|\tan\left(\frac{2(\theta_1-\theta_2)+\pi}{4}\right)\right| \quad (3.2.39)$$

式（3.2.39）表明，图3.2.5所示的极化开关本质上是一个比例可控的功分器。在使用图3.2.5所示的雷达对运动目标极化散射矩阵进行测量时，其移相器的控制序列如表3.2.2所示。

表3.2.2　基于三极化体制的分时极化雷达移相器控制序列

	脉冲数目	1	2	3	4	5	6	...
参数	θ_1	0°	90°	θ_1	0°	90°	θ_1	...
	θ_2	90°	0°	θ_2	90°	0°	θ_2	...
	发射极化	γ	$\gamma^\perp$	χ	γ	$\gamma^\perp$	χ	...
	接收极化	$\gamma,\gamma^\perp$	$\gamma,\gamma^\perp$	$\chi,\chi^\perp$	$\gamma,\gamma^\perp$	$\gamma,\gamma^\perp$	$\chi,\chi^\perp$	...
PSM 测量次数		1			2			...

在每一个脉冲重复时间内，移相器的相位保持不变。当 $\theta_1-\theta_2=-90°$ 时，雷达发射机的输入功率 χ 将会完全分配至图3.2.5中的端口①，此时端口②处于"断开"状态，雷达发射 γ 极化。相反的，当 $\theta_1-\theta_2=90°$ 时，雷达发射机的输入功率将会完全分配至图3.2.5中的端口②，此时端口①处于"断开"状态，雷达发射 $\gamma^\perp$ 极化。而当移相器设定为 θ_1 和 θ_2 时，雷达发射功率将会按式（3.2.39）中的比例进行分配。由于三极化测量体制雷达发射的第三个极化是由前两个发射的正交极化进行合成的，第三个发射极化的选择将直接决定雷达对运动目标的测量性能。

参考表3.2.3，假定选用 H/V 极化基来合成第三个发射极化（则该三极化测量体制发射的前两个正交极化分别为 H 极化和 V 极化），由式（3.2.29）可知，合成的极化为具有任意倾角的线极化，且该极化倾角由式（3.2.39）中相位差（Phase Difference, PD）$\theta_1-\theta_2$ 参量决定。由于 $(\theta_1-\theta_2)\in[0°,90°]$，假定 $\theta_1-\theta_2$ 在 0°~90° 的范围内以 10° 的间隔步进，每次进行 1000 次蒙特卡洛实验。

表3.2.3　仿真实验参数（三极化测量体制）

	项目	参数	项目	参数
雷达参数	载波频率（f_c）	10GHz	脉冲重复频率	1800Hz
	带宽（B）	500MHz	测量体制	3-Pol
	时间宽度（T_p）	20μs	移相器相位差（$\theta_1-\theta_2$）	0°~90°
	发射波形	线性调频信号	天线极化	H/V
目标参数	初始距离（d_0）	15~17km	目标 A 散射矢量	$[1,0,0,1]^T$
	径向速度（v）	−15~15m/s	运动状态	匀速直线运动
其他参数	接收机噪声	高斯白噪声	蒙特卡洛实验次数	1000
	SNR	0~40dB	信噪比步进	1dB

为了分析三极化测量体制对运动目标极化散射矩阵测量的测量性能，首先定义目标极化散射矢量与其实测矢量之间的极化相似系数

$$\rho = \frac{|\bar{p}^H \bar{p}_{FPR}|}{\sqrt{\bar{p}^H \bar{p}_{FPR} \bar{p}_{FPR}^H \bar{p}}} \qquad (3.2.40)$$

其中，$\bar{p}$ 表示目标真实极化散射矢量，$\bar{p}_{FPR}$ 表示雷达实测的目标极化散射矢量，且 $\bar{p}$ 和 $\bar{p}_{FPR}$ 均以 HH 通道散射元素进行归一化处理。

考虑到角反射散射机理在实际测量中最为常见，故而假定运动目标 A 的极化散射矢量为 $[1, 0, 0, 1]^T$。经过 1000 次蒙特卡洛实验，运动目标平均极化相似系数随信噪比的变化如图 3.2.6 所示。

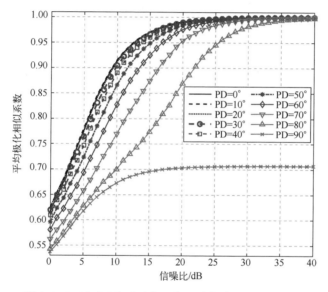

图 3.2.6 运动目标平均极化相似系数随信噪比的变化

当相位差 PD=0°时，式（3.2.39）中 $\mu=1$，发射机的发射功率将会平均地分配到双极化天线的 H 端口和 V 端口，雷达发射的第三个极化为 45°线极化。在该情况下，运动目标 A 拥有最高的平均极化相似系数，尤其是当 SNR>12dB，其平均极化相似系数大于 0.95。这表明实际测量的运动目标极化散射矢量不受目标运动状态的影响，且与目标真实极化散射矢量相接近。当 0°< PD <90°时，运动目标 A 的平均极化相似系数随 PD 的增加而减小。而当 PD=90°，$\mu \to +\infty$，发射机的发射功率将会全部输入到双极化天线两个端口的其中一个端口之上，雷达发射的第三个极化变为 H 极化或 V 极化，而三极化测量体制也会退化为基于正交极化的分时极化测量体制。由于基于正交极化的分时极化测量体制对目标运动状态十分敏感，当目标 A 运动时，其平均极

化相似系数并不会大于 0.75，且不随信噪比的增加而增加。因此，在设置三极化测量体制雷达第三个发射极化时，为了获取最佳的测量结果，应尽可能使极化捷变器内部两个移相器的相位差接近 0°。考虑到在图 3.2.6 中，当 0°<PD<20°时，目标的平均极化相似系数曲线基本接近，为便于后续工程实现，通常只需将两个移相器的相位差控制在小于 20°的范围内即可。

总的来看，图 3.2.5 的雷达系统结构框图既可用于实现基于正交极化体制的分时极化雷达系统，又适用于三极化测量体制的雷达系统。但是，相较于传统的分时极化测量体制雷达系统，三极化测量体制雷达系统其移相器控制序列将更为复杂。由于三极化测量体制需要三个脉冲才能完成一次目标极化散射矩阵的测量，因此，三极化测量体制雷达的脉冲重复频率将会进一步下降。

3. 基于三极化测量体制的运动目标极化散射矩阵测量

依据本节第 1 部分的推导，使用不同的测量体制或测量方法获得的运动目标极化散射矢量如表 3.2.4 所示，由于三极化测量体制需要三个脉冲才能完成一次极化散射矩阵的测量，因此，其目标散射矢量计算过程也最为复杂。

表 3.2.4　不同测量体制下运动目标极化散射矢量测量结果

体制/方法	$\gamma\gamma$ 通道	$\gamma^{\perp}\gamma$ 通道	$\gamma\gamma^{\perp}$ 通道	$\gamma^{\perp}\gamma^{\perp}$ 通道
基于正交极化的分时极化测量体制（SATSR）	1	$\dfrac{z_1^{\gamma^{\perp}\gamma}}{z_1^{\gamma\gamma}}$	$\dfrac{z_2^{\gamma\gamma^{\perp}}}{z_1^{\gamma\gamma}}$	$\dfrac{z_2^{\gamma^{\perp}\gamma^{\perp}}}{z_1^{\gamma\gamma}}$
基于正交极化的分时极化测量体制+互易性修正（SATSR-R）	1	$\dfrac{z_1^{\gamma^{\perp}\gamma}}{z_1^{\gamma\gamma}}$	$\dfrac{z_1^{\gamma^{\perp}\gamma}}{z_1^{\gamma\gamma}}$	$\dfrac{z_2^{\gamma^{\perp}\gamma^{\perp}} z_1^{\gamma^{\perp}\gamma}}{z_2^{\gamma\gamma^{\perp}} z_1^{\gamma\gamma}}$
三极化测量体制（3-Pol）	1	$\dfrac{z_1^{\gamma^{\perp}\gamma}}{z_1^{\gamma\gamma}}$	$M\dfrac{z_2^{\gamma\gamma^{\perp}}}{z_1^{\gamma\gamma}}$	$M\dfrac{z_2^{\gamma^{\perp}\gamma^{\perp}}}{z_1^{\gamma\gamma}}$

为了使仿真实验尽可能地贴近实际的雷达系统，参考加拿大地基分时极化测量体制雷达系统 IPIX 来设置雷达参数（表 3.2.5）。对于仿真雷达而言，其雷达盲区约为 3km。无模糊测量目标运动速度的范围为 [−15m/s, 15m/s]。为了测量诸如无人机等运动目标，目标的初始距离设定在 15~17km。目标的径向速度均匀分布在 [−15m/s, 15m/s] 的范围内。使用 3 个运动目标来分析不同测量体制的测量性能，其中目标 A 代表如金属球、三面角反射器、金属平板等真实目标；目标 B 的交叉极化分量远大于主极化分量，但该类目标在实际测量中基本不存在；目标 C 表示一个一般的目标，即目标两个主极化分量不相等，且目标的主极化分量远大于交叉极化分量。目标 B 和 C 主要用于分析不同测量体制或测量方法的鲁棒性。雷达的接收机热噪声假定服从高斯分

第3章 雷达极化测量技术

布，且信噪比在 0~40dB 的范围内以 1dB 的间隔逐渐递增。在每个固定的信噪比上，分别进行 5000 次蒙特卡洛实验。极化捷变器内部两个移相器的相位差在 0°~20°的范围内均匀分布。

表 3.2.5　不同极化测量体制的仿真实验参数

项目	参数		项目	参数
雷达参数	载波频率(f_c)	10GHz	脉冲重复频率	2000Hz
	带宽(B)	500MHz	测量体制	SATSR/3-Pol
	时间宽度(T_p)	20μs	移相器相位差($\theta_1-\theta_2$)	0°~20°
	发射波形	线性调频信号	天线极化	H/V
目标参数	初始距离(d_0)	15~17km	目标 A 散射矢量	$[1,0,0,1]^T$
	径向速度(v)	-15~15m/s	目标 B 散射矢量	$[0,1,1,0]^T$
	运动状态	匀速直线运动	目标 C 散射矢量	$[1,0.1j,0.1j,0.9]^T$
其他参数	接收机噪声	高斯白噪声	蒙特卡洛实验次数	5000
	SNR	0~40dB	信噪比步进	1dB

为便于对比和分析，分别使用表 3.2.4 中的测量体制或测量方法分别对运动目标 A、B 和 C 进行极化散射矩阵测量，并计算极化相似系数，其结果如图 3.2.7 所示。从图中可知，运动目标的平均极化相似系数均随信噪比的增加而增加，传统的基于正交极化的分时极化雷达测量体制和三极化测量体制对不同目标具有鲁棒性，尤其是当 SNR>15dB 时，三极化测量体制的平均极化相似系数能够保持在 0.95 以上。这说明，使用三极化测量体制的雷达可对不同运动目标的极化散射矩阵实现精确测量。而传统的基于正交极化的分时极化测量体制由于受到目标运动的影响，其平均极化相似系数并不会超过 0.7。

为了提升基于双极化的分时极化测量体制雷达对运动目标极化散射矩阵的测量性能，可假定目标极化散射矩阵满足互易定理，并进行修正。经修正后，在图 3.2.7 中可观测到不同运动目标的平均极化相似系数均有所提高（图中修正后的目标用-R 进行了标识）。但使用互易定理修正目标极化散射矩阵使得修正结果严重依赖于目标的交叉极化分量。实际上，如金属球、三面角反射器、金属平板等强散射目标，其交叉极化回波通常很小。在该情况下，对目标交叉极化分量的测量往往会受到接收机热噪声的影响，进而导致修正的结果出现偏差，因此，互易定理并不能对目标 A 的测量结果进行修正。而就目标 B 而言，由于其交叉极化分量远大于主极化分量，互易定理可认为是目标实测极化散射矩阵的一个额外限定条件，因此，经过修正后，目标 B 拥有最高的平均极化相似系数。但目标 B 在实际测量中并不存在，为了不失一般性，使用目标 C 进行再次分析。由于目标 C 的主极化分量大于交叉极化分量，因此，交叉极化通道的测量结果更容易受到噪声的影响，进而影响互易定理对测量结果的修正。与三极化测量体制相比，即使使用互易定理对目标实测极化散射矩阵进行修正，基于传统分时极化测量体制对运动目标 C 的测量性能也不可避免地下降了大约 13dB（保持 0.9 的极化相似系数）。

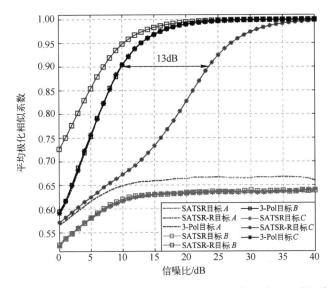

图 3.2.7　不同测量体制下对运动目标极化散射矩阵的测量性能

在相同的仿真条件下，假定目标静止，再分别对不同测量体制和测量方法进行对比分析，其结果如图 3.2.8 所示。对比分析图 3.2.7 和图 3.2.8 可以发现传统的基于双极化的分时极化测量体制受目标运动状态的影响最为显著。对于静止目标而言，当 SNR<12dB 时，基于双极化的分时极化测量体制的测量性能优于三极化测量体制，而当 SNR>12dB 时，两种测量体制的平均极化相似系数均大于 0.95，且测量性能相接近。尽管三极化测量体制雷达需要交替发射三个极化，但由于第三个发射极化是由前两个脉冲发射的正交极化合成所得，对雷达系统硬件的改动也仅限于对移相器参数的改变，这些改动是硬件系统可以容忍的。因此，总的来看，三极化测量体制雷达具有实际的应用前景。

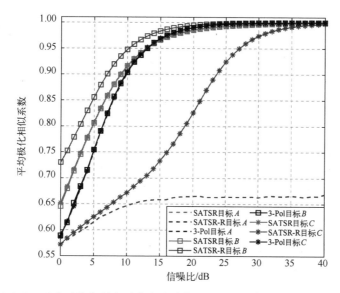

图 3.2.8 不同测量体制和测量方法对静止目标极化散射矩阵的测量性能

3.3 雷达极化信息的同时极化测量技术

基于三极化测量体制的运动目标极化散射矩阵测量方法，本质上仍是一种分时极化测量体制，其应用前提是假定运动目标为慢起伏目标，即目标极化散射特性在一次极化散射矩阵测量过程中保持不变。而对于快起伏类目标，三极化测量体制则难以获得精确的测量结果[14-20]。同时极化测量体制雷达一般是采用"同时发射两路正交波形、同时接收处理"模式，进而能够在一个脉冲内完成目标极化散射矩阵的测量，因而避免了快起伏目标在脉冲之间的去相关特性对于极化测量的影响。

3.3.1 基于调幅线性调频波形的运动目标极化散射矩阵测量

由于雷达同时发射的正交波形与系统通道误差会相互耦合，在目标极化散射矩阵测量中引入了新的误差。为了避免上述问题，本节提出一种基于调幅线性调频波形的同时极化测量方法。

1. 运动目标极化散射矩阵测量

图3.3.1给出了接收/发射天线共用的情况下，针对匹配滤波形式下，基于调幅线性调频波形的同时极化测量体制雷达系统结构框图及其信号处理流程。对于雷达接收/发射天线分置的场景，该信号处理流程依旧有效。

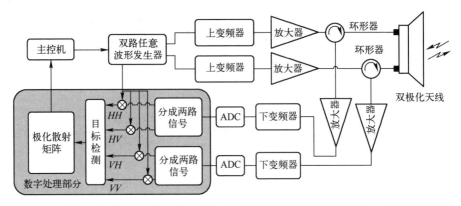

图3.3.1 基于调幅线性调频波形的同时极化测量体制雷达系统结构框图（匹配滤波形式）

1) 匹配滤波形式的信号处理流程

首先讨论采用匹配滤波形式的雷达信号处理流程，假定雷达的基带信号为

$$\begin{cases} u_1(t) = \cos(2\pi f_p t)\mathrm{rect}(t)\exp(\mathrm{j}\pi\gamma t^2) \\ u_2(t) = \sin(2\pi f_p t)\mathrm{rect}(t)\exp(\mathrm{j}\pi\gamma t^2) \end{cases}$$

$$\mathrm{rect}\left(\frac{t}{T_p}\right) = \begin{cases} 1, & |t|<0.5T_p \\ 0, & |t|>0.5T_p \end{cases}$$
（3.3.1）

其中，rect(·)表示矩形窗函数，T_p表示信号的时间宽度，$\cos(2\pi f_p t)$和$\sin(2\pi f_p t)$表示对线性调频信号的幅度调制项，γ表示调频斜率，信号带宽可以表示为$B=\gamma T_p$，f_p表示调制频率，且满足$f_p>B$。式（3.3.1）中所示的波形可以称为调幅线性调频波形（ALFM）。经上变频后

$$s(t) = \begin{bmatrix} s_1(t) \\ s_2(t) \end{bmatrix} = \begin{bmatrix} \cos(2\pi f_p t)\mathrm{rect}(t)\exp(\mathrm{j}\pi\gamma t^2 + \mathrm{j}2\pi ft) \\ \sin(2\pi f_p t)\mathrm{rect}(t)\exp(\mathrm{j}\pi\gamma t^2 + \mathrm{j}2\pi ft) \end{bmatrix}$$
（3.3.2）

假定雷达接收/发射天线的传输矩阵 $\boldsymbol{R}^{\mathrm{ant}} = \boldsymbol{T}^{\mathrm{ant}} = \begin{bmatrix} 1 & 0 \\ 0 & 1 \end{bmatrix}$，目标与雷达间的径向距离为$d_0$，令 $t'=t-\dfrac{2d_0}{c}$，其中，c表示光速，则雷达接收到的回波信号为

$$\boldsymbol{r}(t) = \boldsymbol{R}^{\mathrm{ant}}\boldsymbol{P}\boldsymbol{T}^{\mathrm{ant}}\boldsymbol{s}(t') = \mathrm{rect}\left(t-\frac{2d_0}{c}\right)$$

$$\cdot \begin{bmatrix} (p_{HH}\cos(2\pi f_p t-\theta_p)+p_{HV}\sin(2\pi f_p t-\theta_p))\exp\left(\mathrm{j}\pi\gamma\left(t-\dfrac{2d_0}{c}\right)^2+\mathrm{j}2\pi ft-\mathrm{j}\theta\right) \\ (p_{VH}\cos(2\pi f_p t-\theta_p)+p_{VV}\sin(2\pi f_p t-\theta_p))\exp\left(\mathrm{j}\pi\gamma\left(t-\dfrac{2d_0}{c}\right)^2+\mathrm{j}2\pi ft-\mathrm{j}\theta\right) \end{bmatrix}$$
（3.3.3）

其中，$\boldsymbol{P}=\begin{bmatrix} p_{HH} & p_{HV} \\ p_{VH} & p_{VV} \end{bmatrix}$，$\theta=\dfrac{4\pi Rf}{c}$，$\theta_p=\dfrac{4\pi Rf_p}{c}$，经下变频和 ADC 采集后

$$\begin{cases} \boldsymbol{r}(n)=\mathrm{rect}\left(n-\dfrac{2d_0}{c}\right)\cdot\begin{bmatrix} A \\ B \end{bmatrix} \\ A=(p_{HH}\cos(2\pi f_p n-\theta_p)+p_{HV}\sin(2\pi f_p n-\theta_p))\exp\left(\mathrm{j}\pi\gamma\left(n-\dfrac{2d_0}{c}\right)^2-\mathrm{j}\theta\right) \\ B=(p_{VH}\cos(2\pi f_p n-\theta_p)+p_{VV}\sin(2\pi f_p n-\theta_p))\exp\left(\mathrm{j}\pi\gamma\left(n-\dfrac{2d_0}{c}\right)^2-\mathrm{j}\theta\right) \end{cases}$$
(3.3.4)

其中，n 表示离散时间。分别使用离散信号 $\cos(2\pi f_p n)$ 和 $\sin(2\pi f_p n)$ 对 $r(n)$ 进行数字混频和低通滤波。以式（3.3.4）中信号 A 为例进行分析，若 A 与 $\cos(2\pi f_p n)$ 混频

$$A_{\mathrm{mix}}=A\cos(2\pi f_p n)=(p_{HH}\cos(\theta_p)-p_{HV}\sin(\theta_p))\exp\left(\mathrm{j}\pi k\left(n-\dfrac{2d_0}{c}\right)^2-\mathrm{j}\theta\right)$$
$$+(p_{HH}\cos(4\pi f_p n-\theta_p)+p_{HV}\sin(4\pi f_p n-\theta_p))\exp\left(\mathrm{j}\pi k\left(n-\dfrac{2d_0}{c}\right)^2-\mathrm{j}\theta\right)$$
(3.3.5)

由于 $f_p>B$，则 $f_p-0.5B>0.5B$，当低通滤波器（LPF）的截止频率 f_{LPF} 满足 $0.5B<f_{\mathrm{LPF}}<f_p-0.5B$，经过低通滤波器后，式（3.3.5）可化简为

$$\alpha(n)=\mathrm{LPF}(A_{\mathrm{mix}})=(p_{HH}\cos(\theta_p)-p_{HV}\sin(\theta_p))\exp\left(\mathrm{j}\pi k\left(n-\dfrac{2d_0}{c}\right)^2-\mathrm{j}\theta\right)$$
(3.3.6)

其中，LPF(·) 表示低通滤波操作。

若 A 与 $\sin(2\pi f_p n)$ 混频，

$$A'_{\mathrm{mix}}=A\sin(2\pi f_p n)=(p_{HH}\sin(\theta_p)+p_{HV}\cos(\theta_p))\exp\left(\mathrm{j}\pi k\left(n-\dfrac{2d_0}{c}\right)^2-\mathrm{j}\theta\right)$$
$$+(p_{HH}\sin(4\pi f_p n-\theta_p)-p_{HV}\cos(4\pi f_p n-\theta_p))\exp\left(\mathrm{j}\pi k\left(n-\dfrac{2d_0}{c}\right)^2-\mathrm{j}\theta\right)$$
(3.3.7)

经过低通滤波器后

$$\beta(n)=\mathrm{LPF}(A'_{\mathrm{mix}})=(p_{HH}\sin(\theta_p)+p_{HV}\cos(\theta_p))\exp\left(\mathrm{j}\pi k\left(n-\dfrac{2d_0}{c}\right)^2-\mathrm{j}\theta\right)$$
(3.3.8)

类似的，式（3.3.4）中信号 B 经过混频可得

$$B_{\text{mix}} = B\cos(2\pi f_p n) = (p_{VH}\cos(\theta_p) - p_{VV}\sin(\theta_p))\exp\left(j\pi k\left(n - \frac{2d_0}{c}\right)^2 - j\theta\right)$$
$$+ (p_{VH}\cos(4\pi f_p n - \theta_p) + p_{VV}\sin(4\pi f_p n - \theta_p))\exp\left(j\pi k\left(n - \frac{2d_0}{c}\right)^2 - j\theta\right)$$
(3.3.9)

$$B'_{\text{mix}} = B\sin(2\pi f_p n) = (p_{VH}\sin(\theta_p) + p_{VV}\cos(\theta_p))\exp\left(j\pi k\left(n - \frac{2d_0}{c}\right)^2 - j\theta\right)$$
$$+ (p_{VH}\sin(4\pi f_p n - \theta_p) - p_{VV}\cos(4\pi f_p n - \theta_p))\exp\left(j\pi k\left(n - \frac{2d_0}{c}\right)^2 - j\theta\right)$$
(3.3.10)

经过低通滤波后

$$\begin{cases} \gamma(n) = (p_{VH}\cos(\theta_p) - p_{VV}\sin(\theta_p))\exp\left(j\pi k\left(n - \frac{2d_0}{c}\right)^2 - j\theta\right) \\ \delta(n) = (p_{VH}\sin(\theta_p) + p_{VV}\cos(\theta_p))\exp\left(j\pi k\left(n - \frac{2d_0}{c}\right)^2 - j\theta\right) \end{cases} \quad (3.3.11)$$

对式（3.3.6）、式（3.3.8）和式（3.3.11）中的信号进行匹配滤波可得

$$\begin{cases} \alpha_{\text{HRRP}}(n) = (p_{HH}\cos(\theta_p) - p_{HV}\sin(\theta_p))\operatorname{sinc}\left(\pi B\left(n - \frac{2d_0}{c}\right)\right)\exp(-j\theta) \\ \beta_{\text{HRRP}}(n) = (p_{HH}\sin(\theta_p) + p_{HV}\cos(\theta_p))\operatorname{sinc}\left(\pi B\left(n - \frac{2d_0}{c}\right)\right)\exp(-j\theta) \\ \gamma_{\text{HRRP}}(n) = (p_{VH}\cos(\theta_p) - p_{VV}\sin(\theta_p))\operatorname{sinc}\left(\pi B\left(n - \frac{2d_0}{c}\right)\right)\exp(-j\theta) \\ \delta_{\text{HRRP}}(n) = (p_{VH}\sin(\theta_p) + p_{VV}\cos(\theta_p))\operatorname{sinc}\left(\pi B\left(n - \frac{2d_0}{c}\right)\right)\exp(-j\theta) \end{cases} \quad (3.3.12)$$

令 $n = \dfrac{2d_0}{c}$，式（3.3.12）中各一维距离像的峰值为

$$\begin{cases} \alpha = (p_{HH}\cos(\theta_p) - p_{HV}\sin(\theta_p))\exp(-j\theta) \\ \beta = (p_{HH}\sin(\theta_p) + p_{HV}\cos(\theta_p))\exp(-j\theta) \\ \gamma = (p_{VH}\cos(\theta_p) - p_{VV}\sin(\theta_p))\exp(-j\theta) \\ \delta = (p_{VH}\sin(\theta_p) + p_{VV}\cos(\theta_p))\exp(-j\theta) \end{cases} \quad (3.3.13)$$

又假定目标极化散射矩阵满足互易定理即 $p_{HV}=p_{VH}$，则雷达实际测量的目标极化散射矩阵为

$$P^m = \begin{bmatrix} p_{HH}^m & p_{HV}^m \\ p_{VH}^m & p_{VV}^m \end{bmatrix} = \exp(-j\theta) \begin{bmatrix} \dfrac{\alpha+\beta\tan(\theta_p)}{1+\tan^2(\theta_p)} & \beta-\dfrac{\alpha+\beta\tan^2(\theta_p)}{1+\tan^2(\theta_p)} \\ \beta-\dfrac{\alpha+\beta\tan^2(\theta_p)}{1+\tan^2(\theta_p)} & \alpha+\delta-\dfrac{\alpha+\beta\tan(\theta_p)}{1+\tan^2(\theta_p)} \end{bmatrix}$$

$$\tan(\theta_p) = \dfrac{\beta-\gamma}{\alpha+\delta}$$

(3.3.14)

其中，相位项 $\exp(-j\theta)$ 并不影响实测极化散射矩阵内不同散射元素的相对幅度和相位，因此，$\exp(-j\theta)$ 对目标极化散射矩阵测量的影响可忽略不计。

2) 去斜形式的信号处理流程

除了匹配滤波的形式，基于去斜体制的信号处理流程也常被雷达所采用，其结构框图如图 3.3.2 所示[21-22]。不同于匹配滤波形式的信号处理流程，采用去斜率体制的雷达系统通常假定一个参考距离 d_{ref}，则参考时间 $t_{\text{ref}} = t - \dfrac{2d_{\text{ref}}}{c}$。通过对式（3.3.2）中雷达发射信号进行一定的时延，可得参考信号 $s_1(t_{\text{ref}})$ 和 $s_2(t_{\text{ref}})$。

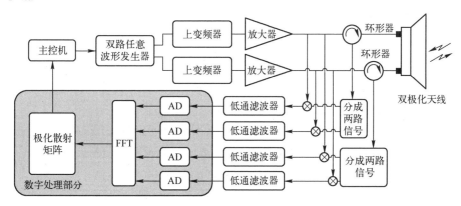

图 3.3.2　基于调幅线性调频波形的同时极化测量体制雷达系统结构框图（去斜形式）

假定式（3.3.3）中 $\boldsymbol{r}(t) = \begin{bmatrix} r_1(t) \\ r_2(t) \end{bmatrix}$，令 $t' = t - \dfrac{2d_0}{c}$，则 $\boldsymbol{r}(t') = \begin{bmatrix} r_1(t') \\ r_2(t') \end{bmatrix}$，使用 $s_1(t_{\text{ref}})$、$s_2(t_{\text{ref}})$ 分别对 $r_1(t')$、$r_2(t')$ 进行混频

$$\begin{cases} y_1 = r_1(t')s_1^*(t_{\text{ref}}) = \alpha p_{HH} + \beta p_{HV} & \alpha = s_1(t')s_1^*(t_{\text{ref}}) \\ y_2 = r_1(t')s_2^*(t_{\text{ref}}) = \chi p_{HH} + \delta p_{HV} & \beta = s_2(t')s_1^*(t_{\text{ref}}) \\ y_3 = r_1(t')s_1^*(t_{\text{ref}}) = \alpha p_{VH} + \beta p_{VV} & \chi = s_1(t')s_2^*(t_{\text{ref}}) \\ y_4 = r_1(t')s_2^*(t_{\text{ref}}) = \chi p_{VH} + \delta p_{VV} & \delta = s_2(t')s_2^*(t_{\text{ref}}) \end{cases} \quad (3.3.15)$$

其中，α、β、χ 和 δ 分别表示雷达发射波形的自相关和互相关函数，上角标 $*$ 表示对信号取复共轭。以 α 为例进行推导

$$\alpha = s_1(t')s_1^*(t_{\text{ref}}) = \text{rect}(t')\text{rect}(t_{\text{ref}})\cos(2\pi f_p t')\cos(2\pi f_p t_{\text{ref}})$$
$$\cdot \exp(\mathrm{j}(\pi\gamma \mathrm{d}t(2t-\varepsilon)+2\pi f \mathrm{d}t)) \quad \varepsilon = 2(d_0+d_{\text{ref}})c^{-1} \quad \mathrm{d}t = 2(d_{\text{ref}}-d_0)c^{-1}$$
$$(3.3.16)$$

令 $X = \text{rect}(t')\text{rect}(t_{\text{ref}})\exp(\mathrm{j}(\pi\gamma \mathrm{d}t(2t-\varepsilon)+2\pi f \mathrm{d}t))$，又

$$\cos(2\pi f_p t')\cos(2\pi f_p t_{\text{ref}}) = \cos(2\pi f_p(2t-\varepsilon)) + \cos(\theta),$$
$$\theta = 2\pi f_p \mathrm{d}t \quad (3.3.17)$$

则式 (3.3.16) 可化简为

$$\alpha = X\cos(2\pi f_p(2t-\varepsilon)) + X\cos(\theta) \quad (3.3.18)$$

其中，θ 为常数项，$X\cos(2\pi f_p(2t-\varepsilon))$ 和 $X\cos(\theta)$ 的频谱分别为 $\gamma \mathrm{d}t \pm 2f_p$、$\gamma \mathrm{d}t$。

若 $2f_p \gg \gamma \mathrm{d}t$，则低通滤波器的截止频率可设置为 $\gamma \mathrm{d}t < f_{\text{LPF}} < 2f_p$，信号 α 通过低通滤波器的结果为

$$\alpha_{\text{LPF}} = X\cos(\theta) \quad (3.3.19)$$

类似的，对式 (3.3.15) 中信号 β、χ 和 δ 进行分析可得

$$\begin{cases} \beta_{\text{LPF}} = -X\sin(\theta) \\ \chi_{\text{LPF}} = X\sin(\theta) \\ \delta_{\text{LPF}} = X\cos(\theta) \end{cases} \quad (3.3.20)$$

式 (3.3.15) 经过低通滤波器后

$$\begin{cases} y_{1\text{LPF}} = \alpha_{\text{LPF}} p_{HH} + \beta_{\text{LPF}} p_{HV} = (\cos(\theta)p_{HH} - \sin(\theta)p_{HV})X \\ y_{2\text{LPF}} = \chi_{\text{LPF}} p_{HH} + \delta_{\text{LPF}} p_{HV} = (\sin(\theta)p_{HH} + \cos(\theta)p_{HV})X \\ y_{3\text{LPF}} = \alpha_{\text{LPF}} p_{VH} + \beta_{\text{LPF}} p_{VV} = (\cos(\theta)p_{VH} - \sin(\theta)p_{VV})X \\ y_{4\text{LPF}} = \chi_{\text{LPF}} p_{VH} + \delta_{\text{LPF}} p_{VV} = (\sin(\theta)p_{VH} + \cos(\theta)p_{VV})X \end{cases} \quad (3.3.21)$$

对式 (3.3.21) 中信号分别进行采样，假定雷达接收机的采样频率为 f_s，则对应的采样间隔为 T_s，则式 (3.3.21) 中信号 X 的离散形式为

$$X(m) = r\left(m - \frac{2d_0}{c}\right) r\left(m - \frac{2d_{\text{ref}}}{c}\right)$$
$$\cdot \exp\left(\mathrm{j}\left(\phi - \frac{4\pi\gamma(d_{\text{ref}}^2 - d_0^2)}{c^2}\right)\right) \exp(\mathrm{j}2\pi\gamma \mathrm{d}tm) \quad m = T_s, \cdots, MT_s$$
$$(3.3.22)$$

其中，m 表示离散的采样点，M 表示总的采样点数。对上述离散信号进行离散时间傅里叶变换

$$X(f) = A_m \frac{\sin(MT_s\pi(f-\gamma dt))}{\sin(T_s\pi(f-\gamma dt))} \exp(j(M-1)T_s\pi(f-\gamma dt)) \exp(j\varphi'),$$

$$\varphi' = \pi\gamma(dt)^2 - \pi\gamma T_p dt + \phi$$

(3.2.23)

其中，A_m 为常数，表示信号 X 频谱的幅度，当 $f=\gamma dt$，$X_m = X(f)|_{f=\gamma dt} = A\exp(j\varphi')$。

类似的，式（3.3.21）中信号也可以通过 DTFT 获得目标的一维距离像，由 $f=\gamma dt$，各通道一维距离像的峰值可表示为

$$\begin{cases} y_{1p} = (\cos(\theta)p_{HH} - \sin(\theta)p_{HV})X_m \\ y_{2p} = (\sin(\theta)p_{HH} + \cos(\theta)p_{HV})X_m \\ y_{3p} = (\cos(\theta)p_{VH} - \sin(\theta)p_{VV})X_m \\ y_{4p} = (\sin(\theta)p_{VH} + \cos(\theta)p_{VV})X_m \end{cases}$$

(3.3.24)

基于 $f=\gamma dt$，对于参数 θ 的估计可以表示为

$$\hat{\theta}_{\text{method1}} = \frac{2\pi f_p f}{\gamma}$$

(3.3.25)

此外，基于目标的互易定理（$p_{HV}=p_{VH}$），参数 θ 也可表示为

$$\hat{\theta}_{\text{method2}} = \arctan\left(\frac{y_{2p} - y_{3p}}{y_{1p} + y_{4p}}\right)$$

(3.3.26)

式（3.3.25）和式（3.3.26）分别表示对式（3.3.24）中参数 θ 的两种估计方法，与式（3.3.25）相比，式（3.3.26）的限定条件是 $y_{1p}+y_{4p}\neq 0$。当目标极化散射矩阵 $\boldsymbol{P} = \begin{bmatrix} 1 & 0 \\ 0 & -1 \end{bmatrix}$，$y_{1p}+y_{4p}=0$ 时，式（3.3.26）是无意义的，因此，在该情况下对于参数 θ 的估计也会不准确。

由式（3.3.25）和式（3.3.26），目标实测极化散射矩阵为

$$\boldsymbol{P}_m = X_m \begin{bmatrix} p_{HH} & p_{HV} \\ p_{VH} & p_{VV} \end{bmatrix} = \begin{bmatrix} \dfrac{y_{2p}\arccos(\hat{\theta}) + y_{1p}\arcsin(\hat{\theta})}{\cot(\hat{\theta}) + \tan(\hat{\theta})} & \dfrac{y_{2p}\arcsin(\hat{\theta}) - y_{1p}\arccos(\hat{\theta})}{\cot(\hat{\theta}) + \tan(\hat{\theta})} \\ \dfrac{y_{4p}\arccos(\hat{\theta}) + y_{3p}\arcsin(\hat{\theta})}{\cot(\hat{\theta}) + \tan(\hat{\theta})} & \dfrac{y_{4p}\arcsin(\hat{\theta}) - y_{3p}\arccos(\hat{\theta})}{\cot(\hat{\theta}) + \tan(\hat{\theta})} \end{bmatrix}$$

$$\hat{\theta} = \hat{\theta}_{\text{method1}} \text{ or } \hat{\theta}_{\text{method2}}$$

(3.3.27)

总的来看，使用调幅线性调频信号可以对目标极化散射矩阵进行测量。由于调幅线性调频信号仅对拥有同一调频斜率的线性调频信号进行了幅度调制，在雷达系统中，采样频率的偏差对不同极化通道测量的影响是相同的（即采样频率偏差仅会在不同极化通道引入一个相同的误差相位），且并不影响雷达对目标极化散射矩阵的测量。因此，基于调幅线性调频信号的同时极化测量雷达可不考虑采样频率偏差对目标极化测量的影响。

2. 同时极化测量体制雷达系统结构简化

与传统的基于正交波形的同时极化测量体制雷达相似，使用调幅线性调频信号的极化雷达也需要发射两个不同的调幅线性调频信号。为了进一步对雷达发射部分进行简化，基于式（3.3.2）首先对雷达发射的调幅线性调频信号进行简化，在 H/V 极化基下，假定雷达 H 极化通道发射的信号为

$$s_H(t) = \cos(2\pi f_p t)\operatorname{rect}(t)\exp(\mathrm{j}\pi\gamma t^2 + \mathrm{j}2\pi ft) \tag{3.3.28}$$

而雷达 V 极化通道发射的信号可由 H 极化通道的发射信号进行一定的时延得到

$$s_V(t) = s_H(t-\Delta t) = \operatorname{rect}(t-\Delta t)\cos(2\pi f_p(t-\Delta t))\exp(\mathrm{j}\pi(\gamma t^2 + \gamma\Delta t^2))$$
$$\cdot \exp(\mathrm{j}2\pi(f-\gamma\Delta t)t - \mathrm{j}2\pi f\Delta t) \approx \operatorname{rect}(t)\sin(2\pi f_p t)\exp(\mathrm{j}\pi\gamma t^2 + \mathrm{j}2\pi ft)$$

$$\text{s.t.} \begin{cases} f_p > B \\ 2\pi f_p \Delta t = \dfrac{\pi}{2} \\ 2\pi f \Delta t = 2\pi n; n = 1, 2, \cdots, N \end{cases}$$

$$\tag{3.3.29}$$

其中，Δt 表示时间延迟，n 表示正整数，n 的最大值为 N。由于 $2\pi f_p\Delta t = \dfrac{\pi}{2}$，则 $\Delta t = 0.25 f_p^{-1}$。由于 $f_p > B$，$\Delta t < 0.25 B^{-1}$，$\dfrac{\Delta t}{T_p} < \dfrac{1}{4BT_p}$，则 $\operatorname{rect}(t-\Delta t) \approx \operatorname{rect}(t)$。又 $\gamma\Delta t^2 < \dfrac{1}{16BT_p} \ll 0$，则 $\exp(\mathrm{j}\pi(\gamma t^2 + \gamma\Delta t^2)) \approx \exp(\mathrm{j}\pi\gamma t^2)$。此外，式（3.3.29）中包含一个额外的频率项 $\exp(\mathrm{j}\gamma\Delta t 2\pi t)$，但由于 $\gamma\Delta t < (4T_p)^{-1} \ll f$，该频率分量可以忽略。基于式（3.3.29）近似，图 3.3.1 和图 3.3.2 的结构框图可简化为如图 3.3.3 所示。

为了进一步分析时间延迟对于 V 极化通道发射信号的影响，表 3.3.1 列出了三种不同的雷达参数，为了保证 H、V 极化通道发射信号的同步性，时间时延要尽可能的小，相应的幅度调制频率要尽可能的高。

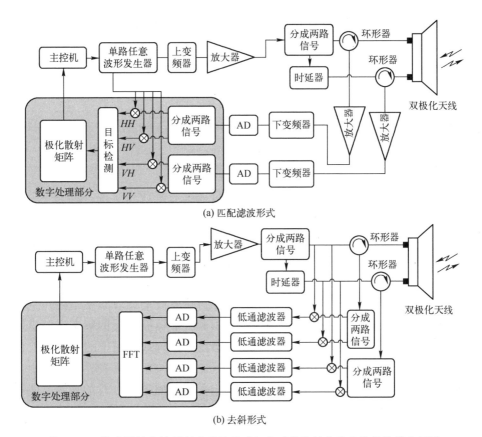

图 3.3.3 基于调幅线性调频波形的同时极化测量体制雷达系统结构简化框图

表 3.3.1 不同雷达系统所需延迟线长度

参　　数		情况 1	情况 2	情况 3
带宽（B）		10MHz	50MHz	300MHz
时间宽度（T_p）		120μs	60μs	30μs
载波频率（f）		10GHz	10GHz	10GHz
载波频率误差（f_e）		10Hz	10Hz	10Hz
信号发生器频率范围（f_w）		50MHz	200MHz	1GHz
n		100	20	4
幅度调制频率（f_p）		25MHz	125MHz	625MHz
时间延迟（Δt）		10ns	2ns	0.4ns
延迟线长度（$c\Delta t$）		3m	0.6m	0.12m
误差	$\gamma \Delta t^2$	8.3×10^{-6}	3.3×10^{-6}	1.6×10^{-6}
	$\gamma \Delta t$	0.83kHz	1.67kHz	4kHz
	$f_e \Delta t$	1×10^{-7}	2×10^{-8}	4×10^{-9}

考虑到雷达基带信号发生器的频率范围 f_w 和载波频率误差 f_e，式（3.3.29）中约束条件应加强为

$$\begin{cases} f_p > B \\ f_p + 0.5B < f_w \\ 2\pi(f+f_e)\Delta t = 2\pi(n+f_e\Delta t); n=1,2,\cdots,N \\ 2\pi f_p \Delta t = \dfrac{\pi}{2} \end{cases} \quad (3.3.30)$$

如上述分析，对雷达发射信号的时延可通过时延线来实现，对于一个确定的时间延迟而言，延迟线的长度与幅度调制频率成反比。式（3.3.29）中，$\gamma\Delta t^2$ 表示一个固定的相位项，由于 $\gamma\Delta t^2 \ll 2\pi$，可忽略不计。$\gamma\Delta t$ 为一个频率分量，由于 $\gamma\Delta t$ 远小于雷达载波频率，因此，$\gamma\Delta t$ 频率分量可通过高通滤波器进行滤除。此外，考虑到雷达的实际应用，在表3.3.1中对雷达载波频率误差的影响也进行了分析。一般情况下，实际雷达系统的载波频率是由一个频率较低的晶体振荡器通过多次倍频获得，因此，晶体振荡器的频率误差也就决定了雷达系统的载波频率误差。一般假定雷达系统载波频率的相对误差为 1×10^{-9}，因此雷达的载波频率误差 $f_e = 10^{-9}f = 10$Hz。与相位项 $\gamma\Delta t^2$ 相比，由雷达系统载波频率误差所引起的相位误差基本可以忽略不计。总的来看，使用调幅线性调频波形来测量目标的极化散射矩阵时，可对发射波形进行如式（3.3.29）的近似；近似后，雷达系统的一路发射信号可通过另一路信号经过时延获得，雷达系统发射模块的设计可进一步简化。下面将结合实际的雷达系统，对调幅线性调频波形的极化测量性能进行分析。

3. 仿真试验与结果分析

为了衡量使用调幅线性调频波形对目标极化散射矩阵的测量性能，在表3.3.2中参考MERIC同时极化测量体制雷达[23]来设置仿真实验参数。其中，载波频率误差建模成一个服从高斯分布的随机误差，且该误差小于10Hz。对于发射信号的时间延迟为0.4ns，这也就意味着延迟线的长度为12cm（$c\Delta t$，c 表示光速），雷达信号处理流程采用去斜处理。假定系统低通滤波器最高频率为10MHz，则对应的波门宽度为150m$\left(\dfrac{Bc}{2\gamma}\right)$。目标初始距离在6~8km的范围内均匀分布。A、B、C三个拥有不同极化散射矩阵的目标用于衡量极化散射矩阵的测量性能。为便于分析，不考虑杂波对极化散射矩阵测量的影响。假定雷达接收机噪声服从高斯分布，SNR在0~40dB的范围内以1dB的间隔递增，在每个SNR间隔内进行5000次蒙特卡洛实验。

表 3.3.2 仿真实验参数（调幅线性调频波形）

项目		参数	项目	参数
雷达参数	载波频率（f）	10GHz	脉冲重复频率	2000Hz
	载波频率误差（f_e）	<10Hz	测量体制	同时极化测量体制
	幅度调制频率（f_p）	625MHz	天线极化	H/V
	时间宽度（T_p）	30μs	时间延迟（Δt）	0.4ns
	带宽（B）	300MHz	发射波形	调幅线性调频
	调频斜率（γ）	1×10^{13}	低通滤波器最高频率	10MHz
目标参数	初始距离（d_0）	6~8km	目标 A 散射矢量	$[1,0,0,1]^T$
	径向速度（v）	−15~15m/s	目标 B 散射矢量	$[1,0.1j,0,1j,0.9]^T$
	运动状态	匀速直线运动	目标 C 散射矢量	$[1,0,0,-1]^T$
其他参数	接收机噪声	高斯白噪声	蒙特卡洛实验次数	5000
	SNR	0~40dB	信噪比步进	1dB

参考式（3.2.40），定义极化相似系数，用于衡量极化散射矩阵的测量误差

$$\rho = \frac{|p^H p_m|}{\sqrt{p^H p_m p_m^H p}} \quad (3.3.31)$$

其中，p 表示目标极化散射矩阵 P 的矢量形式，p_m 表示雷达实测极化散射矩阵的矢量形式，上角标 H 表示对矢量进行共轭转置操作。不同目标的平均极化相似系数曲线如图 3.3.4 所示，其中方法 1 和方法 2 分别对应式（3.3.27）中两种不同的参数估计方法。

由于方法 1 并未假定目标极化散射矩阵满足互易定理，因此使用方法 1 获得的目标极化散射矩阵其平均极化相似系数并不受目标散射矩阵结构的影响。当 SNR>24dB 时，方法 1 的平均极化相似系数均能够保持在 0.9 以上。与方法 1 不同，方法 2 对目标极化散射矩阵进行了互易性假设，并使用该假设来进行参数估计，因此，方法 2 的目标平均极化相似系数与目标极化散射矩阵的结构相关。就目标 A 和 B 而言，当 SNR>12dB 时，方法 2 的平均极化相似系数就可以保持在 0.9 以上。但是，对于目标 C，由于其主极化散射元素符号相反，即使在信噪比足够高的情况下，式（3.3.26）的分母项仍接近零。尤其是当 SNR>25dB 时，使用方法 2 对目标 C 的极化散射矩阵进行测量其平均极化相似系数不再随 SNR 的增加而增加，最终导致该方法无法精确获得目标 C 的极化散射矩阵。从整体来看，首先使用方法 1 对目标极化散射矩阵进行测量，当实测极化散射矩阵的形式与目标 A 或 B 相接近时，再使用方法 2

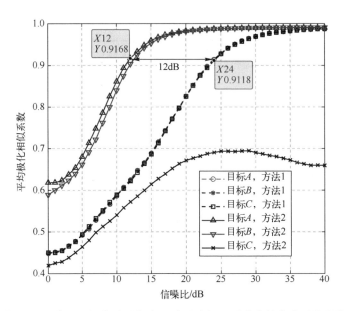

图 3.3.4　基于调幅线性调频波形的同时极化测量体制雷达测量性能

对实际测量结果进行修正，以提高最终的测量精度。

进一步，结合雷达系统实验平台进行分析。为便于实现，采用雷达接收、发射天线分置的设计方案，其系统结构框图和硬件平台分别如图 3.3.5 和图 3.3.6 所示

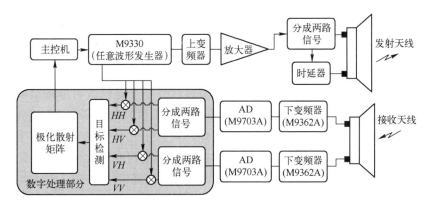

图 3.3.5　基于调幅线性调频波形的雷达系统结构框图

M9330、M9362A 和 M9703A 是由是德科技公司生产的模块化产品，该雷达系统的参数与表 3.3.2 中所列参数一致。在该系统中，任意波形发生器 M9330A 用来产生调幅线性调频信号。当雷达接收到回波后，雷达回波被下变频器 M9362A 变频至中频，并最终使用 M9703A 以 1.6GHz 的采样频率进行采

第 3 章 雷达极化测量技术　　95

图 3.3.6　基于调幅线性调频波形的雷达系统实验平台

样。为了简便实验过程，使用该实验平台对简单的金属三面角反射器进行极化测量，雷达与被测目标之间的距离为 100m。在 M9703A 完成回波采集之后，以数字去斜的方式获得目标的一维距离像。使用 M9330A 分别产生调幅线性调频波形和线性调频波形如图 3.3.7 所示，其中，图 3.3.7（a）和（b）具有相同的带宽和时间宽度。

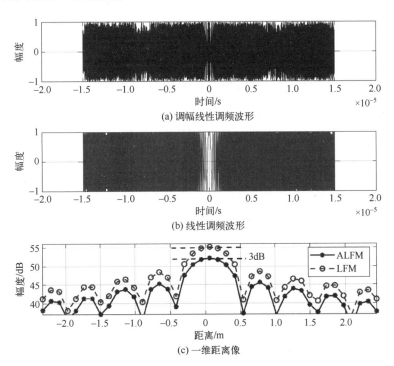

(a) 调幅线性调频波形

(b) 线性调频波形

(c) 一维距离像

图 3.3.7　调幅线性调频波形与线性调频波形的对比

与标准的线性调频波形相比,调幅线性调频波形是对标准的线性调频波形进行了一个 $\cos(2\pi f_p t)$ 的调制。因此,调幅线性调频波形获得的一维距离像的峰值要比标准线性调频波形一维像的峰值小 3dB。由于 $\cos(2\pi f_p t)$ 是一个固定的频率项,对标准线性调频波形进行幅度调制并不影响其带宽和分辨率,因此,在图 3.3.7(c)两个波形拥有相同的距离分辨率。使用调幅线性调频波形雷达对三面角反射器的实际测量结果如表 3.3.3 所示。

表 3.3.3 表明使用调幅线性调频波形的雷达系统能够在一个脉冲内完成对目标极化散射矩阵的测量。使用方法 1 和方法 2 测量获得目标极化散射矩阵其平均极化相似系数均保持在 0.99 以上。与之前的仿真分析结果类似,由于方法 2 对目标极化散射矩阵进行了互易定理假设,该假设可看作实际测量极化散射矩阵的一个额外的限定条件,因此,方法 2 获得的目标平均极化相似系数略高于方法 1。

表 3.3.3 雷达系统的实际测量结果

项 目	极化散射矢量	平均极化相似系数
测量目标	$[1,0,0,1]^T$	1
方法 1	$[1, 0.052+0.049j, 0.051+0.049j, 0.990-0.029j]^T$	0.9973
方法 2	$[1, 0.042+0.054j, 0.042+0.054j, 0.999-0.036j]^T$	0.9974

3.3.2 基于全极化 OFDM 波形的宽带极化测量

研究表明,当目标多普勒频移为零或精确补偿后,频移脉冲矢量波形可以完全消除波形互扰,是一种较理想的同时极化测量波形。为此,本节结合正交频率分集(OFDM)的基本原理[24],将频移脉冲矢量波形扩展到宽带应用,设计了一种新的宽带同时极化测量信号波形,称为全极化 OFDM 波形。该波形由多个正交子载波信号叠加组成,接收机利用子载波正交性可分离出四路极化通道数据,通过对单次接收目标回波进行处理就可以得到目标的宽带全极化频域采样数据,经逆离散傅里叶变换(IDFT)或全极化超分辨(P-MUSIC、P-EPRIST)处理后,可以得到目标全极化高分辨一维像或二维像特征。

本节首先结合 OFDM 基本原理,设计了用于目标宽带极化特性测量的全极化 OFDM 波形。在建立发射信号和目标回波的信号模型基础上,介绍了该全极化波形的信号处理方法,具体包括目标宽带极化散射矩阵测量、全极化一维像特征提取及全极化二维像特征提取方法。

1. 全极化 OFDM 波形设计与分析

OFDM 波形是由多个调制子载波信号叠加构成的,最初用于无线通信中

第3章 雷达极化测量技术

的信道参数估计[25],近年来在目标检测、雷达成像等领域引起广泛关注[26-33]。本节将这种信号波形应用于目标宽带全极化特性的瞬时测量。假定瞬时极化测量雷达的正交极化通道同时发射两路具有不同调制特性的OFDM信号,则构成了全极化OFDM波形,如图3.3.8所示。下面分别给出该全极化波形的发射信号和目标回波信号模型。

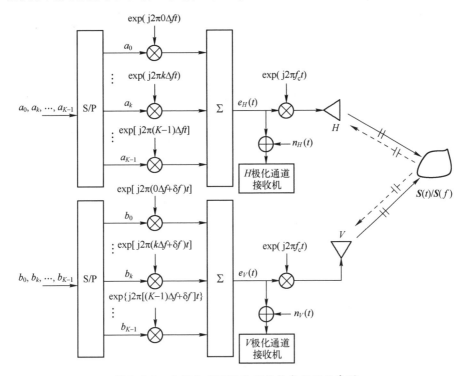

图3.3.8 全极化OFDM波形的构成原理示意图

1) 发射信号模型

假定水平垂直(H、V)极化通道的发射信号均为OFDM信号,但两者的调制特性不同。设两路基带OFDM调制信号均由K个子载波组成,H极化通道的子载波调制频率为$k\Delta f$,调制序列为a_k($|a_k|=1$),V极化通道的子载波调制频率为$k\Delta f+\delta f$,调制序列为b_k($|b_k|=1$),$k=0,1,\cdots,K-1$,则全极化OFDM波形的基带调制矢量为

$$\boldsymbol{e}(t)=\begin{bmatrix}e_H(t) & e_V(t)\end{bmatrix}^{\mathrm{T}} \tag{3.3.32}$$

其中,$e_H(t)$、$e_V(t)$分别是H、V极化通道的基带OFDM调制信号,具体表达式为

$$\begin{cases} e_H(t) = \dfrac{1}{\tau_p} \cdot \sum_{k=0}^{K-1} a_k \exp(\text{j}2\pi k\Delta f t) \cdot \text{rect}\left(\dfrac{t}{\tau_p}\right) \\ e_V(t) = \dfrac{1}{\tau_p} \cdot \sum_{k=0}^{K-1} b_k \exp[\text{j}2\pi(k\Delta f + \delta f)t] \cdot \text{rect}\left(\dfrac{t}{\tau_p}\right) \end{cases} \quad (3.3.33)$$

其中，τ_p 为脉宽，Δf 为 OFDM 信号的子载波频率步进间隔，称为测量频差，δf 是两路信号之间的子载波频差，称为极化频差，信号带宽 $B = K \cdot \Delta f$。

为改善 OFDM 信号的峰值平均功率比（PAPR）性能，取两路信号的调制序列分别为[31,34-35]

$$\begin{cases} a_k = \exp\left(\text{j}\dfrac{\pi k^2}{K}\right) \\ b_k = a_k^* = \exp\left(-\text{j}\dfrac{\pi k^2}{K}\right) \end{cases} \quad (3.3.34)$$

对式（3.3.33）进行傅里叶变换，得到两路基带 OFDM 调制信号频谱为

$$\begin{cases} E_H(f) = \sum_{k=0}^{K-1} a_k \text{sinc}[\pi(f - k\Delta f)\tau_p] \\ E_V(f) = \sum_{k=0}^{K-1} b_k \text{sinc}[\pi(f - k\Delta f - \delta f)\tau_p] \end{cases} \quad (3.3.35)$$

其中，$\text{sinc}(x) = \dfrac{\sin(x)}{x}$。

为满足子载波正交条件，测量频差 Δf 及极化频差 δf 均取值为 $\dfrac{1}{\tau_p}$ 的整数倍，且 $\Delta f > \delta f$。这样，全极化 OFDM 基带调制信号的频谱特性满足

$$\begin{cases} |E_H(f = k\Delta f)| = |E_V(f = k\Delta f + \delta f)| = 1 \\ |E_H(f = k\Delta f + \delta f)| = |E_V(f = k\Delta f)| = 0 \end{cases} \quad (3.3.36)$$

上式为理想情况下的全极化 OFDM 波形频谱特性，但在实际应用中，由于存在目标运动引入的多普勒频移及系统频率漂移等非理想因素，式中的子载波正交性将不再满足。设第 k 个子载波的频率偏移量为 $f_{d,k}$，此时两路信号频谱分别记作 $E_H(f|f_{d,k})$、$E_V(f|f_{d,k})$，两者在频点 $f = k\Delta f$ 处的采样值分别为 $E_H(k\Delta f|f_{d,k})$、$E_V(k\Delta f|f_{d,k})$，具体表达式为

$$\begin{aligned} E_H(k\Delta f|f_{d,k}) = &\, a_k \exp(-\text{j}\pi f_{d,k}\tau_p) \cdot \text{sinc}(\pi f_{d,k}\tau_p) \\ &+ \sum_{i=0, i \neq k}^{K-1} a_k \exp[-\text{j}\pi((k-i)\Delta f + f_{d,k})\tau_p] \cdot \\ &\quad \text{sinc}\{\pi[(k-i)\Delta f + f_{d,k}]\tau_p\} \end{aligned}$$

$$E_V(k\Delta f|f_{d,k}) = b_k\exp[-\mathrm{j}\pi(f_{d,k}-\delta f)\tau_p] \cdot \mathrm{sinc}[\pi(f_{d,k}-\delta f)\tau_p]$$
$$+ \sum_{i=0,i\neq k}^{K-1} b_i\exp[-\mathrm{j}\pi((k-i)\Delta f-\delta f+f_{d,k})\tau_p] \cdot$$
$$\mathrm{sinc}\{\pi[(k-i)\Delta f-\delta f+f_{d,k}]\tau_p\} \quad (3.3.37)$$

两者在频点 $f=k\Delta f+\delta f$ 处的采样值为 $E_H(k\Delta f+\delta f|f_{d,k})$、$E_V(k\Delta f+\delta f|f_{d,k})$，具体表达式为

$$E_H(k\Delta f+\delta f|f_{d,k}) = a_k\exp[-\mathrm{j}\pi(\delta f+f_{d,k})\tau_p] \cdot \mathrm{sinc}[\pi(\delta f+f_{d,k})\tau_p]$$
$$+ \sum_{i=0,i\neq k}^{K-1} a_i\exp\{-\mathrm{j}\pi[(k-i)\Delta f+\delta f+f_{d,k}]\tau_p\} \cdot$$
$$\mathrm{sinc}\{\pi[(k-i)\Delta f+\delta f+f_{d,k}]\tau_p\}$$
$$E_V(k\Delta f+\delta f|f_{d,k}) = b_i\exp(-\mathrm{j}\pi f_{d,k}\tau_p) \cdot \mathrm{sinc}(\pi f_{d,k}\tau_p)$$
$$+ \sum_{i=0,i\neq k}^{K-1} b_i\exp\{-\mathrm{j}\pi[(k-i)\Delta f+f_{d,k}]\tau_p\} \cdot$$
$$\mathrm{sinc}\{\pi[(k-i)\Delta f+f_{d,k}]\tau_p\}$$
$$(3.3.38)$$

图 3.3.9 给出了全极化 OFDM 波形的子载波频谱示意图，其中，实线是无频率偏移时的子载波频谱，虚线是存在频率偏移时的子载波频谱。当不存在频率偏移时，满足式（3.3.36），同极化通道和交叉极化通道间的子载波干扰均可以完全消除；而当存在子载波频移时，各子载波间将存在相互干扰。通常由于 Δf 取为 $\dfrac{1}{\tau_p}$ 的高阶倍数，同极化通道的各子载波频谱位于 sinc 函数的高阶旁瓣区，式（3.3.37）及式（3.3.38）中的求和项可以忽略。

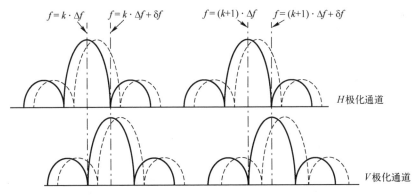

图 3.3.9　全极化 OFDM 波形的信号频谱特性示意图

将基带调制信号上变频到射频频段,设本振信号为 $\exp(\mathrm{j}2\pi f_c t)$,$f_c$ 为载波频率,则得到射频全极化 OFDM 波形矢量为

$$\boldsymbol{e}_{RF}(t) = \boldsymbol{e}(t) \cdot \exp(\mathrm{j}2\pi f_c t) \quad (3.3.39)$$

2) 目标回波信号模型

在全极化 OFDM 波形照射下,目标散射回波的正交极化分量被雷达接收机同时接收,经下变频处理得到两路基带接收信号,表达式为

$$\begin{cases} r_H(t) = e_{s,H}(t) + n_H(t) \\ \quad = G \cdot \exp(-\mathrm{j}2\pi f_c \tau) \cdot \sum_{l=1}^{L} \left[s_{l,HH} e_H\left(t - \tau_0 - \Delta\tau_l - \frac{2v_0 t}{c}\right) + \right. \\ \quad \left. s_{l,HV} e_V\left(t - \tau_0 - \Delta\tau_l - \frac{2v_0 t}{c}\right) \right] \cdot \exp(-\mathrm{j}2\pi f_{d,0} t) \cdot \exp(-\mathrm{j}2\pi f_c \Delta\tau_l) + n_H(t) \\ r_V(t) = e_{s,V}(t) + n_V(t) \\ \quad = G \cdot \exp(-\mathrm{j}2\pi f_c \tau) \cdot \sum_{l=1}^{L} \left[s_{l,VH} e_H\left(t - \tau_0 - \Delta\tau_l - \frac{2v_0 t}{c}\right) + \right. \\ \quad \left. s_{l,VV} e_V\left(t - \tau_0 - \Delta\tau_l - \frac{2v_0 t}{c}\right) \right] \cdot \exp(-\mathrm{j}2\pi f_{d,0} t) \cdot \exp(-\mathrm{j}2\pi f_c \Delta\tau_l) + n_V(t) \end{cases}$$

(3.3.40)

其中,G 是由发射功率、收发天线增益及目标距离等因素确定的常数因子,$f_{d,0} = \dfrac{2v_0}{\lambda}$ 是由目标运动引入的多普勒频移,$n_H(t)$、$n_V(t)$ 是通道噪声,服从零均值高斯分布,方差 $\sigma_H^2 = \sigma_V^2 = \sigma^2$,$H$、$V$ 极化通道的信噪比分别定义为

$$\begin{cases} \mathrm{SNR}_H = \dfrac{\int_{-\infty}^{+\infty} |e_{s,H}(t)|^2 \mathrm{d}t}{\tau_p \sigma^2} \\ \mathrm{SNR}_V = \dfrac{\int_{-\infty}^{+\infty} |e_{s,V}(t)|^2 \mathrm{d}t}{\tau_p \sigma^2} \end{cases} \quad (3.3.41)$$

2. 全极化 OFDM 波形的信号处理

当不存在频率偏移时,全极化 OFDM 波形的各子载波满足正交性,可以在频域消除子载波互扰。基于该性质,通过对 H、V 极化通道的接收目标回波脉冲进行处理,可以分离出四路极化通道的宽带频域采样数据,在单个 PRI 内实现目标宽带全极化特性测量。下面首先针对目标运动速度为零情况,给出了全极化 OFDM 波形的信号处理方法,具体包括:目标宽带极化散射矩阵

测量、全极化一维像特征提取及全极化二维像特征提取，然后从子载波频域正交性角度分析了目标运动对测量结果的影响。

1) 目标宽带极化散射矩阵测量方法

在 (H,V) 极化基下，两路基带宽带 LFM 信号写成矢量形式为

$$\boldsymbol{e}(t) = \begin{bmatrix} e_H(t) \\ e_V(t) \end{bmatrix} = \frac{1}{\sqrt{\tau_p}} \cdot \begin{bmatrix} \exp(\mathrm{j}\pi\gamma t^2) \\ \exp(-\mathrm{j}\pi\gamma t^2) \end{bmatrix} \cdot \mathrm{rect}\left(\frac{t}{\tau_p}\right) \quad (3.3.42)$$

其中，$e_H(t) = \dfrac{1}{\sqrt{\tau_p}} \cdot \exp(\mathrm{j}\pi\gamma t^2) \cdot \mathrm{rect}\left(\dfrac{t}{\tau_p}\right)$，$e_V(t) = \dfrac{1}{\sqrt{\tau_p}} \cdot \exp(-\mathrm{j}\pi\gamma t^2) \cdot \mathrm{rect}\left(\dfrac{t}{\tau_p}\right)$，分别是 H、V 极化通道的基带 LFM 信号，γ 是调频斜率，调频带宽 $B = \gamma\tau_p$。

设雷达相参本振信号的频率为 f_c，初始相位为 φ_c，则雷达发射射频信号矢量为

$$\boldsymbol{e}_{\mathrm{RF}}(t) = \boldsymbol{e}(t) \cdot \exp[\mathrm{j}(2\pi f_c t + \varphi_c)] \quad (3.3.43)$$

雷达目标在光学区的极化特性可以用全极化冲激响应矩阵 $\boldsymbol{S}(t)$ 及全极化频率响应矩阵 $\boldsymbol{S}(f)$ 来表示。在分析目标回波信号时还应考虑目标距离、目标运动等因素。设目标参考中心 P 与雷达之间的距离为 r_0，对应的回波延时为 $\tau_0 = \dfrac{2r_0}{c}$，假定目标在观测时间内做匀速直线运动，径向速度为 v_0，则目标回波的时变延时为

$$\tau(t) = \tau_0 + \frac{2v_0 t}{c} \quad (3.3.44)$$

上述延时因素可以用一个线性系统的冲激响应来表示，即

$$h(t) = \delta[t - \tau(t)] \quad (3.3.45)$$

可将运动目标的全极化散射特性表示为

$$\boldsymbol{H}(t) = \begin{bmatrix} h_{HH}(t) & h_{HV}(t) \\ h_{VH}(t) & h_{VV}(t) \end{bmatrix} = \boldsymbol{S}(t) * \delta[t - \tau(t)] \quad (3.3.46)$$

其中，$h_{pq}(t) = s_{pq}(t) * h(t)$，$p, q \in \{H, V\}$，"$*$"代表卷积运算。

当 $v_0 = 0\mathrm{m/s}$ 时，对两路基带接收信号进行傅里叶变换得到其频谱，分别记作 $R_H(f)$、$R_V(f)$，推导可以得到

$$\begin{cases} R_H(f) = G \cdot [s_{HH}(f) E_H(f) + s_{HV}(f) E_V(f)] \exp[-\mathrm{j}2\pi(f_c+f)\tau_0] + N_H(f) \\ R_V(f) = G \cdot [s_{VH}(f) E_H(f) + s_{VV}(f) E_V(f)] \exp[-\mathrm{j}2\pi(f_c+f)\tau_0] + N_V(f) \end{cases}$$

$$(3.3.47)$$

其中，$N_H(f) = \mathrm{FT}\{n_H(t)\}$，$N_V(f) = \mathrm{FT}\{n_V(t)\}$，$\mathrm{FT}(\cdot)$ 表示傅里叶变换。

分别取 $R_H(f)$、$R_V(f)$ 在频点 $k\Delta f$、$k\Delta f+\delta f$ 的采样值，并对第 k 个采样值以调制序列 a_k^* 及 b_k^* 进行相位补偿，可以得到四路极化通道的频域采样数据，写成矩阵形式为

$$\begin{bmatrix} \kappa_{HH}(k) & \kappa_{HV}(k) \\ \kappa_{VH}(k) & \kappa_{VV}(k) \end{bmatrix} = \begin{bmatrix} a_k^* R_H(k\Delta f) & b_k^* R_H(k\Delta f+\delta f) \\ a_k^* R_V(k\Delta f) & b_k^* R_V(k\Delta f+\delta f) \end{bmatrix} \quad (3.3.48)$$

其中，$k = 0, 1, 2, \cdots, K$。

利用子载波的频域正交性可以得到

$$\begin{cases} \kappa_{HH}(k) = G \cdot s_{HH}(k\Delta f) \cdot \exp[-j2\pi(f_c+k\Delta f)\tau_0] + N_H(k\Delta f) \\ \kappa_{HV}(k) = G \cdot s_{HV}(k\Delta f+\delta f) \cdot \exp[-j2\pi(f_c+k\Delta f+\delta f)\tau_0] + N_H(k\Delta f+\delta f) \\ \kappa_{VH}(k) = G \cdot s_{VH}(k\Delta f) \cdot \exp[-j2\pi(f_c+k\Delta f)\tau_0] + N_V(k\Delta f) \\ \kappa_{VV}(k) = G \cdot s_{VV}(k\Delta f+\delta f) \cdot \exp[-j2\pi(f_c+k\Delta f+\delta f)\tau_0] + N_V(k\Delta f+\delta f) \end{cases}$$

$$(3.3.49)$$

令

$$\begin{aligned} \boldsymbol{M}(k) &= \begin{bmatrix} m_{HH}(k) & m_{HV}(k) \\ m_{VH}(k) & m_{VV}(k) \end{bmatrix} \\ &= \begin{bmatrix} s_{HH}(k\Delta f) & s_{HV}(k\Delta f+\delta f) \cdot \exp(-j2\pi\delta f\tau_0) \\ s_{VH}(k\Delta f) & s_{VV}(k\Delta f+\delta f) \cdot \exp(-j2\pi\delta f\tau_0) \end{bmatrix} \cdot \exp[-j2\pi(f_c+k\Delta f)\tau_0] \end{aligned}$$

$$(3.3.50)$$

则式（3.3.49）写成矩阵形式为

$$\begin{bmatrix} \kappa_{HH}(k) & \kappa_{HV}(k) \\ \kappa_{VH}(k) & \kappa_{VV}(k) \end{bmatrix} = G \cdot \boldsymbol{M}(k) + \boldsymbol{N}(k) \quad (3.3.51)$$

上式中的常数因子 G 可以用定标方法加以标定[5]，不予以考虑。因此，这里用四路极化通道的频域采样值作为 $\boldsymbol{M}(k)$ 测量值。由于 $\delta f \ll f_c$，可以认为目标在测量频点 $f_c+k\Delta f$、$f_c+k\Delta f+\delta f$ 的极化散射特性相同，即有 $s_{HV}(k\Delta f+\delta f) \approx s_{HV}(k\Delta f)$，$s_{VV}(k\Delta f+\delta f) \approx s_{VV}(k\Delta f)$。同时，由于存在极化频差 δf，元素 $m_{HH}(k)$、$m_{VH}(k)$ 与元素 $m_{HV}(k)$、$m_{VV}(k)$ 之间存在相位偏差 $\delta\varphi_0 = 2\pi\delta f\tau_0$。如果得到目标距离估计值 $\hat{r}_0$，则可以估计出该相位偏差值 $\delta\hat{\varphi}_0 = \dfrac{4\pi\delta f\hat{r}_0}{c}$，以该量可进行相位偏差补偿。在得到矩阵 $\boldsymbol{M}(k)$ 的测量值 $\hat{\boldsymbol{M}}(k)$ 后，以元素 $\hat{m}_{HH}(k)$ 对其余三个元素进行相位归一化，可以求出目标相对极化散射矩阵在对应频点的测量值，具体为

$$\hat{S}(k)=\begin{bmatrix} |m_{HH}(k)| & m_{VH}(k)\exp(-\mathrm{j}\delta\hat{\varphi}_0)\exp\{-\mathrm{jarg}[m_{HH}(k)]\} \\ m_{VH}(k)\exp\{-\mathrm{jarg}[m_{HH}(k)]\} & m_{VV}(k)\exp(-\mathrm{j}\delta\hat{\varphi}_0)\exp\{-\mathrm{jarg}[m_{HH}(k)]\} \end{bmatrix}$$
(3.3.52)

其中，$\arg(\cdot)$ 表示取相位操作符。

2) 全极化一维像特征提取方法

通过对正交极化通道的接收目标回波进行频域采样，可以获得目标极化散射矩阵的频域采样数据。在此基础上，利用逆傅里叶变换或全极化超分辨算法可得到目标全极化一维距离像，并以此估计出散射中心数目及对应的极化散射特性。下面首先基于散射中心模型给出目标回波的频域模型，而后给出两种目标全极化一维像特征的提取方法，即 IFFT 方法和 P-MUSIC 方法。

对两路基带接收目标回波脉冲信号进行傅里叶变换，得到两路信号频谱为 $R_H(f)$、$R_V(f)$，将目标全极化冲激响应矩阵代入可以得到

$$\begin{cases} R_H(f) = G \cdot \sum_{l=1}^{L} [s_{l,HH}E_H(f) + s_{l,HV}E_V(f)] \exp[-\mathrm{j}2\pi(f_c+f)(\tau_0+\Delta\tau_l)] + N_H(f) \\ R_V(f) = G \cdot \sum_{l=1}^{L} [s_{l,VH}E_H(f) + s_{l,VV}E_V(f)] \exp[-\mathrm{j}2\pi(f_c+f)(\tau_0+\Delta\tau_l)] + N_V(f) \end{cases}$$
(3.3.53)

同理，取 $R_H(f)$、$R_V(f)$ 在频点 $k\Delta f$、$k\Delta f+\delta f$ 的采样值，分别对第 k 个采样值以调制序列 a_k^* 及 b_k^* 进行相位补偿，得到四路极化通道的频域采样数据，如式 (3.3.48) 所示。若令

$$M_l = \begin{bmatrix} m_{l,HH} & m_{l,HV} \\ m_{l,VH} & m_{l,VV} \end{bmatrix} = \begin{bmatrix} s_{l,HH} & s_{l,HV}\exp[-\mathrm{j}2\pi\delta f(\tau_0+\Delta\tau_l)] \\ s_{l,VH} & s_{l,VV}\exp[-\mathrm{j}2\pi\delta f(\tau_0+\Delta\tau_l)] \end{bmatrix} \cdot \exp[-\mathrm{j}4\pi f_c(\tau_0+\Delta\tau_l)]$$
(3.3.54)

则式 (3.3.48) 可以表示成

$$\begin{bmatrix} \kappa_{HH}(k) & \kappa_{HV}(k) \\ \kappa_{VH}(k) & \kappa_{VV}(k) \end{bmatrix} = G \cdot \sum_{l=1}^{L} M_l \cdot \exp[-\mathrm{j}2\pi k\Delta f(\tau_0+\Delta\tau_l)] + N(k)$$
(3.3.55)

其中，M_l 是第 l 个散射中心的极化散射矩阵待测值。

由式 (3.3.54) 可见，由于存在极化频差 δf，第 l 个散射中心的极化散射矩阵元素 $m_{l,HH}$、$m_{l,VH}$ 与 $m_{l,HV}$、$m_{l,VV}$ 之间存在相位偏差 $\delta\varphi_{0,l} = 2\pi\delta f(\tau_0+\Delta\tau_l)$，该相位偏差可以用该散射中心的距离测量值进行补偿。

(1) IFFT 处理方法。

分别对以上四路极化通道的频域采样数据进行 IFFT 处理，得到四路极化

一维像，即目标全极化一维像，表示为

$$\begin{bmatrix} o_{HH}(r) & o_{HV}(r) \\ o_{VH}(r) & o_{VV}(r) \end{bmatrix} = \text{IFFT} \left\{ \begin{bmatrix} \kappa_{HH}(k) & \kappa_{HV}(k) \\ \kappa_{VH}(k) & \kappa_{VV}(k) \end{bmatrix} \right\} \quad (3.3.56)$$

由于目标尺寸有限，其散射中心仅分布在有限的距离单元范围。设目标一维像分布距离区间为 $r \in [r_{\min}, r_{\max}]$，忽略掉功率因子后，可将上式作为目标极化散射矩阵在每个距离分辨单元的测量值，即

$$\hat{M}(r) = \begin{bmatrix} \hat{m}_{HH}(r) & \hat{m}_{HV}(r) \\ \hat{m}_{VH}(r) & \hat{m}_{VV}(r) \end{bmatrix} = \begin{bmatrix} o_{HH}(r) & o_{HV}(r) \\ o_{VH}(r) & o_{VV}(r) \end{bmatrix}, \quad r \in [r_{\min}, r_{\max}] \quad (3.3.57)$$

以每个距离分辨单元的距离测量值求出相位偏差 $\delta\varphi_0(r)$ 的估计值，即 $\delta\hat{\varphi}_0(r) = \dfrac{4\pi\delta fr}{c}$，以该值对 $\hat{M}(r)$ 进行相位修正，然后以元素 $\hat{m}_{HH}(r)$ 进行相位归一化处理，可求出各距离单元的相对极化散射矩阵测量值为

$$\hat{S}(r) = \begin{bmatrix} |\hat{m}_{HH}(r)| & \hat{m}_{VH}(r)\exp[-\mathrm{j}\delta\hat{\varphi}(r)]\exp\{-\mathrm{jarg}[\hat{m}_{HH}(r)]\} \\ \hat{m}_{VH}(r)\exp\{-\mathrm{jarg}[\hat{m}_{HH}(r)]\} & \hat{m}_{VV}(r)\exp[-\mathrm{j}\delta\hat{\varphi}(r)]\exp\{-\mathrm{jarg}[\hat{m}_{HH}(r)]\} \end{bmatrix} \quad (3.3.58)$$

综合以上目标四路极化通道一维像可以得到

$$s_{\mathrm{spn}}(r) = \sqrt{|\hat{s}_{HH}(r)|^2 + |\hat{s}_{VH}(r)|^2 + |\hat{s}_{HV}(r)|^2 + |\hat{s}_{VV}(r)|^2} \quad (3.3.59)$$

通过对 $s_{\mathrm{spn}}(r)$ 进行峰值搜索可以估计出散射中心数目及对应位置，代入式（3.3.58）可估计出每个散射中心的极化散射矩阵，进而判定该散射中心的散射结构。

（2）P-MUSIC 超分辨方法。

基于信号模型的全极化超分辨算法能得到目标更加精细的结构信息[36-40]，基于全极化 OFDM 波形的目标回波频域数据模型，可利用 P-MUSIC 超分辨处理提取目标全极化一维散射中心特征。将式（3.3.55）写成矩阵形式为

$$\boldsymbol{\Gamma} = \boldsymbol{AM} + \boldsymbol{N} \quad (3.3.60)$$

其中，$\boldsymbol{\Gamma} = [\boldsymbol{\kappa}_{HH} \quad \boldsymbol{\kappa}_{VH} \quad \boldsymbol{\kappa}_{HV} \quad \boldsymbol{\kappa}_{VV}]$，为 $K \times 4$ 维测量数矩阵，且

$$\boldsymbol{\kappa}_{pq} = [\kappa_{pq}(0), \kappa_{pq}(1), \cdots, \kappa_{pq}(K-1)]^{\mathrm{T}}, \quad p, q \in \{H, V\} \quad (3.3.61)$$

$\boldsymbol{A} = [\boldsymbol{a}_1 \quad \boldsymbol{a}_2 \quad \cdots \quad \boldsymbol{a}_L]$ 为 $K \times L$ 维导向矢量矩阵，且

$$\boldsymbol{a}_l = [1, \exp[-\mathrm{j}2\pi\Delta f(\tau_0 + \Delta\tau_l)], \cdots, \exp[-\mathrm{j}2\pi(K-1)\Delta f(\tau_0 + \Delta\tau_l)]]^{\mathrm{T}} \quad l = 1, 2, \cdots, L \quad (3.3.62)$$

$\boldsymbol{M} = [\boldsymbol{m}_{HH} \quad \boldsymbol{m}_{VH} \quad \boldsymbol{m}_{HV} \quad \boldsymbol{m}_{VV}]^{\mathrm{T}}$ 为 $L \times 4$ 维的散射中心极化散射系数矩阵，且

$$\boldsymbol{m}_{pq} = [m_{1,pq}, m_{2,pq}, \cdots, m_{L,pq}]^{\mathrm{T}}, \quad p,q \in \{H,V\} \quad (3.3.63)$$

$N = [\boldsymbol{n}_{HH} \ \boldsymbol{n}_{VH} \ \boldsymbol{n}_{HV} \ \boldsymbol{n}_{VV}]$ 为 $K \times 4$ 维的噪声数据矩阵,且

$$\boldsymbol{n}_{pq} = [N_{pq}(0), N_{pq}(1), \cdots, N_{pq}(K-1)]^{\mathrm{T}} \quad (3.3.64)$$

基于以上数据模型,文献［40］给出了 P-MUSIC 算法的详细处理流程,这里仅简单给出其处理流程。

Step1:利用全极化采样数据估计出全极化协方差矩阵 $\hat{\boldsymbol{R}}_{KK}$,具体估计算法可以参见文献［40］。

Step2:对 $\hat{\boldsymbol{R}}_{KK}$ 进行特征分解,得到

$$\boldsymbol{U}^{\mathrm{H}} \hat{\boldsymbol{R}}_{KK} \boldsymbol{U} = \boldsymbol{D} \quad (3.3.65)$$

其中, $\boldsymbol{D} = \mathrm{diag}\{\lambda_1, \lambda_2, \cdots, \lambda_K\}$, $\lambda_1 \geqslant \lambda_2 \geqslant \cdots \geqslant \lambda_K$ 是 K 个特征值, $\boldsymbol{U} = [\boldsymbol{u}_1, \boldsymbol{u}_2, \cdots, \boldsymbol{u}_K]$ 是对应的特征矢量矩阵。由特征值之间的相对大小可以估计出散射中心数目为 $\hat{L}$,由前 $\hat{L}$ 个特征矢量组成信号子空间,即 $\boldsymbol{E}_S = [\boldsymbol{u}_1, \boldsymbol{u}_2, \cdots, \boldsymbol{u}_{\hat{L}}]$,由后 $K-\hat{L}$ 个特征矢量组成噪声子空间,即 $\boldsymbol{E}_N = [\boldsymbol{u}_{\hat{L}+1}, \cdots, \boldsymbol{u}_K]$。

Step3:构造搜索矢量 $\boldsymbol{a}(r) = \left[1, \exp\left[j\dfrac{4\pi\Delta f(r_0+r)}{c}\right], \cdots, \exp\left[j\dfrac{4\pi(K-1)\Delta f(r_0+r)}{c}\right]\right]^{\mathrm{T}}$,由此得到 P-MUSIC 谱(超分辨一维像)为

$$P(r) = \frac{\boldsymbol{a}^{\mathrm{H}}(r)\boldsymbol{a}(r)}{\boldsymbol{a}^{\mathrm{H}}(r)\boldsymbol{E}_N \boldsymbol{E}_N^{\mathrm{H}} \boldsymbol{a}(r)} \quad (3.3.66)$$

Step4:对 $P(r)$ 进行峰值搜索,求出各散射中心的距离估计,即 $\Delta \hat{r}_l$, $l = 1, 2, \cdots, \hat{L}$,然后构造矩阵 $\hat{\boldsymbol{A}} = [\hat{\boldsymbol{a}}_1, \hat{\boldsymbol{a}}_2, \cdots \hat{\boldsymbol{a}}_{\hat{L}}]$,由最小二乘算法估计得到各散射中心的极化散射矩阵,具体为

$$\hat{\boldsymbol{M}} = (\hat{\boldsymbol{A}}^{\mathrm{H}} \hat{\boldsymbol{A}})^{-1} \hat{\boldsymbol{A}}^{\mathrm{H}} \boldsymbol{\varGamma} \quad (3.3.67)$$

其中, $\hat{\boldsymbol{M}} = [\hat{\boldsymbol{m}}_1, \hat{\boldsymbol{m}}_2, \cdots, \hat{\boldsymbol{m}}_{\hat{L}}]$, $\hat{\boldsymbol{m}}_l$ 是第 l 个散射中心的极化散射矩阵测量值,对其进行相干极化分解可以判断该散射中心的散射结构。

3) 全极化二维像特征提取方法

以上处理方法得到了目标的全极化高(超)分辨一维距离像,根据 ISAR 成像基本原理,利用目标和雷达间的相对运动,可以得到运动目标的全极化二维像[41]。下面以转台成像模型为例,在建立目标二维数据模型基础上,给出全极化 OFDM 波形的二维成像方法,进而提取出目标全极化二维高分辨特征。转台二维成像几何关系示意图如图 3.3.10 所示。

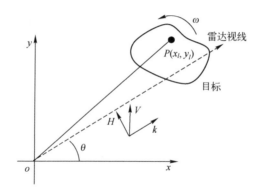

图 3.3.10 转台二维成像几何关系示意图

在坐标系 xoy 中，设第 l 个散射中心的坐标值为 (x_l,y_l)，则目标在观测频率 f、观测角度 θ 下的全极化响应可以建模成[38]

$$S(f,\theta) = \begin{bmatrix} s_{HH}(f,\theta) & s_{HV}(f,\theta) \\ s_{VH}(f,\theta) & s_{VV}(f,\theta) \end{bmatrix} \approx \sum_{l=1}^{L} \begin{bmatrix} s_{l,HH} & s_{l,HV} \\ s_{l,VH} & s_{l,VV} \end{bmatrix} \cdot \exp\left[-j\frac{4\pi f}{c}(x_l\cos\theta + y_l\sin\theta)\right]$$

(3.3.68)

设目标在成像时间内的旋转角度 Θ，共有 M 个角度采样值，采样间隔为 $\Delta\theta = \dfrac{\Theta}{M}$。在观测角度 $\theta_m = m\Delta\theta$ 下，两路接收目标回波信号频谱分别为 $R_H(f,\theta_m)$、$R_V(f,\theta_m)$，$m=1,2,\cdots,M$。与本小节的全极化 OFDM 波形的信号处理流程类似，分别取其在 $f_k = k\Delta f$、$f_k + \delta f = k\Delta f + \delta f$ 处的采样值，并以 a_k^*、b_k^* 进行相位补偿，利用子载波的正交性可以得到四路极化通道的频域采样数据，写成矩阵形式为

$$\begin{bmatrix} \kappa_{HH}(k,m) & \kappa_{HV}(k,m) \\ \kappa_{VH}(k,m) & \kappa_{VV}(k,m) \end{bmatrix} = \begin{bmatrix} a_k^* R_H(f_k,\theta_m) & b_k^* R_H(f_k+\delta f,\theta_m) \\ a_k^* R_V(f_k,\theta_m) & b_k^* R_V(f_k+\delta f,\theta_m) \end{bmatrix}$$

(3.3.69)

其中

$$\kappa_{HH}(k,m) = G\sum_{l=1}^{L} s_{l,HH}\exp\left[-j\frac{4\pi(f_c+f_k)}{c}(x_l\cos\theta_m + y_l\sin\theta_m)\right] + N_H(f_k,\theta_m)$$

$$\kappa_{HV}(k,m) = G\sum_{l=1}^{L} s_{l,HV}\exp\left[-j\frac{4\pi(f_c+f_k+\delta f)}{c}(x_l\cos\theta_m + y_l\sin\theta_m)\right] + N_H(f_k+\delta f,\theta_m)$$

$$\kappa_{VH}(k,m) = G\sum_{l=1}^{L} s_{l,VH}\exp\left[-j\frac{4\pi(f_c+f_k)}{c}(x_l\cos\theta_m + y_l\sin\theta_m)\right] + N_V(f_k,\theta_m)$$

$$\kappa_{VV}(k,m) = G\sum_{l=1}^{L} s_{l,VV}\exp\left[-j\frac{4\pi(f_c+f_k+\delta f)}{c}(x_l\cos\theta_m+y_l\sin\theta_m)\right]+N_V(f_k+\delta f,\theta_m)$$
(3.3.70)

在小角度成像时，近似有 $-\frac{4\pi\delta f}{c}(x_l\cos\theta_m+y_l\sin\theta_m)\approx-\frac{4\pi\delta f}{c}x_l=\delta\varphi_{l,0}$，令 $\boldsymbol{M}_l=$ $\begin{bmatrix} m_{l,HH} & m_{l,HV} \\ m_{l,VH} & m_{l,VV} \end{bmatrix}=\begin{bmatrix} s_{l,HH} & s_{l,HV}\exp(j\delta\varphi_{l,0}) \\ s_{l,VH} & s_{l,VV}\exp(j\delta\varphi_{l,0}) \end{bmatrix}$，则式（3.3.69）可以写成

$$\begin{bmatrix} \kappa_{HH}(k,m) & \kappa_{HV}(k,m) \\ \kappa_{VH}(k,m) & \kappa_{VV}(k,m) \end{bmatrix}=G\sum_{l=1}^{L}\boldsymbol{M}_l\cdot\exp\left[-j\frac{4\pi(f_c+f_k)}{c}(x_l\cos\theta_m+y_l\sin\theta_m)\right]+\boldsymbol{N}(k,m)$$
(3.3.71)

其中，$\boldsymbol{N}(k,m)=\begin{bmatrix} N_H(f_k,\theta_m) & N_H(f_k+\delta f,\theta_m) \\ N_V(f_k,\theta_m) & N_V(f_k+\delta f,\theta_m) \end{bmatrix}$。

上式给出了目标回波在"频率-角度"域的全极化二维采样数据，经 Slot 插值可以得到波数域的二维直角坐标表示形式[36]。即令 $\frac{2\pi(f_c+f_k)\cos\theta_0}{c}=\eta_k^x$，$\frac{2\pi f_c\sin\theta_m}{c}=\eta_m^y$，则上式可以表示成

$$\begin{bmatrix} \kappa_{HH}(\eta_k^x,\eta_m^y) & \kappa_{HV}(\eta_k^x,\eta_m^y) \\ \kappa_{VH}(\eta_k^x,\eta_m^y) & \kappa_{VV}(\eta_k^x,\eta_m^y) \end{bmatrix}=G\sum_{l=1}^{L}\boldsymbol{M}_l\cdot\exp[-j2(\eta_k^x x_l+\eta_m^y y_l)]+\boldsymbol{N}(\eta_k^x,\eta_m^y)$$
(3.3.72)

其中，$k=0,1,\cdots K-1$，$m=0,1,\cdots M-1$。

(1) 2D IFFT 方法。

由式（3.3.72）可以看出，四路极化通道的波数域形式是二维谐波采样模型，因此，二维 IFFT（2D IFFT）运算是获得目标二维图像的最直接方法。对 pq 极化通道的波数域采样数据关于 k_n^x、k_m^y 进行二维 IFFT 运算，得到该极化通道的二维图像，即

$$I_{pq}(x,y)=\text{IFFT}_2\{\kappa_{pq}(\eta_k^x,\eta_m^y)\},\quad p,q\in\{H,V\}$$
(3.3.73)

其中，$\text{IFFT}_2(\cdot)$ 表示二维 IFFT 运算。

需要指出的是，在小角度成像条件下，上式可以近似为直接对频率和角度下的采样数据进行 2D IFFT 运算。在得到 4 路极化通道二维像后，可求出如下二维幅度图像为

$$I_{\text{spn}}(x,y)=\sqrt{|I_{HH}(x,y)|^2+|I_{VH}(x,y)|^2+|I_{HV}(x,y)|^2+|I_{VV}(x,y)|^2}$$
(3.3.74)

通过对 $I_{spn}(x,y)$ 进行峰值搜索，可以估计出散射中心数目及对应的位置参数，并利用对应的四路极化通道频域采样值，提取出该散射中心的极化散射矩阵。

(2) 2D P-MUSIC 算法。

将式 (3.3.72) 中的二维采样数据写成如下的矩阵形式，具体为

$$Z = BM + N \qquad (3.3.75)$$

其中，$Z = [\kappa_{HH} \quad \kappa_{VH} \quad \kappa_{HV} \quad \kappa_{VV}]$ 是 $KM \times 4$ 维的二维采样数据矩阵，且

$$\kappa_{pq} = [\kappa_{pq}(1,1), \kappa_{pq}(2,1), \cdots, \kappa_{pq}(K,1), \kappa_{pq}(1,2), \cdots, \kappa_{pq}(K,M)]^T, \quad p,q \in \{H,V\} \qquad (3.3.76)$$

$B = [b(x_1, y_1) \quad b(x_2, y_2) \quad \cdots \quad b(x_L, y_L)]$ 是导向矢量矩阵，且

$$b(x_l, y_l) = [\exp[-j2(\eta_1^x x_l + \eta_1^y y_l)], \quad \exp[-j2(\eta_2^x x_l + \eta_1^y y_l)], \cdots,$$
$$\exp[-j2(\eta_K^x x_l + \eta_1^y y_l)], \exp[-j2(\eta_1^x x_l + \eta_2^y y_l)], \cdots, \exp[-j2(\eta_K^x x_l + \eta_M^y y_l)]]^T \qquad (3.3.77)$$

$N = [n_{HH} \quad n_{VH} \quad n_{HV} \quad n_{VV}]$ 是 $NM \times 4$ 的噪声矩阵，且

$$\kappa_{pq} = [n_{pq}(1,1), n_{pq}(2,1), \cdots, n_{pq}(K,1), n_{pq}(1,2), \cdots, n_{pq}(K,M)]^T, \quad p,q \in \{H,V\} \qquad (3.3.78)$$

利用以上数据模型，经二维 P-MUSIC (2D P-MUSIC) 处理可以得到目标的二维超分辨图像，2D P-MUSIC 算法的详细处理流程可以参考文献 [36-38]，其处理流程简述如下。

Step1：用频域采样数据估计出全极化协方差矩阵 $\hat{R}_{zz}$；具体估计过程可参考文献 [38]。

Step2：对 $\hat{R}_{zz}$ 进行特征分解，得到

$$U^H \hat{R}_{zz} U = D \qquad (3.3.79)$$

其中，$D = \text{diag}\{\lambda_1, \lambda_2, \cdots, \lambda_{KM}\}$，$\lambda_1 \geq \lambda_2 \geq \cdots \geq \lambda_{KM}$ 是 KM 个特征值，$U = [u_1, u_2, \cdots, u_{KM}]$ 是对应的特征矢量矩阵。由此估计出散射中心数目为 $\hat{L}$，前 $\hat{L}$ 个特征矢量组成信号子空间 $E_S = [u_1, u_2, \cdots, u_{\hat{L}}]$，后 $K - \hat{L}$ 个特征矢量组成噪声子空间 $E_N = [u_{\hat{L}+1}, u_{\hat{L}+2}, \cdots, u_{KM}]$。

Step3：构造搜索矢量 $b(x,y)$，由此得到目标二维 MUSIC 谱（超分辨二维像），即

$$P(x,y) = \frac{b^H(x,y) b(x,y)}{b^H(x,y) E_N E_N^H b(x,y)} \qquad (3.3.80)$$

Step4：对 $P(x,y)$ 进行峰值搜索，可以得到各散射中心的位置估计，即 $(\hat{x}_l, \hat{y}_l)$，$l=1,2,\cdots,\hat{L}$。构造导向矢量矩阵 $\hat{\boldsymbol{B}} = [\boldsymbol{b}(\hat{x}_1,\hat{y}_1), \boldsymbol{b}(\hat{x}_2,\hat{y}_2), \cdots \boldsymbol{b}(\hat{x}_{\hat{L}},\hat{y}_{\hat{L}})]$，由最小二乘算法估计得到各散射中心的极化散射矩阵，具体为

$$\hat{\boldsymbol{M}} = (\hat{\boldsymbol{B}}^{\mathrm{H}} \hat{\boldsymbol{B}})^{-1} \hat{\boldsymbol{B}}^{\mathrm{H}} \boldsymbol{\Gamma} \tag{3.3.81}$$

其中，$\hat{\boldsymbol{M}} = [\hat{\boldsymbol{m}}_1, \hat{\boldsymbol{m}}_2, \cdots, \hat{\boldsymbol{m}}_{\hat{L}}]$，$\hat{\boldsymbol{m}}_l$ 是第 l 个散射中心的极化散射矩阵估计值，对其进行相干极化分解可以判断该散射中心的散射结构。

4) 目标径向运动的影响及其补偿

上述处理算法原理都是在 $v_0 = 0\mathrm{m/s}$ 条件下推导得到的，对于运动目标而言，还需要分析多普勒频移对测量结果的影响。由第 1)~3) 部分的分析可以看出，目标频域全极化特性测量是全极化一维像、二维像的基础，因此这里从频域数据测量角度分析目标运动对其宽带全极化特性测量的影响。当 $v_0 \neq 0\mathrm{m/s}$ 时，设 H、V 极化通道的接收基带信号频谱分别为 $R_H(f|v_0)$、$R_V(f|v_0)$。多普勒频移会破坏各子载波之间的正交性，按第 1) 部分的处理流程，分别取 $R_H(f|v_0)$ 及 $R_V(f|v_0)$ 在测量频点 $f=k\Delta f$、$f=k\Delta f+\delta f$ 处的采样值，得到 4 路极化通道的频域采样值为

$$\begin{bmatrix} \widetilde{\kappa}_{HH}(k) & \widetilde{\kappa}_{HV}(k) \\ \widetilde{\kappa}_{VH}(k) & \widetilde{\kappa}_{VV}(k) \end{bmatrix} = \begin{bmatrix} a_k^* R_H(k\Delta f|v_0) & b_k^* R_H(k\Delta f+\delta f|v_0) \\ a_k^* R_V(k\Delta f|v_0) & b_k^* R_V(k\Delta f+\delta f|v_0) \end{bmatrix}$$

$$= G \cdot \boldsymbol{M}(k) \begin{bmatrix} a_k^* E_H(k\Delta f|v_0) & b_k^* E_H(k\Delta f+\delta f|v_0) \\ a_k^* E_V(k\Delta f|v_0) & b_k^* E_V(k\Delta f+\delta f|v_0) \end{bmatrix} + N(k)$$

$$\tag{3.3.82}$$

其中，$E_H(k\Delta f|v_0)$、$E_V(k\Delta f|v_0)$ 分别是 $E_H(f|v_0)$、$E_V(f|v_0)$ 在 $f=k\Delta f$ 处的频域采样值，$E_H(k\Delta f+\delta f|v_0)$、$E_V(k\Delta f+\delta f|v_0)$ 分别是 $E_H(f|v_0)$、$E_V(f|v_0)$ 在 $f=k\Delta f+\delta f$ 处的频域采样值。

将式（3.3.37）、式（3.3.38）代入式（3.3.82），并忽略式中的求和项，则式（3.3.82）可以改写成

$$\begin{bmatrix} \widetilde{\kappa}_{HH}(k) & \widetilde{\kappa}_{HV}(k) \\ \widetilde{\kappa}_{VH}(k) & \widetilde{\kappa}_{VV}(k) \end{bmatrix} = G \cdot \boldsymbol{M}(k) \boldsymbol{A}(k|v_0) \cdot \exp\left[-\mathrm{j}\pi\left(f_{d,0}+\frac{2k\Delta f v_0}{c}\right)\tau_p\right] + N(k)$$

$$\tag{3.3.83}$$

其中，$f_{d,0} = \dfrac{2f_c v_0}{c}$，$\boldsymbol{A}(k|v_0)$ 为

$$\boldsymbol{A}(k|v_0) =$$

$$\left[\begin{array}{cc} \operatorname{sinc}\left[\pi\left(f_{d,0}+\dfrac{2k\Delta f v_0}{c}\right)\tau_p\right] & b_k^* a_k \exp(-\mathrm{j}\pi\delta f \tau_p)\operatorname{sinc}\left[\pi\left(f_{d,0}+\dfrac{2k\Delta f v_0}{c}+\delta f\right)\tau_p\right] \\ a_k^* b_k \exp(\mathrm{j}\pi\delta f \tau_p)\operatorname{sinc}\left[\pi\left(f_{d,0}+\dfrac{2k\Delta f v_0}{c}-\delta f\right)\tau_p\right] & \operatorname{sinc}\left[\pi\left(f_{d,0}+\dfrac{2k\Delta f v_0}{c}\right)\tau_p\right] \end{array}\right]$$

(3.3.84)

由上式可以看出，从目标极化散射矩阵的频域测量结果来看，目标运动的影响主要体现在以下两个方面：一方面，多普勒频移会使主峰值增益下降，即 $A(k|v_0)$ 中的主对角元素不为 1，增益下降量与 Δf、v_0 有关；另一方面，多普勒频移会使各频点的测量结果产生相互干扰，即 $A(k|v_0)$ 的次对角元素不为零，互扰量与 Δf、δf 及 v_0 有关。在总测量带宽 B 内，定义主峰值增益下降量为

$$\Delta G(v_0) = -20\lg\left\{\left|\operatorname{sinc}\left[\pi\left(f_{d,0}+\dfrac{2Bv_0}{c}\right)\tau_p\right]\right|\right\} \quad (3.3.85)$$

定义峰值隔离度为

$$I(v_0) = -20\lg\left\{\left|\dfrac{\operatorname{sinc}\left[\pi\left(f_{d,0}+\delta f+\dfrac{2Bv_0}{c}\right)\tau_p\right]}{\operatorname{sinc}\left[\pi\left(f_{d,0}+\dfrac{2Bv_0}{c}\right)\tau_p\right]}\right|\right\} = 20\lg\left(\left|1+\dfrac{\delta f}{f_{d,0}+\dfrac{2Bv_0}{c}}\right|\right)$$

(3.3.86)

图 3.3.11 (a) 给出了在设定波形参数下，$\Delta G(v_0)$ 与 B 及 v_0 之间的关系曲线，其中 $f_c = 5\mathrm{GHz}$，$\tau_p = 20\mu\mathrm{s}$，$B = 50 \sim 500\mathrm{MHz}$，$v_0 = -1000 \sim 1000\mathrm{m/s}$；图 3.3.11 (b) 是在 $B = 100\mathrm{MHz}$、$200\mathrm{MHz}$、$300\mathrm{MHz}$、$400\mathrm{MHz}$ 及 $500\mathrm{MHz}$ 时的切面图。图 3.3.12 (a) 给出了 $I(v_0)$ 与 δf、v_0 的关系，其中，$v_0 = -1000 \sim 1000\mathrm{m/s}$，$\delta f \tau_p = 1 \sim 20$。图 3.3.12 (b) 是在 $\delta f \tau_p$ 分别为 4、8、12、16 及 20 时，$I(v_0)$ 与 v_0 的切面图。可见，随着 B、v_0 值的增大，$\Delta G(v_0)$ 将增大，表示主峰值增益下降量增大。当 v_0 一定时，$I(v_0)$ 随 δf 的增大而略有增加，表示各测量频点间的子载波互扰将减小；而当极化频差 δf 一定时，$I(v_0)$ 随 v_0 的增大将减小，表示在测量带宽内，各子载波间的互扰影响将增强。总之，当波形参数一定时，随着 v_0 的增大，主瓣峰值增益将下降，而子载波互扰会增强，当 $v_0 = 600\mathrm{m/s}$ 时，$\Delta G = 2.63\mathrm{dB}$（$B = 200\mathrm{MHz}$），$I = 20.52\mathrm{dB}$（$\delta f \tau_p = 4$）。

如果能够测量得到目标运动速度，并以此对接收信号进行多普勒频移补偿，可显著减小目标运动对 ΔG 及 I 的影响。设目标速度估计值为 $\hat{v}_0$，以该量对两路接收信号进行多普勒频移补偿得到，即

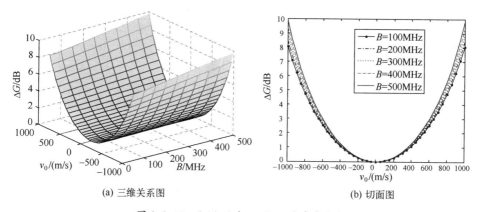

图 3.3.11　$\Delta G(v_0)$ 与 B 及 v_0 的关系曲线

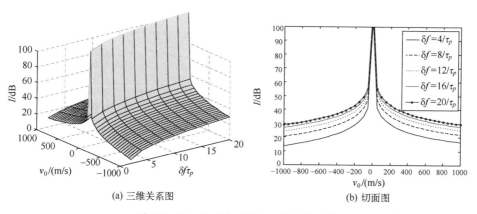

图 3.3.12　$I(v_0)$ 与 δf 及 v_0 的关系曲线

$$\begin{cases} \hat{r}_H(t) = r_H(t) \exp\left(\mathrm{j} \dfrac{4\pi f_c \hat{v}_0}{c} \right) \\ \hat{r}_V(t) = r_V(t) \exp\left(\mathrm{j} \dfrac{4\pi f_c \hat{v}_0}{c} \right) \end{cases} \qquad (3.3.87)$$

经式（3.3.87）的多普勒频移补偿后，将消除式（3.3.83）中 $f_{d,0}$ 的影响因素，从而使 $\Delta G(v_0)$、$I(v_0)$ 性能得到明显改善。图 3.3.13 是准确补偿掉 $f_{d,0}$ 后，两个性能参数的性能曲线，主瓣峰值增益下降量 ΔG 小于 0.1dB，而峰值隔离度 I 大于 40dB。

3. 仿真实验与结果分析

为验证全极化 OFDM 波形及其信号处理方法的正确性，这里以仿真目标和某目标模型的暗室测量数据为例进行仿真实验。

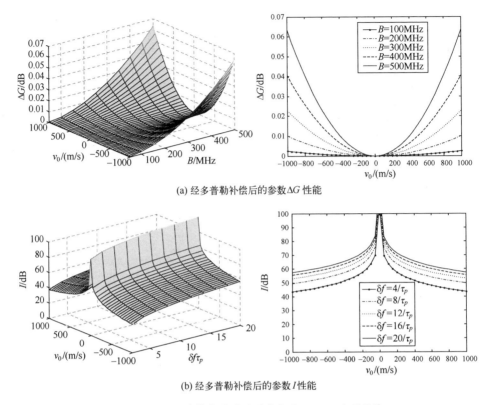

(a) 经多普勒补偿后的参数 ΔG 性能

(b) 经多普勒补偿后的参数 I 性能

图 3.3.13　经多普勒补偿后的全极化 OFDM 波形性能

1）仿真目标的实验结果

球（平板）、二面角及螺旋体等是几类基本的散射结构，由这几类散射结构组成的仿真目标进行了仿真实验。仿真目标四个散射中心分别呈现球、0°二面角、45°二面角及左旋螺旋体的散射机理。利用该目标参数仿真产生全极化 OFDM 波形的基带接收回波信号，用前面的信号处理方法提取其全极化一维像特征，仿真分析了算法在不同 SNR、B 及 v_0 条件下的特征提取性能。

全极化 OFDM 波形的参数设置如下：$f_c = 10\text{GHz}$，$\tau_p = 20\mu s$，$\Delta f = \dfrac{20}{\tau_p} = 1\text{MHz}$，$\delta f = \dfrac{10}{\tau_p} = 0.5\text{MHz}$，两路 OFDM 波形的编码序列如式（3.3.34）所示，子载波数 $N = 512$，$B = 512\text{MHz}$。同时，为仿真目标运动的影响，需要对 H、V 极化通道的接收信号进行相位调制，对第 k 个子载波的相位调制函数为

$$\begin{cases} \Delta\varphi_H(t) = \dfrac{-4\pi(f_c+k\Delta f)v_0 t}{c} \\ \Delta\varphi_V(t) = \dfrac{-4\pi(f_c+k\Delta f+\delta f)v_0 t}{c} \end{cases} \quad (3.3.88)$$

通过对正交极化通道的接收信号进行频域采样及 IFFT 或 P-MUSIC 算法处理,可以得到目标的全极化一维像,仿真结果如图 3.3.14 所示,其中,SNR=5dB,图 3.3.14(a)是由 IFFT 及 P-MUSIC 算法得到目标归一化一维像,图 3.3.14(b)是提取出的 Pauli 基参数。可以看出,在距离 0m、1m、2m 及 3.5m 位置提取出 4 个强散射中心。表 3.3.4 是 4 个散射中心的极化特征参数提取结果,仿真次数为 100。

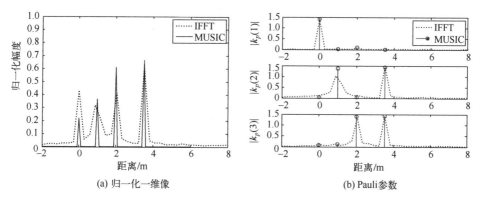

图 3.3.14 全极化 OFDM 波形提取出的仿真目标一维像特征

表 3.3.4 仿真目标的全极化 OFDM 波形测量结果

散射中心		Pauli 参数			SDH 参数	
		设定值	测量均值		设定值	测量均值
1	$k_p(1)$	0.9981+0.0250j	0.9978+0.0246j	k_s	0.7060	0.7058
	$k_p(2)$	-0.0250j	0.0002-0.0246j	k_d	0.0176	0.0214
	$k_p(3)$	0.0499	0.0498-0.0003j	k_h	0.0353	0.0326
2	$k_p(1)$	0.0255	0.0255+0.0002j	k_s	0.0181	0.0192
	$k_p(2)$	0.9963	0.9961-0.0002j	k_d	0.6467	0.6468
	$k_p(3)$	0.0817j	-0.0005+0.0816j	k_h	0.1156	0.1153
3	$k_p(1)$	0.0747	0.0752+0.0005j	k_s	0.0528	0.0534
	$k_p(2)$	0.0249	0.0249-0.0005j	k_d	0.7046	0.6999
	$k_p(3)$	0.9964+0.0299j	0.9879+0.0254j	k_h	0.0011	0.0097

(续)

散射中心	Pauli 参数			SDH 参数		
		设定值	测量均值		设定值	测量均值
4	$k_p(1)$	−0.0105	−0.0104+0.0001j	k_s	0.0074	0.0087
	$k_p(2)$	0.7123	0.7123−0.0001j	k_d	0.0089	0.0132
	$k_p(3)$	0.0070+0.7018j	0.0079+0.7012j	k_h	0.9910	0.9864

为定量评估该波形的极化测量性能，下面定义两个性能参数。设目标极化散射矢量的真实值为 k_p，测量值为 $\hat{k}_p$，测量结果的能量评估参数定义为

$$\mathrm{Val}_1 = 10\lg\left\{\frac{\|\hat{k}_p - k_p\|^2}{\|k_p\|^2}\right\} \quad (3.3.89)$$

另一个性能评估参数是极化散射矢量测量值与理论值之间的相似系数，定义相似度评估参数为

$$\mathrm{Val}_2 = \frac{|k_p^{\mathrm{H}} \hat{k}_p|}{\|k_p\| \, \|\hat{k}_p\|} \quad (3.3.90)$$

显然，性能参数 Val_1、Val_2 从不同角度反映了测量结果准确度，Val_1 值越小，且 Val_2 值越趋近于 1，表明测量结果越准确；相反，Val_1 值越大，且 Val_2 越小，表明测量结果误差越大。

下面以这两个性能参数作为评估指标，仿真分析全极化 OFDM 波形在不同 SNR、v_0 及 B 下的测量性能。仿真结果如图 3.3.15～图 3.3.17 所示。图 3.3.15 是 P-MUSIC 处理方法在不同 SNR 条件下散射中心极化特征提取性能，其中，$v_0=0\mathrm{m/s}$，SNR 分别取 0~20dB。

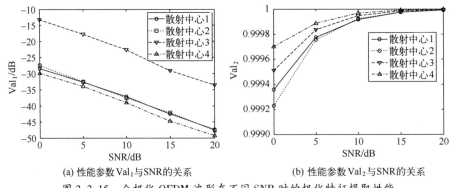

(a) 性能参数 Val_1 与 SNR 的关系 (b) 性能参数 Val_2 与 SNR 的关系

图 3.3.15 全极化 OFDM 波形在不同 SNR 时的极化特征提取性能

图 3.3.16 是在不同 v_0 条件下四个散射中心的极化特征提取性能，其中，SNR=5dB，v_0 分别取 0m/s、300m/s 及 600m/s。同时，通过设置不同的子

载波数目,可以仿真得到测量带宽 B 对极化特征提取性能的影响,结果如图 3.3.17 所示,其中,SNR=5dB,v_0=0m/s,N 分别取 128、256 及 512,相应的 B 分别为 128MHz、256MHz 及 512MHz。可见,随着测量带宽的增大,极化特征提取性能将提高。

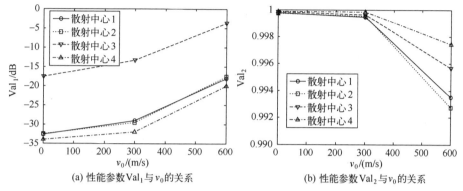

图 3.3.16　全极化 OFDM 波形在不同 v_0 时的一维极化特征提取性能

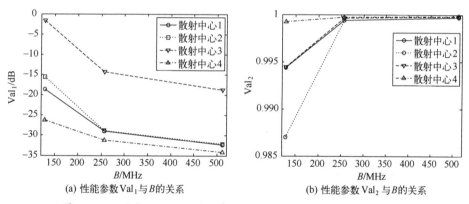

图 3.3.17　全极化 OFDM 波形在不同 B 时的一维极化特征提取性能

2) 弹头类目标暗室测量数据的仿真结果

为进一步验证全极化 OFDM 波形在目标全极化特征提取方面的有效性,下面以某弹头目标模型的暗室测量数据为例进行了仿真实验,目标模型几何结构如图 3.3.18 所示。测量频率范围为 9~11GHz,步进间隔为 5MHz,目标测量俯仰角为 0°,横滚角为 0°,方位角范围为-60°~60°,步进间隔 0.5°。依据以上测量条件,全极化 OFDM 波形参数设计如下:f_c = 10GHz,τ_p = 10μs,$\Delta f = \dfrac{100}{\tau_p}$ = 10MHz,$\delta f = \dfrac{50}{\tau_p}$ = 5MHz,子载波数目 N = 100,B = 1GHz。下面结合以上波形参数和暗室测量数据,仿真产生了两路接收目标回波基带信号,按前面信号处理流程,得到目标宽带极化散射矩阵、全极化一维像及全极化二维像特征的测量结果,并仿真分析了在不同 SNR、v_0 条件下的测量性能。

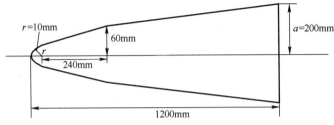

图 3.3.18　某弹头类目标模型的几何尺寸

（1）目标宽带极化散射矩阵测量的仿真结果。

通过对仿真回波信号进行频域采样,可以得到目标宽带极化散射矩阵的测量结果,单次仿真结果如图 3.3.19 所示,其中,SNR = 5dB,图 3.3.19（a）是相对极化散射矩阵的幅度测量结果,图 3.3.19（b）是相对极化散射矩阵的相位测量结果,实线为各元素的设定值,图中圆点为由全极化 OFDM 波形的测量值。

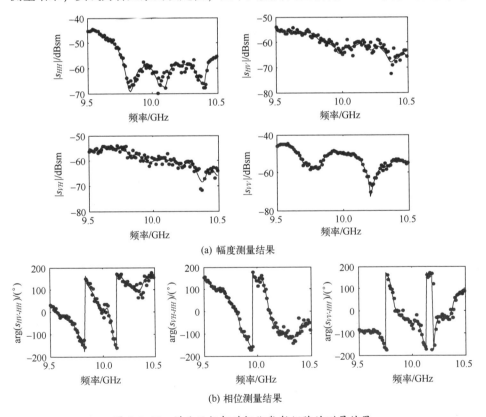

图 3.3.19　弹头目标相对极化散射矩阵的测量结果

这里定义两个指标参数来评估目标宽带极化散射矩阵的测量性能，分别为

$$\Delta S(k) = 10\lg\left(\frac{\|\hat{S}(k)-S(k)\|_F^2}{\|S(k)\|_F^2}\right), \quad k=0,1,\cdots,K-1 \quad (3.3.91)$$

$$\Delta S = 10\lg\left(\frac{\sum_{k=0}^{K-1}\|\hat{S}(k)-S(k)\|_F^2}{\sum_{k=0}^{K-1}\|S(k)\|_F^2}\right) \quad (3.3.92)$$

其中，$\Delta S(k)$ 表示极化散射矩阵在各频点的测量误差，ΔS 表示极化散射矩阵总体测量误差。

图 3.3.20 给出以上弹头目标模型的宽带极化散射矩阵测量性能，其中，图 3.3.20（a）是性能参数 $\Delta S(k)$ 的仿真结果，图 3.3.20（b）是性能参数 ΔS 与 SNR 的关系曲线，SNR = −5 ~ 20dB，三条曲线分别对应 $v_0 = 0$m/s、$v_0 = 500$m/s（多普勒补偿前）及 500m/s（多普勒补偿后），多普勒补偿是在已知目标运动速度后按式（3.3.87）进行的，下文中的多普勒补偿均指该方法。可见，多普勒补偿使测量性能得到很大改善。

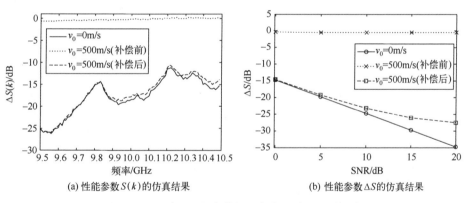

(a) 性能参数 $S(k)$ 的仿真结果　　(b) 性能参数 ΔS 的仿真结果

图 3.3.20　弹头目标宽带极化散射矩阵的测量性能

（2）全极化一维像特征提取的仿真结果。

在得到目标全极化频域特性测量数据后，经 IFFT 或 P-MUSIC 处理可以得到目标全极化一维像，进而提取出一维散射中心的极化特征。图 3.3.21 给出了在 $v_0 = 0$m/s 条件时的仿真结果，其中，SNR = 5dB，图 3.3.21（a）是由 IFFT 和 P-MUSIC 方法得到的目标归一化一维像，图 3.3.21（b）是由此提取出的一维 Pauli 基参数。可以看出，由该目标的一维像可以提取出两个散射中心。

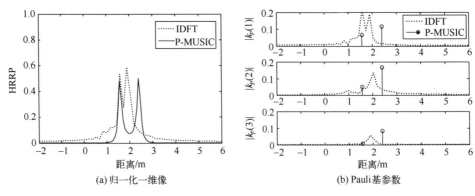

(a) 归一化一维像　　　　　(b) Pauli 基参数

图 3.3.21　弹头目标的全极化一维像特征提取结果

通过峰值搜索可以提取出两个散射中心的位置，进而估计出其对应的极化特征参数。下面仿真分析了两个散射中心的极化特征参数测量性能，结果如图 3.3.22 所示，其中，SNR = 0~20dB，v_0 分别取 0m/s、500m/s，仿真次数为 10^2。图 3.3.22（a）是散射中心 1 的极化特征提取性能，图 3.3.22（b）是散射中心 2 的极化特征提取性能。

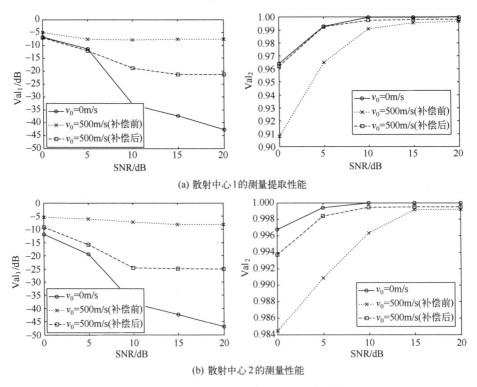

(a) 散射中心 1 的测量提取性能

(b) 散射中心 2 的测量性能

图 3.3.22　弹头目标一维散射中心的极化参数提取性能

第 3 章 雷达极化测量技术

（3）目标全极化二维像特性测量的仿真结果。

对全极化 OFDM 波形在连续多个方位角的频域采样数据进行 2D IFFT 处理或 2D P-MUSIC 处理，可以得到目标全极化二维像，进而提取出目标二维散射中心的极化特征。这里利用以上弹头模型的暗室测量数据进行仿真实验，验证了处理方法的有效性及测量性能。图 3.3.23 是在 $v_0 = 0\text{m/s}$ 条件下的二维成像结果，其中，SNR=5dB，成像方位角范围为 $-5° \sim 5°$，图 3.3.23（a）是 2D IFFT 的处理结果，图 3.3.23（b）是 2D P-MUSIC 的处理结果。可以看出，与 2D IFFT 算法相比，2D P-MUSIC 处理算法能够更加明显地提取出三个散射中心。由 2D P-MUSIC 算法提取出的三个散射中心的相对极化散射矩阵分别为

$$S_1 = \begin{bmatrix} 0.0247 & 0.0120\angle 88.0908° \\ 0.0120\angle 88.0908° & 0.0265\angle 180° \end{bmatrix},$$

$$S_2 = \begin{bmatrix} 0.0178 & 0.001\angle 42.2361° \\ 0.001\angle 42.2361° & 0.0109\angle 11.1038° \end{bmatrix},$$

$$S_3 = \begin{bmatrix} 0.0077 & 0.0026\angle 57.5288° \\ 0.0026\angle 57.5288° & 0.0197\angle -77.0926° \end{bmatrix}。$$

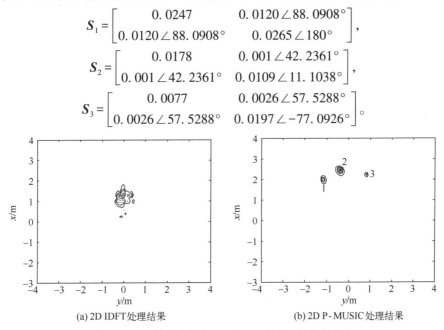

图 3.3.23　弹头目标在 $v_0 = 0\text{m/s}$ 时的二维成像结果

图 3.3.24 是在 $v_0 = 500\text{m/s}$ 时的二维成像结果，其中，图 3.3.24（a）是 2D IFFT 算法的处理结果，图 3.3.24（b）是 2D P-MUSIC 算法的处理结果。由 2D P-MUSIC 算法提取出的三个散射中心的相对极化散射矩阵分别为

$$S_1 = \begin{bmatrix} 0.020 & 0.0098\angle 87.2090° \\ 0.0098\angle 87.2090° & 0.0293\angle -76.1738° \end{bmatrix},$$

$$S_2 = \begin{bmatrix} 0.0152 & 0.0008\angle 51.0441° \\ 0.0008\angle 51.0441° & 0.0089\angle 10.9917° \end{bmatrix},$$

$$S_3 = \begin{bmatrix} 0.0064 & 0.0024\angle 56.0672° \\ 0.0024\angle 56.0672° & 0.0169\angle -77.3205° \end{bmatrix}。$$

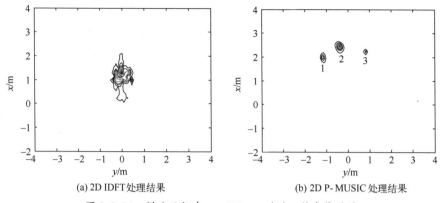

(a) 2D IDFT 处理结果　　　　　　　(b) 2D P-MUSIC 处理结果

图 3.3.24　弹头目标在 $v_0 = 500\text{m/s}$ 时的二维成像结果

下面以性能参数 Val_1 为例，仿真分析了 2D P-MUSIC 处理方法在不同 SNR 下的极化特征提取性能，三个散射中心的仿真结果如图 3.3.25 所示，其中，$v_0 = 500\text{m/s}$，SNR 分别取 0dB、5dB 及 10dB。可见，经多普勒频移补偿后，散射中心的极化特征提取性能得到明显改善。

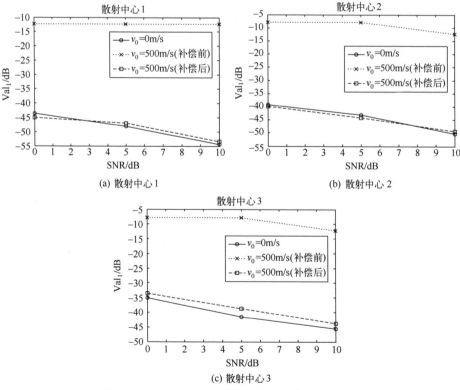

(a) 散射中心1　　　　　　　　　　(b) 散射中心2

(c) 散射中心3

图 3.3.25　弹头目标二维全极化散射中心提取性能

参 考 文 献

[1] Giuli D, Fossi M, Facheris L. Radar target scattering matrix measurement through orthogonal signals [J]. IEE Proceedings, Part F: Radar and Signal Processing, 1993, 140 (4): 233-242.

[2] 施龙飞. 雷达极化抗干扰技术研究 [D]. 长沙: 国防科学技术大学, 2007.

[3] Giuli D, Facheris L, Freni A. Simultaneous scattering matrix measurement through signal coding [C]//IEEE International Radar Conference. Arlington, VA, USA, 1990: 258-262.

[4] Barbur G P. Processing of dual-orthogonal CW polarimetric radar signals [D]. Delft, Netherland: Technology University, 2009.

[5] Nashashibi A, Sarabandi K, Ulaby F T. A calibration technique for polarimetric coherent-on-receive radar systems [J]. IEEE Transactions on Antennas and Propagation, 1995, 43 (4): 396-404.

[6] Chen T J. Calibration of wide-band polarimetric measurement system using three perfectly polarization-isolated calibrators [J]. IEEE Transactions on Antennas and Propagation, 1992, 40 (2): 1573-1577.

[7] 罗佳. 天线空域极化特性及应用 [D]. 长沙: 国防科学技术大学, 2008.

[8] 李永祯, 李棉全, 程旭, 等. 雷达极化测量体制研究综述 [J]. 系统工程与电子技术, 2013, 35 (9): 1873-1877.

[9] Santalla Del Río V, Pidre Mosquera J M, Vera-Isasa M. 3-Pol polarimetric weather measurements with agile-beam phased-array radars [J]. IEEE Transactions on Geoscience and Remote Sensing, 2014, 52 (9): 5783-5789.

[10] Brunkow D, Bringi V N, Kennedy P C, et al. A description of the CSU-CHILL national radar facility [J]. Journal of Atmospheric and Oceanic Technology, 2000, 17 (12): 1596-1608.

[11] Hubbert J, Bringi V N, Carey L D, et al. CSU-CHILL polarimetric radar measurements from a severe hail storm in eastern colorado [J]. Journal of Applied Meteorology, 1998, 37: 749-775.

[12] Horn R, Werner M, Mayr B. Extension of the DLR airborne SAR system [C]// Proceedings of the International Geoscience and Remote Sensing Symposium. College Park, Md., 1990: 2047-2047.

[13] Scheiber R, Reigber A, et al. Overview of interferometric data acquisition and processing modes of the experimental airborne SAR system of DLR [C]//Proceedings of the International Geoscience and Remote Sensing Symposium. Hamburg, Germany, 1999: 35-37.

[14] Staszewski R B, Fernando C, Balsara P T. Event-driven simulation and modeling of phase noise of an RF oscillator [J]. IEEE Transactions on Circuits and Systems I: Regular Papers, 2005, 52 (4): 723-733.

[15] Cumming I G, Wong F H. Digital processing of synthetic aperture radar data [M]. USA: Artech House, 2005.

[16] Staszewski R B, Hung C M, Leipold D, et al. A first multigigahertz digitally controlled oscillator for wireless applications [J]. IEEE Transactions on Microwave Theory and Techniques, 2003, 51 (11): 2154-2164.

[17] Qin F, Guo J, Lang F. Superpixel segmentation for polarimetric SAR imagery using local iterative clustering [J]. IEEE Geoscience and Remote Sensing Letters, 2015, 12 (1): 13-17.

[18] Hurtado M, Nehorai A. Polarimetric detection of targets in heavy inhomo-geneous clutter [J]. IEEE Transactions on Signal Processing, 2008, 56 (4): 1349-1361.

[19] Xiao J J, Nehorai A. Joint transmitter and receiver polarization optimi-zation for scattering estimation in clutter [J]. IEEE Transactions on Signal Processing, 2009, 57 (10): 4142-4147.

[20] Santalla V, Antar Y M M. A comparison between different polarimetric measurement schemes [J]. IEEE Transactions on Geoscience and Remote Sensing, 2002, 40 (5): 1007-1017.

[21] Perry R P, Dipietro R C, Fante R L. SAR imaging of moving targets [J]. IEEE Transactions on Aerospace and Electronic Systems, 1999, 35 (1): 188-200.

[22] Schroth A C, Chandra M S, Meischner P F. A C-band coherent polarimetric radar for propagation and cloud physics research [J]. Journal of Atmospheric and Oceanic Technology, 1988, 5 (1989): 803-822.

[23] Titin-Schnaider C, Attia S. Calibration of the MERIC full-polarimetric radar: theory and implementation [J]. Aerospace Science and Technology, 2003.7 (8): 633-640.

[24] Pandhaipande A. Principles of OFDM [J]. IEEE Potentials, 2002, 21 (2): 16-19.

[25] Kristian P. Fading and carrier frequency offset robustness for different pulse Shaping Filters in OFDM [C]//IEEE Vehicular Technology Conference. Ottawa, ON, Canada. 1998: 777-781.

[26] Berger C R, Demissie B, Heckenach J, et al. Signal processing for passive radar using OFDM waveforms [J]. IEEE Journal of Selected Topics in Signal Processing, 2010, 4 (1): 226-237.

[27] Levanon N, Mozeson E. Multicarrier radar signal-pulse train and CW [J]. IEEE Transactions on Aerospace and Electronic Systems, 2002, 38 (2): 707-720.

[28] Mozeson E, Levanon N. Multicarrier radar signals with low peak-to-mean envelope power ratio [J]. IEE Proceedings: Radar, Sonar and Navigation, 2003, 150 (2): 71-77.

[29] Sebt M A, Sheikhi A, Nayebi M M. Orthogonal frequency-division multiplexing radar signal design with optimized ambiguity function and low peak-to-average power ratio [J]. IET Radar, Sonar and Navigation, 2009, 3 (2): 122-130.

[30] Franken G E A, et al. Doppler tolerance of OFDM-coded radar signals [C]//Proceedings of the 3rd European Radar Conference. Momchester, UK, 2006: 108-111.

[31] Paichard Y, Castelli J C, Dreuillet P, et al. HYCAM: a RCS measurement and analysis system for time-varying targets [C]//Instrumentation and Measurement Technology Conference. Sorrento, 2006: 921-925.

[32] Tigrek R F, DeHeij W J A, van Genderen P. Solving Doppler ambiguity by Doppler sensitive pulse compression using multi-carrier waveform [C]//Proceedings of the 5th European Radar Conference. Amsterdam, Netherlands, 2008: 72-75.

[33] Garmatyuk D S. Simulated imaging performance of UWB SAR based on OFDM [C]//IEEE International Conference on Ultra-wideband. Walthorm, MA, USA, 2006: 237-242.

[34] Popovic B. Synthesis of power efficient multitone signals with flat amplitude spectrum [J]. IEEE Transactions on Communications, 1991, 39 (7): 1031-1033.

[35] Friese M. Multitone signals with low crest factor [J]. IEEE Transactions on Communications, 1997, 45 (10): 1338-1344.

[36] 代大海. 极化雷达成像及目标特征提取研究 [D]. 长沙: 国防科学技术大学, 2008.

[37] Steadly W M, Moses R L. High resolution exponential modeling of fully polarized radar returns [J]. IEEE Transactions on Aerospace and Electronic Systems, 1991, 27 (3): 459-468.

[38] Kim K T, Kim S W, Kim H T. Two dimensional ISAR imaging using full polarization and super-resolution processing techniques [J]. IEE Proceedings: Radar, Sonar and Navigation, 1998, 145 (4): 240-246.

[39] Kim K T, Seo D K, Kim H T. Radar target identification using one-dimensional scattering centres [J]. IEE Proceedings: Radar, Sonar and Navigation, 2001, 148 (5): 285-296.

[40] Kim K T, Seo D K, Kim H T. Efficient radar target recognition using the MUSIC algorithm and invariant features [J]. IEEE Transactions on Antennas and Propagation, 2002, 50 (3): 325-337.

[41] 张澄波. 综合孔径雷达原理、系统分析与应用 [M]. 北京: 科学出版社, 2005.

第4章

雷达目标的极化检测技术

4.1 引　言

自20世纪40年代初期雷达诞生以来，检测问题就一直是雷达技术领域中极为重要的研究内容，其目的就是通过一个传感器或者在空间上分布的一组传感器确定在某个区域内是否存在目标。随着雷达技术的发展和体制的不断革新，雷达检测问题的研究不断深化和拓广，迄今已形成了相当规模的理论体系。在现代战争条件下，复杂多变的战场环境对各种电磁探测系统的性能提出了越来越高的要求，这就促使人们进一步地开发利用电磁信号中的有用信息，以尽可能提高雷达的探测性能。

极化信息可用于提高雷达的目标检测能力。20世纪90年代初，麻省理工学院林肯实验室学者Novak等利用目标和杂波极化特性差异提出了最优极化检测器（OPD）、极化匹配滤波器（Polarimetric Matched Filter, PMF），并比较了它与张成（SPAN）检测器、单极化通道CFAR检测器的检测性能，理论分析和实验表明在高斯分布假定下，检测性能由高到低分别是OPD、PMF、SPAN和单极化通道CFAR检测器[1-2]。Novak的工作有力地证明了利用极化信息可有效提高雷达对杂波中目标的检测性能。然而，以OPD检测器为代表的这一类极化检测器（包括OPD、PMF和PWF等）要求对目标、杂波极化二阶矩已知，而这种假设在工程应用中常常难以成立，于是学者们转而研究如何利用辅助数据估计目标和杂波极化参数，设计目标、杂波未知条件下的极化检测器。法国Pottier等研究了慢起伏杂波环境下的最优极化检测问题，提出了利用AR模型预测其极化状态变化的方法[3]，当预测误差变化超过门限时，便认为存在目标，并通过人工杂波环境中简单目标的检测实验验证了这一极化检测思路的可行性。意大利Lombardo等[4-5]提出了极化广义似然比检测器（P-GLRT Detector），检测器假定杂波服从高斯分布，利用辅助数据估计杂波极化参数，实现了极化雷达对目标的相参自适应检测。美国雪城大学的 Park 等综合利用回波的极化域、时域和空域信息，提出了一种极化空时自适应检测器[6-8]。需要指出的是，当杂波偏离高斯分布时，利用辅助数据估计目标和杂波极化特性参数的检测器性能将严重下降，这增加了设计有效检测器抑制杂波和检测目标的难度。对此，学者们假定杂波服从复合高斯分布（Compound-Gaussian）并研究了相应的极化检测算法，但未获得十分理想的效果。例如，Lombardo 提出的相干极化自适应检验统计量仅在两个极化通道的条件下有闭合形式表达式，而 De Maio 和 Alfano 等提出的检测器对杂波协方差矩阵亦不具有 CFAR 性质，这些都给雷达检测器设计带来了限制[9-13]。

与此同时，利用极化优化技术提高雷达在非均匀非高斯杂波中的目标极化检测能力是近年来国外学者关注的重点。美国学者 Garren 等研究了基于目标检测性能最优的全极化雷达发射波形优化设计问题[14]，以信干比/信杂比最大作为准则，提出了雷达波形极化的最优设计方案，并利用美国陆军实验室提供的坦克、装甲车目标电磁特性数据验证全极化波形优化设计可实现目标检测能力提高 4dB 左右。但上述研究基于目标、杂波极化散射特性已知，不符合工程实际。美国国防高级研究计划局（DARPA）于 2005 年启动了由海军实验室（NRL）主管的"复杂海洋环境中弱小目标探测的自适应波形设计"项目，主要的研究目标是面向复杂海洋环境中弱小目标探测的自适应波形设计。借此项目依托，2008 年乔治华盛顿大学的 Hurtado 和 Nehorai[15]设计了一种针对强非均匀杂波背景下的低速运动目标的极化检测器，该检测器采用极化矢量传感器天线，可实现发射极化的优化控制，实验结果证实：极化自适应控制有效提高针对低速运动目标的检测性能。但极化控制基于全局搜索，耗时量大，工程实用性不强。

总的来说，极化雷达目标检测方法的相关工作报道甚多，大多数是通过杂波抑制或检测器的优化设计来提高信杂比，以达到提高检测概率的目的。然而，对于越来越普遍的非均匀杂波背景，由于杂波在空间分布上呈现出更强的随机性，不再满足高斯假设，造成基于辅助数据的极化检测器的信杂比提升效果并不理想。因此，亟须探寻新的理论与方法，这构成本章问题研究的背景。

对于非高斯强杂波背景下的低速运动目标检测问题，如树林、草丛中隐藏的装甲目标，近海小型偷渡船只的检测，由于这种场景下目标运动速度较低，难以利用目标多普勒信息进行有效检测，因而成为雷达目标检测的难点问题。对此，本章研究基于发射极化优化的目标最优检测问题，提高全极化雷达的目标检测性能。针对发射极化可调矢量测量系统，设计了一种非高斯杂波背景下低速目标的全极化最优检测器，仿真和实测数据均验证了本章方法具有优良的抗杂波非高斯性能。另外,发射极化优化矢量测量系统比发射极化固定矢量测量系统具有更好的检测性能。最后,对比了标量测量系统与矢量测量系统的性能差异。

本章内容安排如下:4.2 节描述极化矢量测量系统的数学模型,以及目标、杂波和噪声的统计特性;4.3 节给出非高斯杂波背景下目标极化检测问题的数学形式,推导基于 GLRT 检测的极化检测器;4.4 节推导检测器性能的理论形式;4.5 节利用仿真数据和实测数据对检测算法性能进行分析,检验检测算法的抗杂波非高斯性能,对比极化优化设计和传统极化设计系统间的性能差异;4.6 节推导上述极化检测算法的标量测量系统模型,对比标量/矢量测量系统的性能差异。

4.2 系统模型

图 4.2.1 给出了强杂波背景下低速海面小目标检测的典型场景,通常在高海情条件下,海杂波不仅强度大,而且杂波的非高斯性明显[16]。

(a) 充气艇　　　　　　　　(b) 小木船

(c) 巡逻艇　　　　　　　　(d) 桅杆帆船

图 4.2.1　海面低速运动小目标检测场景

首先,全极化雷达发射信号在连续时间域可以表示为

$$s(t) = \boldsymbol{\xi} s(t) = [\xi_H, \xi_V]^\mathrm{T} s(t) \tag{4.2.1}$$

其中,$s(t)$ 为发射信号的复包络,$\boldsymbol{\xi}$ 为发射天线极化矢量,且有 $\|\boldsymbol{\xi}\|=1$。

考虑雷达接收机收到的回波信号包括目标回波、杂波以及噪声分量。于是,观测样本可以分解表示为

$$\boldsymbol{y}(t) = \frac{g}{r^2}(\boldsymbol{T}+\boldsymbol{C})\boldsymbol{\xi} s(t-\tau) + \boldsymbol{n}(t) \tag{4.2.2}$$

其中,$\boldsymbol{n}(t)$ 为 2×1 维噪声矢量,τ 为发射信号自发射到返回至接收机的延迟时间,r 为目标到雷达间的距离,g 为与载频、天线增益等因素有关的常系数,$\boldsymbol{T}$ 和 $\boldsymbol{C}$ 分别为目标和杂波的 2×2 维散射矩阵,具体形式分别为

$$\boldsymbol{T} = \begin{bmatrix} T_{HH} & T_{HV} \\ T_{VH} & T_{VV} \end{bmatrix} \tag{4.2.3}$$

和

$$\boldsymbol{C} = \begin{bmatrix} C_{HH} & C_{HV} \\ C_{VH} & C_{VV} \end{bmatrix} \tag{4.2.4}$$

在式 (4.2.2) 的基础上进行数字化采样和匹配滤波,则接收的 2×1 维矢量信号进一步写为

$$\boldsymbol{y} = (\boldsymbol{T}+\boldsymbol{C})\boldsymbol{\xi} + \boldsymbol{n} \tag{4.2.5}$$

其中,$\boldsymbol{n}$ 为将式 (4.2.2) 中参数项 $\frac{g}{r^2}$ 归一化至 $\boldsymbol{n}(t)$ 后的噪声项。对 $\boldsymbol{T}$ 和 $\boldsymbol{C}$ 进行矢量化,得

$$\boldsymbol{x}_t \triangleq [T_{HH}, T_{HV}, T_{VH}, T_{VV}]^\mathrm{T} \tag{4.2.6}$$

$$\boldsymbol{x}_c \triangleq [C_{HH}, C_{HV}, C_{VH}, C_{VV}]^\mathrm{T} \tag{4.2.7}$$

定义系统响应矩阵

$$\boldsymbol{H} \triangleq \begin{bmatrix} \xi_H & \xi_V & 0 & 0 \\ 0 & 0 & \xi_H & \xi_V \end{bmatrix} \tag{4.2.8}$$

则式 (4.2.5) 等价为如下线性观测模型,即

$$\boldsymbol{y} = \boldsymbol{H}\boldsymbol{x}_t + \boldsymbol{H}\boldsymbol{x}_c + \boldsymbol{n} \tag{4.2.9}$$

对式 (4.2.9) 采用多个脉冲相干检测的方式,假定在一次雷达驻留期间获得 M 个观测样本,则观测模型为

$$\boldsymbol{y}(m) = \boldsymbol{H}(m)\boldsymbol{x}_t(m) + \boldsymbol{H}(m)\boldsymbol{x}_c(m) + \boldsymbol{n}(m), \quad m=1,2,\cdots,M \tag{4.2.10}$$

统计特性方面,由于待检测目标的速度较低,可以假定雷达驻留期内目标散射系数不变,即考虑 $\boldsymbol{x}_t$ 为一确定性矢量。然而,不同的是,由于距离单

元内的杂波为一系列非相干散射体回波的总和,所以杂波 x_c 建模为协方差矩阵为 Σ 的零均值复高斯分布矢量;同时将噪声 n 看作协方差矩阵为 $\sigma^2 I_2$ 的零均值复高斯矢量;除此之外,假定杂波与噪声不相关,即统计独立。这样一来,M 个观测样本满足如下统计分布形式,即

$$y(m) \sim \mathcal{CN}(Hx_t, H\Sigma H^H + \sigma^2 I_2), \quad m = 1, 2, \cdots, M \quad (4.2.11)$$

其中,$\mathcal{CN}(\cdot)$ 表示复高斯分布。注意,在式(4.2.11)中,对于主动雷达系统来说,由于发射极化和波形已知,故 H 已知;同时,系统噪声功率 σ^2 也可根据雷达实际工作前事先测得。与之不同的是,目标和杂波散射矢量的先验知识未知,因此 x_t 和 x_c 为上述统计信号模型中的未知参数。

4.3 极化检测器设计

由于目标散射矢量 x_t 和杂波散射矢量 x_c 未知,根据概率统计检测理论[17],此时采用广义似然比(GLR)方法虽然并非最优检测器,但具有良好的实用性能。于是,待求解检测问题具有如下假设检测结构,即

$$\begin{cases} \mathcal{H}_0: & x_t = 0, \Sigma \\ \mathcal{H}_1: & x_t \neq 0, \Sigma \end{cases} \quad (4.3.1)$$

根据 Neyman-Pearson 假设检验准则,若判 $\mathcal{H}_1$ 成立,则等价于下式成立,即

$$\ln L_{\text{GLR}} = \ln f_1(y_1, \cdots, y_M; \hat{x}_t, \hat{\Sigma}_1) - \ln f_0(y_1, \cdots, y_M; \hat{\Sigma}_0) > \ln \gamma \quad (4.3.2)$$

其中,f_0 和 f_1 分别为 $\mathcal{H}_0$ 和 $\mathcal{H}_1$ 条件下的概率密度函数,$\hat{\Sigma}_0$ 和 $\hat{\Sigma}_1$ 分别为 $\mathcal{H}_0$ 和 $\mathcal{H}_1$ 条件下 Σ 的最大似然估计(Maximum Likelihood Estimation,MLE),$\hat{x}_t$ 为 $\hat{x}_t$ 在 $\mathcal{H}_1$ 条件下的 MLE,γ 为检测门限。为便于叙述,分别简记 $\ln f_0(y_1, \cdots, y_M; \hat{\Sigma}_0)$ 和 $\ln f_1(y_1, \cdots, y_M; \hat{x}_t, \hat{\Sigma}_1)$ 为 $\ln f_0(\hat{\Sigma}_0)$ 和 $\ln f_1(\hat{x}_t, \hat{\Sigma}_1)$。

在 $\mathcal{H}_0$ 假设检验条件下,令 $\hat{x}_t = 0$,则似然函数为

$$\ln f_0(\Sigma) = -M[2\ln \pi + \ln |C| + \text{tr}(C^{-1} S_0)] \quad (4.3.3)$$

其中,$C \triangleq H\Sigma H^H + \sigma^2 I_2$ 为观测数据的理论协方差矩阵,S_0 为样本协方差矩阵,有

$$S_0 = \frac{1}{M} \sum_{m=1}^{M} y_m y_m^\dagger \quad (4.3.4)$$

$\mathcal{H}_0$ 条件下 Σ 的 MLE 为

$$\hat{\Sigma}_0 = H^+ S_0 H^{+\dagger} - \sigma^2 (H^\dagger H)^{-1} \quad (4.3.5)$$

其中，$H^+ = (H^\dagger H)^{-1} H^\dagger$ 为伪逆矩阵（Pseudo-Inverse Matrix）。于是，H_0 条件下，基于 Σ 最大似然估计的对数似然函数为

$$\ln f_0(\hat{\Sigma}_0) = -M[4 + 2\ln \pi - 2\ln \sigma^2 + \ln H^\dagger H + \sigma^{-2} \mathrm{tr}(\Pi^\perp S_0) + \ln H^+ S_0 H^{+\dagger}] \quad (4.3.6)$$

其中，$\Pi^\perp = I_2 - HH^+$。

然后，$\mathcal{H}_1$ 条件下名义对数似然函数为

$$\ln f_1(x_t, \Sigma) = -M[\ln \pi + \ln |C| + \mathrm{tr}(C^{-1}\widetilde{C}_1)] \quad (4.3.7)$$

其中

$$\widetilde{C}_1 = \frac{1}{M} \sum_{m=1}^{M} (y_m - Hx_t)(y_m - Hx_t)^\dagger \quad (4.3.8)$$

根据式（4.3.7），$\mathcal{H}_1$ 条件下 x_t 和 Σ 的 MLE 分别为

$$\hat{x}_t = H^+ \bar{y} \quad (4.3.9)$$

和

$$\hat{\Sigma}_1 = H^+ S_1 H^{+\dagger} - \sigma^2 (H^\dagger H)^{-1} \quad (4.3.10)$$

其中，$\bar{y}$ 为样本均值矢量，即

$$\bar{y} = \frac{1}{M} \sum_{m=1}^{M} y_m \quad (4.3.11)$$

S_1 为样本协方差矩阵，即

$$S_1 = \frac{1}{M} \sum_{m=1}^{M} (y_m - \bar{y})(y_m - \bar{y})^* \quad (4.3.12)$$

于是，$\mathcal{H}_1$ 假设检验条件下基于参数 x_t 和 Σ 最大似然估计的对数似然函数变为

$$\ln f_1(\hat{x}_t, \hat{\Sigma}_1) = -M[4 + 2\ln \pi - 2\ln \sigma + \ln H^\dagger H + \sigma^{-2} \mathrm{tr}(\Pi^\perp S_0) + \ln |H^+ S_1 H^{+\dagger}|] \quad (4.3.13)$$

此外，对于任意 $M \times M$ 维矩阵 S，有

$$\ln |H^+ S H^{+\dagger}| = \ln |H^\dagger S H| - 2\ln H^\dagger H \quad (4.3.14)$$

将中心似然函数式（4.3.3）和式（4.3.13）代入式（4.3.2），并利用式（4.3.14）得到对数 GLR 检测统计表达式为

$$\ln L_{\mathrm{GLR}} = -M(\ln |H^\dagger S_1 H| - \ln |H^\dagger S_0 H|) \quad (4.3.15)$$

注意，对式（4.3.15）有如下等式成立，即

$$\ln L_{\mathrm{GLR}} = M\ln [1 + \bar{y}^\dagger H (H^\dagger S_1 H)^{-1} H^\dagger \bar{y}] \quad (4.3.16)$$

于是，对式（4.3.15）有

$$\ln L_{\text{GLR}} = M\ln\left[1+\bar{y}^\dagger H(H^\dagger S_1 H)^{-1}H^\dagger \bar{y}\right] \quad (4.3.17)$$

由于式（4.3.17）为参数项 $\bar{y}^\dagger H(H^\dagger S_1 H)^{-1}H^\dagger \bar{y}$ 的单调递增函数，因此等价检测统计表达式可以写为

$$T_{\text{GLR}} = \bar{y}^\dagger H(H^\dagger S_1 H)^{-1}H^\dagger \bar{y} \quad (4.3.18)$$

至此，求解得到本章检测问题对应的检测统计量。

4.4 理论检测性能

检测性能方面，令参数 $z_m = H^\dagger y_m (m=1,2,\cdots,M)$，则式（4.3.18）可以等价写为

$$T_{\text{GLR}} = \bar{z}^\dagger S_z^{-1} \bar{z} \quad (4.4.1)$$

其中，$\bar{z}$ 和 S_z 分别为复高斯分布 $\mathcal{CN}(H^\dagger H x_t, H^\dagger H\Sigma H^\dagger H + \sigma^2 H^\dagger H)$ 的样本均值矢量和协方差矩阵，即

$$\bar{z} = \frac{1}{M}\sum_{m=1}^{M} z_m, \quad S_z = \frac{1}{M}\sum_{m=1}^{M}(z_m - \bar{z})(z_m - \bar{z})^\dagger \quad (4.4.2)$$

利用文献［18］中推论 4.2.1，得到上述检测统计量满足如下分布：

$$T_{\text{GLR}}\frac{M-4}{4} \sim \begin{cases} \mathcal{F}_{8,2(M-4)}, & \mathcal{H}_0 \\ \mathcal{F}'_{8,2(M-4)}(\lambda), & \mathcal{H}_1 \end{cases} \quad (4.4.3)$$

其中，$\mathcal{F}_{v_1,v_2}$ 表示自由度为 v_1 和 v_2 的 $\mathcal{F}$ 分布，$\mathcal{F}'_{v_1,v_2}(\lambda)$ 表示自由度为 v_1 和 v_2 的非中心 $\mathcal{F}$ 分布，其中非中心参数为 λ 且 λ 满足

$$\begin{aligned}\lambda &= 2M x_t^\dagger H^\dagger H[H^\dagger(H\Sigma H^\dagger + \sigma^2)H]^{-1} H^\dagger H x_t \\ &= 2M x_t^\dagger [H^+(H\Sigma H^\dagger + \sigma^2)H^{+\dagger}]^{-1} x_t \\ &= 2M\left[x_t^\dagger \Sigma^{-1} x_t - x_t^\dagger \left(\Sigma + \frac{\Sigma H^\dagger H\Sigma}{\sigma^2}\right)^{-1} x_t\right]\end{aligned} \quad (4.4.4)$$

于是，推导得到的检测性能解析表达式为

$$\begin{cases} p_{\text{fa}} = Q_{\mathcal{F}_{8,2(M-4)}}(\gamma_{\text{GLR}}) \\ p_{\text{d}} = Q_{\mathcal{F}'_{8,2(M-4)}(\lambda)}(\gamma_{\text{GLR}}) \end{cases} \quad (4.4.5)$$

其中，函数 $Q_{\mathcal{F}_{8,2(M-4)}}(\cdot)$ 和 $Q_{\mathcal{F}'_{8,2(M-4)}(\lambda)}(\cdot)$ 分别为概率密度分布 $\mathcal{F}_{8,2(M-4)}$ 和 $\mathcal{F}'_{8,2(M-4)}(\lambda)$ 的右尾概率函数，γ_{GLR} 为给定虚警概率下的检测门限。注意虚警概率表达式并不依赖杂波协方差矩阵和噪声结构，与发射信号亦不相关，因此本章提出检测器为 CFAR 检测。

4.5 实验验证与分析

本节将验证新方法的性能，对比它与几种现有典型极化检测器的性能差异，包括抗杂波非高斯性和检测性能。然后，作为本章检测算法的一个重要设计因素，对比它在极化优化设计情形下与传统极化设计间的性能差异。

4.5.1 几种现有典型极化检测算法

对杂波背景下的目标检测问题，学者们提出了一些极化检测算法，包括最优极化检测器（Optimal Polarimetric Detector，OPD）[1]、极化空时广义似然比（Polarization-Space-Time GLR，PST-GLR）检测器[6]和极化纹理无关广义似然比（Polarimetric Texture-Free GLR，TF-GLR）检测器[5]等，本节将对比它们与本章方法的检测性能。首先，简要介绍上述检测器及其性能的结构形式。

1. 最优极化检测器

OPD 检测器仅作似然比检测，对应本章信号模型，检测统计表达式为

$$T_{\text{OPD}} = \Re(\bar{y}^\dagger \Sigma_0 x_t) \underset{\mathcal{H}_0}{\overset{\mathcal{H}_1}{\gtrless}} \gamma_{\text{OPD}} \quad (4.5.1)$$

其中，Σ_0 为已知杂波协方差矩阵。检测性能方面，高斯杂波条件下 OPD 检测器为广义匹配滤波器（Generalized Matched Filter），于是其检测性能表达式满足如下形式

$$\begin{cases} p_{\text{fa}} = Q(\gamma_{\text{OPD}}) \\ p_{\text{d}} = Q(\gamma_{\text{OPD}} - \sqrt{x_t^\dagger \Sigma_0^{-1} x_t}) \end{cases} \quad (4.5.2)$$

其中，$Q(\cdot)$ 为标准高斯分布对应的右尾概率分布函数。需要指出的是，OPD 检测器需要预先知道目标的散射矢量及杂波协方差矩阵，因此在实际中实现比较困难，通常作为性能上限检验其他检测器性能。

2. 极化空时广义似然比检测器

PST-GLR 检测算法假定杂波服从高斯分布，同时利用辅助杂波数据估计待检测单元杂波协方差矩阵。这里指出，PST-GLR 算法所用接收数据模型与本章信号模型不同，具体来说，它将 M 个观测数据样本放入 $2M$ 维矢量，即

$$l = [y_{1,H}, \cdots, y_{M,H}, y_{1,V}, \cdots, y_{M,V}]^{\text{T}} \quad (4.5.3)$$

相似地，令辅助数据矢量为 l_k^e，$k = 1, 2, \cdots, K$，其中 K 代表辅助数据单元个数，则根据辅助单元数据计算得到 $2M \times 2M$ 维杂波协方差矩阵为

$$\hat{\Sigma}_e = \sum_{k=1}^{K} l_k^e l_k^\dagger \quad (4.5.4)$$

于是，PST-GLR 检测器形式为

$$T_{\text{PST-GLR}} = \frac{l^\dagger \hat{\Sigma}_e^{-1} y}{1 + y^\dagger \hat{\Sigma}_e^{-1} y} \underset{\mathcal{H}_0}{\overset{\mathcal{H}_1}{\gtrless}} \gamma_{\text{PST-GLR}} \tag{4.5.5}$$

相应的虚警概率表达式为

$$p_{\text{fa}} = \frac{(1 - \gamma_{\text{PST-GLR}})^{K-2M+1}}{(K-2M)!} \sum_{j=1}^{2} (K - 2M + 2 - j)! \gamma_0^{2-j} \tag{4.5.6}$$

但检测概率没有解析表达式。根据式（4.5.6）可见，像其他 GLR 算法一样，PST-GLR 检测算法为 CFAR 检测器。然而，需要指出的是，PST-GLR 检测器假定杂波满足高斯分布，故在杂波为非高斯分布时，其检测性能出现严重降低。

3. 极化纹理无关广义似然比检测器

TF-GLR 检测器假定杂波满足复合高斯分布，同时利用辅助单元杂波估计待检测单元杂波协方差矩阵。但与直接利用辅助单元杂波数据不同，在计算杂波协方差矩阵之前，TF-GLR 检测器先对辅助单元杂波数据进行归一化处理以移除局部功率（纹理）分量，故称"纹理无关"。需要指出的是，这种 GLR 检测器仅当极化通道数为 2 时有解析表达式，且当杂波协方差矩阵未知时，检测统计量的概率分布未知。

检测表达式方面，将接收数据样本的水平极化部分和垂直极化部分分别表示为

$$l_H = [y_{1,H}, \cdots, y_{M,H}]^T, \quad l_V = [y_{1,V}, \cdots, y_{M,V}]^T \tag{4.5.7}$$

并进一步将接收信号组合成如下 $2M \times 2$ 维矩阵，即

$$L = \begin{bmatrix} l_H & 0 \\ 0 & l_V \end{bmatrix} \tag{4.5.8}$$

相应地，对于辅助杂波数据，令第 k 个辅助距离单元杂波回波水平极化部分为 $l_{k,H}^e$, $k = 1, 2, \cdots, K$，垂直极化部分为 $l_{k,V}^e$, $k = 1, 2, \cdots K$，在用辅助杂波数据进行杂波协方差估计之前，先对其进行归一化处理，即取

$$l_{k,H}^{\tilde{e}} = \frac{l_{k,H}^e}{\sqrt{\frac{1}{M} \| l_H^e \|^2}}, \quad l_{k,V}^{\tilde{e}} = \frac{l_{k,V}^e}{\sqrt{\frac{1}{M} \| l_V^e \|^2}}, \quad k = 1, 2, \cdots, K \tag{4.5.9}$$

紧接着，令归一化后的辅助杂波矢量为 $l_k^{\tilde{e}} = [l_{k,H}^{\tilde{e}T}, l_{k,V}^{\tilde{e}T}]^T, k = 1, 2, \cdots, K$，则基于归一化辅助杂波数据的杂波协方差矩阵估计为

$$\hat{R}_0 = \frac{1}{K} \sum_{k=1}^{K} l_k^{\tilde{e}} l_k^{\tilde{e}\dagger} \tag{4.5.10}$$

定义参数 $\boldsymbol{\Gamma}=\boldsymbol{I}_2\otimes[1,1]$，获得如下 2×2 维 Hermit 矩阵

$$\boldsymbol{\Psi}^{(\alpha)}=\boldsymbol{L}^{\dagger}[\hat{\boldsymbol{R}}_0^{-1}-\alpha\hat{\boldsymbol{R}}_0^{-1}\boldsymbol{\Gamma}(\boldsymbol{\Gamma}^{\dagger}\hat{\boldsymbol{R}}_0^{-1}\boldsymbol{\Gamma})^{-1}\boldsymbol{\Gamma}^{\dagger}\hat{\boldsymbol{R}}_0^{-1}]\boldsymbol{L} \tag{4.5.11}$$

其中，$\alpha\in\{0,1\}$ 对应假设检验 $\mathcal{H}_\alpha$。最后得到 TF-GLR 检测器检测表达式为

$$T_{\text{TF-GLR}}=\frac{\sqrt{\Psi_{11}^{(0)}\Psi_{22}^{(0)}+\Re(\Psi_{12}^{(0)})}}{\sqrt{\Psi_{11}^{(1)}\Psi_{22}^{(1)}+\Re(\Psi_{12}^{(1)})}}\underset{\mathcal{H}_0}{\overset{\mathcal{H}_1}{\gtreqless}}\gamma_{\text{TF-GLR}} \tag{4.5.12}$$

检测性能方面，由于杂波协方差矩阵不是先验信息，而是通过辅助杂波数据估计得到，因此无法确定检测统计的概率密度函数，进而也无法得到虚警概率和检测概率的解析表达式。

4.5.2 检测性能对比

1. 抗杂波非高斯性能

本章提出检测器的一个重要特点在于，检测统计量的计算仅利用待检测单元数据，而不需要辅助单元数据，因此可保持抗非高斯杂波性能。为了检验这一特性，下面将对比它与 OPD 检测器、PST-GLR 检测器和 TF-GLR 检测器在非高斯杂波环境中的检测性能差异。采用蒙特卡洛仿真方法生成非高斯杂波，具体来说，令杂波服从协方差矩阵为 $\tau\boldsymbol{\Sigma}$ 的复合高斯分布，其中 τ 为纹理分量，满足如下广义 Gamma 概率密度分布，即

$$f(\tau)=\frac{1}{\Gamma(v)}\left(\frac{v}{\delta}\right)^v\tau^{v-1}\mathrm{e}^{-\left(\frac{v}{\delta}\right)\tau} \tag{4.5.13}$$

其中，函数 $\Gamma(\cdot)$ 为 Gamma 函数，参量 v 为广义 Gamma 概率密度函数的秩，δ 为其平均功率。当 $v=+\infty$，式（4.5.13）为高斯分布，当 v 减小，式（4.5.13）偏离高斯分布。

注意，本小节暂不考虑极化优化，即取雷达为传统极化系统，对发射极化 H 令参量 $\xi_H=\xi_v=\frac{\sqrt{2}}{2}$，$\delta=50$，$\boldsymbol{\Sigma}_0=\begin{bmatrix}1&0&0&0\\0&0.1&0&0\\0&0&0.1&0\\0&0&0&1\end{bmatrix}$，检测距离单元个数设为 $N=1$，保护单元个数为 $2H=4$，参考单元个数为 $2K=64$，雷达观测总样本数为 $M_t=105$，对于每一次判决，采用 10 个观测样本，故式（4.2.11）中参数 $M=10$，蒙特卡洛仿真次数为 10^4 次。

图 4.5.1 给出了不同极化检测器抗非高斯杂波性能对比结果，由图中结果可见，当杂波变得非高斯时，本文算法能够像 OPD 检测器那样依然能保持较低的虚警概率。与之形成对比的是，随着杂波非高斯程度的提高，PST-

GLR 检测器和 TF-GLR 检测器的虚警概率明显提高,这验证了本章检测算法的良好的抗杂波非高斯性能。

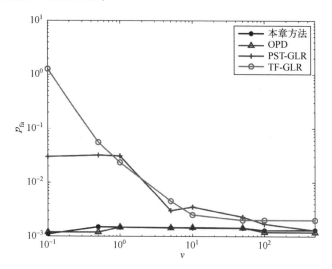

图 4.5.1 本章提出检测算法、OPD 检测器、PST-GLR 检测器和 TF-GLR 检测器的虚警概率 p_{fa} 随杂波纹理分布秩参数 ν 的变化曲线

2. 基于仿真数据的检测性能对比

下面利用仿真数据对比本章检测器与 OPD 检测器、PST-GLR 检测器和 TF-GLR 检测器间的检测性能差异,将首先对这些检测算法在不同目标极化散射矢量结构下的检测性能进行检验,然后对比不同杂波条件下的性能表现。

情景一 不同目标极化散射矢量。杂波仿真方法及参数设置与第 4.5.2 节中的 1. 相同,令虚警概率 $p_{fa} = 10^{-3}$,考虑两种目标极化散射矢量,$\boldsymbol{x}_t^{(1)} = \alpha [0.5, 0.1, 0.1, 0.4]^T$ 和 $\boldsymbol{x}_t^{(2)} = \alpha [0.1, 0.5, 0.5, 0.4]^T$,其中 α 为控制 SCR 的因子,而信杂比 SCR 和杂噪比 CNR 的定义如下。

定义:首先,目标功率为

$$P_t = \| x_t \|^2 \tag{4.5.14}$$

其次,杂波功率为

$$P_c = \mathbb{E}[\| \boldsymbol{x}_c \|^2] = \mathrm{tr}(\boldsymbol{\Sigma}) \tag{4.5.15}$$

于是,信杂比定义为

$$\mathrm{SCR} \triangleq \frac{P_t}{P_c} \tag{4.5.16}$$

杂噪比定义为

$$\mathrm{CNR} \triangleq \frac{P_c}{\sigma^2} \qquad (4.5.17)$$

图 4.5.2 描绘了两种不同目标散射矢量条件下 p_d 随 SCR 的变化曲线,由图中结果可见,本章检测算法在上述仿真条件下有着与 OPD 检测器接近的检测性能。相较而言,PST-GLRT 检测器和 TF-GLRT 检测器的检测性能则逊于本章检测算法。对比图 4.5.2(a)和图 4.5.2(b)可以看出,图 4.5.2(a)所示目标 $x_t^{(1)}$ 的检测性能不及图 4.5.2(b)中目标 $x_t^{(2)}$ 的检测性能。这是因为目标散射矢量 $x_t^{(2)}$ 对应的非中心参数 λ 更大,故检测性能更好。

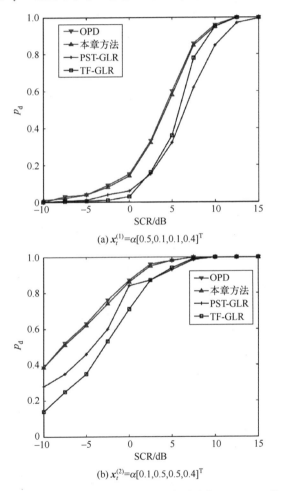

(a) $x_t^{(1)} = \alpha[0.5, 0.1, 0.1, 0.4]^T$

(b) $x_t^{(2)} = \alpha[0.1, 0.5, 0.5, 0.4]^T$

图 4.5.2 本章方法、OPD 检测器、PST-GLRT 检测器和 TF-GLRT 检测器不同目标散射矢量下检测概 p_d 随 SCR 的变化曲线($p_{fa} = 10^{-3}$, $v = 50$)

情景二 不同的杂波设置。杂波仿真方法同 4.5.2 节中第 1 种方法选择两种杂波纹理秩参数,即 $\nu=1$ 和 $\nu=100$ ($\nu=1$ 和 $\nu=100$ 分别对应杂波的非高斯性很强和近于高斯分布的情形),其他参数与第 4.5.2 节中第 1 种的设置相同,分别生成两种参数条件下的杂波数据。目标极化散射矢量为 $\boldsymbol{x}_t^{(2)}=\alpha[0.1,0.5,0.5,0.4]^T$,虚警概率为 $p_{fa}=10^{-3}$,根据检测性能表达式以及(在没有检测性能解析表达式的条件下)杂波数据计算上述几种检测器的检测门限,然后利用目标和杂波的合成仿真数据计算检测概率。如图 4.5.3 所示给出了上述两种不同 ν 条件下 p_d 随 SCR 的变化曲线,对比图 4.5.3(a)和图 4.5.3(b)中结果可见,当 $\nu=100$ 时(对应近似高斯杂波的情形),本章检测方法检测概率明显高于 $\nu=1$(对应非高斯杂波的情形)时的检测概率,且在两种条件下本章检测方法的检测性能均优于 PST-GLR 检测器和 TF-GLR 检测器的性能。

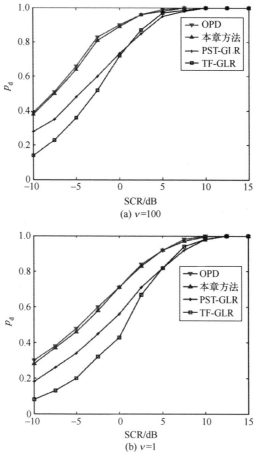

图 4.5.3 本章方法、OPD 检测器、PST-GLRT 检测器和 TF-GLRT 检测器不同杂波条件下检测概率 p_d 随 SCR 的变化曲线 ($p_{fa}=10^{-3}$,$\boldsymbol{x}_t^{(2)}=\alpha[0.5,0.1,0.4]$)

3. 基于实测数据的检测性能对比

下面利用杂波实测数据验证本检测器检测性能，对比它与 OPD 检测器、PST-GLR 检测器和 TF-GLR 检测器间的性能差异。杂波数据采用 McMaster 大学 IPIX 雷达于 1998 年冬季在加拿大多伦多与尼亚加拉大瀑布之间的安大略湖边 Grimsby 地区测得的海杂波数据，IPIX 雷达为 X 波段全极化相干雷达，本章利用该数据库提供的杂波数据文件"file_19980223_170435_antstep.cdf"，其基本信息如表 4.5.1 所示，根据文献［19］的报道，该数据的杂波分布符合复合高斯分布的情形。

表 4.5.1 杂波数据基本信息

file_19980223_170435_antstep.cdf	
日期及时间（UTC）	1998 年 2 月 23 日 17 时 04 分
中心频率	9.3GHz
脉冲长宽	100ns
脉冲重复频率（PRF）	1000Hz
雷达方位角	344.517°
擦地角	0.32°
距离	3501~3996m
距离分辨率	15m
雷达波束宽度	0.9°

令 $p_{fa}=10^{-3}$，由于缺乏大量辅助数据用于计算检测算法门限，对 PST-GLR 检测器和 TF-GLR 检测器，依然采用蒙特卡洛仿真方法计算检测门限。对于其他两种检测器则利用虚警概率的解析表达式。目标参数方面，将目标 $\boldsymbol{x}_t^{(1)}=\alpha[0.5,0.1,0.1,0.4]^\mathrm{T}$ 置于上述实测杂波数据的第 12 个距离单元。

如图 4.5.4 所示给出了四种检测方法，即本章检测方法、OPD 检测器、PST-GLRT 检测器和 TF-GLRT 检测器检测概率 p_d 随 SCR 的变化曲线。根据图中结果可以看出，在实测杂波条件下，本章检测算法的检测性能趋近于 OPD 检测器，明显高于 PST-GLR 检测器和 TF-GLR 检测器。

4.5.3 极化优化设计与传统极化设计间的性能比较

下面比较发射极化优化设计与固定极化设计间的检测性能差异，假定参数 $\boldsymbol{x}_t$ 和 $\boldsymbol{\Sigma}$ 已通过式（4.3.9）和式（4.3.10）估计得到，对于水平极化发射和垂直极化发射雷达，发射极化的系统响应矩阵分别为 $\boldsymbol{H}=\begin{bmatrix}1&0&0&0\\0&0&1&0\end{bmatrix}$ 和

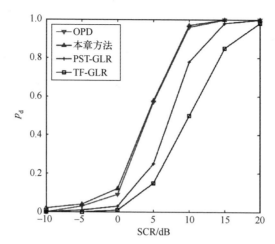

图 4.5.4 本章方法、OPD 检测器、PST-GLRT 检测器和 TF-GLRT 检测器 p_d 随 SCR 的变化曲线,IPIX 雷达实测杂波数据,目标 $\boldsymbol{x}_t^{(1)} = \alpha [0.5, 0.1, 0.1, 0.4]^T$

$\boldsymbol{H} = \begin{bmatrix} 0 & 1 & 0 & 0 \\ 0 & 0 & 0 & 1 \end{bmatrix}$,而对于自适应发射极化系统,选择最佳最大化式 (4.4.4) 中参数 λ 和式 (4.4.5) 中的检测概率 p_d。这里根据下式选择杂波协方差矩阵,即

$$\boldsymbol{\Sigma} = \boldsymbol{U} \boldsymbol{\Lambda} \boldsymbol{\Lambda}^\dagger \boldsymbol{U}^\dagger \tag{4.5.18}$$

其中,$\boldsymbol{U}$ 为任选酉矩阵,具体来说,可通过随机复高斯元素组成的 4×4 维矩阵 $\boldsymbol{M}$ 奇异分解的左手边矩阵构建,即将矩阵 $\boldsymbol{M}$ 进行奇异分解为 $\boldsymbol{M} = \boldsymbol{U} \boldsymbol{\Lambda}_M \boldsymbol{U}_r$,其中 $\boldsymbol{\Lambda}$ 为对角矩阵,其对角元素为任意正实数。其中 $\boldsymbol{Q} = \begin{bmatrix} \cos\alpha & \sin\alpha \\ -\sin\alpha & \cos\alpha \end{bmatrix}$,$\boldsymbol{w} = [\cos\beta, j\sin\beta]^T$,$\|\boldsymbol{\xi}\| e^{j\phi}$ 为发射信号的复包络,α 为系统坐标与电椭圆轴间的旋转角,β 为椭圆偏心率,且 $\phi \in (-\pi, \pi]$,$\alpha \in \left[-\dfrac{\pi}{2}, \dfrac{\pi}{2}\right]$,$\beta \in \left[-\dfrac{\pi}{4}, \dfrac{\pi}{4}\right]$,$\|\boldsymbol{\xi}\| = 1$,则通过对参数 α,β 和 ϕ 进行网格搜索可得到最佳 $\boldsymbol{H}$。

情景一:固定噪声功率为 $\sigma^2 = 0.1$,虚警概率为 $p_{fa} = 10^{-3}$,改变 SCR 的取值,且对每个 SCR 进行 10^5 次蒙特卡洛仿真以得到 λ 的均值和相应检测概率 p_d。图 4.5.5 给出了本章检测算法分别在发射极化优化、水平极化发射和垂直极化发射条件下的检测概率 p_d 随 SCR 的变化曲线。由图可见,采用极化优化设计较固定极化设计对检测性能有明显的提升,对于相同的检测概率,极化优化方法对 SCR 的要求较固定极化设计低 1~4dB。

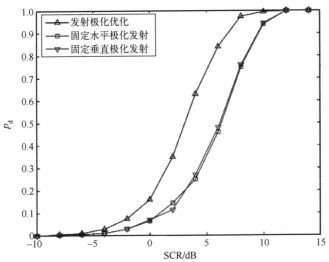

图 4.5.5 本章检测算法分别在发射极化优化情形、发射极化固定为水平极化方式和发射极化固定为垂直极化方式情形下检测概率 p_d 随 SCR 的变化曲线（$p_{fa}=10^{-3}$，$\sigma^2=0.1$）

情景二：令 SCR = 0dB，$\sigma^2 = 0.1$，改变 p_{fa} 的取值，且对于每个 p_{fa} 取值，进行 10^5 次蒙特卡洛运算以得到 λ 的均值和相应检测概率 p_d。图 4.5.6 给出本章检测算法分别在发射极化优化、水平极化发射和垂直极化发射条件下的检测概率 p_d 随虚警概率 p_{fa} 的变化曲线。图中结果再次表明，发射极化优化设计检测性能优于固定极化设计。

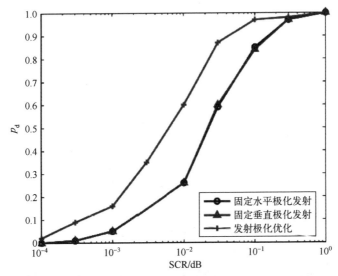

图 4.5.6 本章检测算法分别在发射极化优化、发射极化固定为水平极化方式和发射极化固定为垂直极化方式情形下检测概率 p_d 随虚警概率 p_{fa} 变化曲线（SCR = 0dB，$\sigma^2=0.1$）

情景三：进一步评估杂噪比（CNR）对本章检测器的影响。令 SCR = 10dB，$p_{fa} = 10^{-3}$，改变 CNR 的取值，采用与之前相同的蒙特卡洛仿真方法，图 4.5.7 给出本章检测算法分别在发射极化优化、水平极化发射和垂直极化发射条件下的检测概率 p_d 随杂噪比 CNR 的变化曲线。实验结果显示，当 CNR 增加（即 σ^2 减小），检测概率提高，这一结果与式（4.4.4）一致，即当 σ^2 增加，λ 减小，最终导致检测概率的损失。

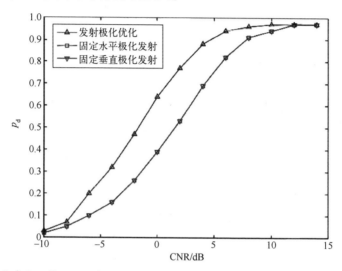

图 4.5.7　本章检测算法分别在发射极化优化、发射极化固定为水平极化方式和发射极化固定为垂直极化方式情形下检测概率 p_d 随 CNR 的变化曲线（SCR = 10dB，$\sigma^2 = 0.1$）

至此，本节实验结果证实，发射极化优化可有效提高雷达系统的目标检测性能。此时，一个想当然的判断是，发射极化和接收极化均优化，其结果必然好于仅对发射极化进行优化。事实上，本章上述研究均针对矢量测量系统。由于对标量测量系统，发射极化和接收极化均可调，4.6 节将对标量测量系统的检测性能进行分析，检验是否其性能优于仅发射极化优化的矢量测量系统。

4.6　标量测量系统及性能

正如本章前言所说，一些传统极化雷达采用对接收水平极化和垂直极化信号进行线性相干组合形成标量测量[20-21]的测量方式。对于这种系统，接收端的输出为回波与接收天线极化的内积。鉴于标量测量系统模型可以建立在 4.2 节描述的矢量测量的基础上进行描述，本节将简化对这方面内容的叙述，而重点讨论联合收发极化优化标量测量系统的检测性能。

设全极化雷达接收端极化矢量为 $\boldsymbol{\eta}=[\eta_H,\eta_V]^\mathrm{T}$（且满足 $\|\boldsymbol{\eta}\|=1$），其余变量定义与 4.1 节中一致，则标量测量系统的观测模型可以表示为

$$y(t)=\frac{g}{r^2}\boldsymbol{\eta}^\mathrm{T}(\boldsymbol{T}+\boldsymbol{C})\boldsymbol{\xi}s(t-\tau)+n(t) \tag{4.6.1}$$

在经过数字采样和匹配滤波，以及归一化处理将系数 $\frac{g}{r^2}$ 并入噪声项之后，接收端输出为

$$y(t)=\boldsymbol{\eta}^\mathrm{T}(\boldsymbol{T}+\boldsymbol{C})\boldsymbol{\xi}+n \tag{4.6.2}$$

引入系统响应矢量

$$\boldsymbol{h}=[\eta_H\xi_H,\eta_H\xi_V,\eta_V\xi_H,\eta_V\xi_V] \tag{4.6.3}$$

则可将式（4.6.2）改写成如下线性观测模型：

$$y=\boldsymbol{h}x_t+\boldsymbol{h}x_c+n \tag{4.6.4}$$

式（4.6.4）即为标量测量系统观测模型，对比式（4.2.9）的矢量测量系统观测模型，其唯一的区别在于系统响应矩阵 $\boldsymbol{H}$ 被矢量 $\boldsymbol{h}$ 所代替。容易证明，标量测量系统检测器形式及其检测性能表达式也均与矢量测量系统形式相同，只是系统响应矩阵不同，故这里不再就标量测量系统检测器结构和检测性能表达式的推导进行赘述。令噪声功率为 $\sigma^2=0.1$，虚警概率 $p_{\mathrm{fa}}=10^{-3}$，改变 SCR 取值，对每一个 SCR 进行 10^5 次蒙特卡洛仿真计算，采用网格搜索法求最优 $\boldsymbol{h}$ 使得检测概率最大。如图 4.6.1 所示给出发射极化优化后矢量测量系统和收发极化联合优化后的标量测量系统检测概率 p_d 随 SCR 的变化曲线。由图 4.6.1 可以发现，与之前认识的观点不同的是，两种测量方式具有相同的检测性能，这是由于，矢量测量系统暗含对接收极化的优化，换句话说，即使对标量测量系统的收发极化均优化，在雷达接收端得到的只是两个极化分量的最佳线性组合而已。然而，对它们进行线性组合并不需要优化计算，虽然这种计算增加了求解最优极化的计算量，这也从一个侧面证明了矢量测量的优势。

为进一步检验这种判断，令 SCR = 0dB，$\sigma^2=0.1$，改变虚警概率 p_{fa} 的值，对每个 p_{fa} 进行 10^5 次蒙特卡洛运算以计算 λ 的均值及相应检测概率 p_d。如图 4.6.2 所示给出发射极化优化矢量测量系统、收发极化联合优化标量测量系统的检测概率 p_d 随虚警概率 p_{fa} 的变化曲线。图中结果再次证实，发射极化优化矢量测量系统与收发极化联合优化标量测量系统有着相同的检测能力。

本章讨论了基于极化优化的非高斯杂波环境中雷达目标的最优极化检测问题。对于发射极化可变矢量测量系统，在建立其测量模型的基础上，提出

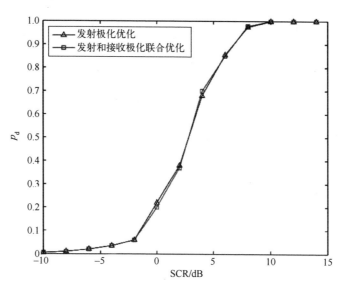

图 4.6.1 发射极化优化矢量测量系统、收发极化联合优化标量测量系统的检测概率 p_d 随 SCR 的变化曲线（$p_{fa} = 10^{-3}$，$\sigma^2 = 0.1$）

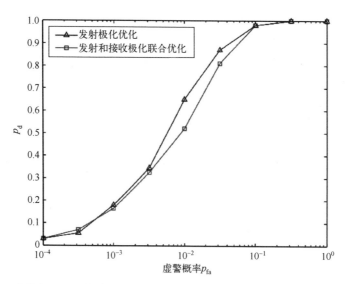

图 4.6.2 发射极化优化矢量测量系统、收发极化联合优化标量测量系统的检测概率 p_d 随虚警概率 p_{fa} 的变化曲线（SCR=0dB，$\sigma^2 = 0.1$）

了一种非高斯杂波背景下的目标极化检测算法。从理论上推导了该检测器的检测性能表达式，指出了它的恒虚警属性以及发射极化矢量与检测性能之间的对应关系。然后，设计了矢量测量条件下的性能分析实验，利用仿真数据的实验和杂波实测数据开展的实验均证实,相较于几种现有典型极化检测算法,所提出的检测算法具有良好的抗非高斯杂波性能,且在非高斯杂波环境中的目标检测性能优于其他极化检测器。接着验证了极化优化与非优化系统间的性能差异,结果表明,经发射极化优化后的极化测量雷达比传统极化雷达具有更好的检测性能。在此基础上,对收发极化均可变的标量测量系统,推导了它的极化检测器形式,对比了它与矢量测量系统间的检测性能差异,结果表明,经发射极化优化的矢量测量和收发极化联合优化的标量测量系统间的检测性能相当。

参 考 文 献

[1] Novak L, Seciitin M, Cardullo M. Studies of target detection algorithms that use polarimetric radar data [J]. IEEE Transactions on Geoscience and Remote Sensing, 1989, 25 (2): 150-165.

[2] Chaney R D, Bud M C, Novak L M. On the performance of polarimetric target detection algorithms [J]. IEEE Transactions on Aerospace and Electronic Systems, 1990, 5 (11): 10-15.

[3] Pottier E, Saillard J. Optimal polarimetric detection of radar target in a slowly fluctuating environment of clutter [J]. IEEE Aerospace and Electronic Systems, 1990, 5 (11): 4-9.

[4] Pastina D, Lombardo P, Bucciarelli T. Adaptive polarimetric target detection with coherent radar. Part I: Detection against Gaussian background [J]. IEEE Transactions on Aerospace and Electronic Systems, 2001, 37 (4): 1194-1206.

[5] Lombardo P, Pastina D, Bucciarelli T. Adaptive polarimetric target detection with coherent radar. Part II: Detection against non-Gaussian background [J]. IEEE Transactions on Aerospace and Electronic Systems, 2001, 37 (4): 1207-1220.

[6] Park H R, Li J, Wang H. Polarization-space-time domain generalized likelihood ratio detection of radar targets [J]. Signal Processing, 1995, 41 (2): 153-164.

[7] Park H R, Kwak Y G, Wang H. Efficient joint polarisation-space-time processor for nonhomogeneous clutter environments [J]. Electronics Letters, 2003, 38 (25): 1714-1715.

[8] Park H R, Wang H. Adaptive polarisation-space-time domain radar target detection in inhomogeneous clutter environments [J]. IEE Proceedings: Radar, Sonar and Navigation, 2006, 153 (1): 35-43.

[9] De Maio A, Ricci G. A polarimetric adaptive matched filter [J]. IEEE Transactions on Signal Processing, 2001, 81 (12): 2583-2589.

[10] De Maio A. Polarimetric adaptive detection of range-distributed targets [J]. IEEE Transactions on Signal Processing, 2002, 50 (9): 2152-2159.

[11] De Maio A, Alfano G. Polarimetric adaptive detection in non-Gaussian noise [J]. Signal Processing, 2003, 83 (2): 297-306.

[12] De Maio A, Alfano G, Conte E. Polarization diversity detection in compound-Gaussian clutter [J]. IEEE Transactions on Aerospace and Electronic Systems, 2004, 40 (1): 114-131.

[13] Alfano G, De Maio A, Conte E. Polarization diversity detection of distributed targets in compound-Gaussian clutter [J]. IEEE Transactions on Aerospace and Electronic Systems, 2004, 40 (2): 755-765.

[14] Garren D A, Odom A C, Osborn M K, et al. Full-polarization matched-illumination for target detection and identification [J]. IEEE Transactions on Aerospace and Electronic Systems, 2002, 38 (3): 824-837.

[15] Hurtado M, Nehorai A. Polarimetric detection of targets in heavy inhomogeneous clutter [J]. IEEE Transactions on Signal Processing, 2008, 56 (4): 1349-1361.

[16] Carretero-Moya J, Gismero-Menoyo J, Blanco-Del-Campo Á, et al. Statistical analysis of a high-resolution sea-clutter database [J]. IEEE Transactions on Geoscience and Remote Sensing, 2010, 48 (4): 2024-2037.

[17] Kay S M. Fundamentals of statistical signal processing, detection theory, volume ii of signal processing [M]. Englewood Printice Hall PTR, 1993.

[18] Anderson T W. An introduction to multivariate statistical analysis [M]. 3rd ed. New York: Wiley, 2004.

[19] Conte E, De Maio A, Galdi C. Statistical analysis of real clutter at different range resolutions [J]. IEEE Transactions on Aerospace and Electronic Systems, 2004, 40 (3): 903-918.

[20] Wang J, Nehorai A. Adaptive polarimetry design for a target in compound Gaussian clutter [J]. Signal Processing, 2009, 89 (6): 1061-1069.

[21] Giuli D. Polarization diversity in radars [J]. Proceedings of the IEEE, 1986, 74 (2): 245-269.

第 5 章

雷达极化抗噪声压制干扰技术

5.1 引 言

随着技术的发展，压制式干扰呈现频域覆盖和空域覆盖的发展趋势，只依赖于频域措施或空域措施的抗干扰方法，往往难以有效地应对。近年来，极化技术受到了学术界的高度重视，它的应用对解决当前雷达面临电子对抗中的一些问题具有十分重要意义，成为雷达、电子战诸多技术中的一个研究热点问题。

极化问题，无论是对于雷达本身、侦察系统还是对于干扰系统而言，都是必须考虑的问题。如果极化不匹配，干扰信号难以进入雷达接收机，无法发挥干扰作用，同时，雷达侦察系统也难以侦收到雷达信号，无法准确知道敌方的行动。利用目标与干扰（杂波）的极化特征差异来抑制干扰（杂波）的抗干扰的方法，早在 20 世纪 70 年代就已应用于工程中，其对抗效果的分析方法均可涵盖在极化滤波相关理论中，极化滤波实质是利用天线对不同入射波在极化域进行选择来抑制干扰、改善对有用信号的接收质量[1]。将极化滤波与频域滤波、空域滤波综合使用，是雷达对抗压制式干扰的发展趋势。

本章内容安排如下：5.2 节介绍经典的极化滤波方法；5.3 节探讨自适应极化迭代滤波及其性能；5.4 节介绍一种宽带雷达噪声压制干扰条件下的自适应极化对消方法。

5.2 经典极化滤波方法

近几十年来，随着雷达极化理论研究的逐步深入和器件水平的大幅度提高，极化雷达日益成为现代雷达发展的主要技术方向之一，极化滤波在雷达抗干扰技术领域中日渐占据了越来越重要的地位。

近 30 年来，人们针对不同的用途设计了多种极化滤波器，在特定条件下取得了良好的抗干扰/反杂波效果，已经初步形成了一个理论体系。目前，极化滤波器大致可以分为两类：一类是线性极化滤波器，诸如单凹口极化滤波器、自适应极化对消器（APC）、对称自适应极化对消器（SAPC）和准最佳自适应极化滤波器等；另一类是非线性极化滤波器，诸如多凹口极化滤波器（MLP）、多凹口自适应极化对消器和多凹口对称自适应极化对消器等。极化滤波本质上归结为对混杂在干扰背景中有用信号的最佳接收，在数学上抽象为线性或非线性最优化问题，优化准则主要有信号功率最大化、干扰功率最小化、信号干扰噪声比最大化等，其基础是目标和干扰信号的极化特征有所区别；同时，为了适应复杂多变的电磁环境，实际的极化滤波器常采用自适应极化估计、仅与目标信号相匹配，或仅抑制干扰信号等措施，来克服或弥补因缺乏滤波对象的先验知识而导致的滤波增益损失。

5.2.1 极化状态参数的估计

从滤波器实现的角度来看，要利用极化滤波改善雷达对目标回波的接收质量，必须预先获得干扰极化的先验知识，才能使滤波效果最佳。对于高极化纯度的干扰，极化抑制滤波器可取得很高的干扰抑制比（理论值趋于无穷大）。但如果接收极化与干扰极化不是严格正交，滤波效果将急剧下降。在这个意义上，对入射信号极化的估计就成为制约极化滤波效果好坏的关键问题。

1. 极化相干矩阵和 Stokes 矢量的估计

对于电子 ESM 侦察系统和雷达系统而言，在高信噪比情况下极化状态的估计可以将正交极化双通道测量系统的输出矢量直接作为入射信号极化的估计，而噪声压制式干扰极化状态的估计需寻求新的估计方法。

对于噪声压制干扰而言，任意采样 $\boldsymbol{X}=[X_H,X_V]^\mathrm{T}$ 服从零均值的复高斯分布，而其接收采样样本集为 $\{\boldsymbol{X}_1,\boldsymbol{X}_2,\cdots,\boldsymbol{X}_M\}$ 独立同分布，不妨设在 $1\sim M$ 个样本单元内没有目标。极化相干矩阵 $\boldsymbol{C}=E\{\boldsymbol{X}\boldsymbol{X}^\mathrm{H}\}$ 的最大似然估计为

$$\hat{\boldsymbol{C}}=\begin{bmatrix}C_{HH},C_{HV}\\C_{VH},C_{VV}\end{bmatrix}=\frac{1}{M}\sum_{m=1}^{M}\boldsymbol{X}_m\boldsymbol{X}_m^\mathrm{H} \quad (5.2.1)$$

即将统计平均转化为集合平均来近似估计。那么，随机复矢量 $\boldsymbol{X}$ 的概率密度为

$$f_X(\boldsymbol{X})=\frac{1}{\pi^2|\boldsymbol{C}|}\exp\{-\boldsymbol{X}^\mathrm{H}\boldsymbol{C}^{-1}\boldsymbol{X}\} \quad (5.2.2)$$

由式（5.2.1）和式（5.2.2）可知极化相干矩阵的估计 $\hat{\boldsymbol{C}}$ 服从复 Wishart 分布，其概率密度为

$$f_{\hat{C}}(\hat{C}) = \frac{M^{2M} \cdot |\hat{C}|^{M-2}}{G(M,2) |C|^M} \exp\{-M \cdot \text{tr}(C^{-1}\hat{C})\} \tag{5.2.3}$$

其中，$\hat{C}$ 为正定矩阵；$G(M,q) = \pi^{q(q-1)/2} \cdot \Gamma(M) \cdot \cdots \cdot \Gamma(M-q+1)$，$\Gamma(\cdot)$ 为 Gamma 函数。

根据极化相干矩阵和 Stokes 矢量之间的相互关系，可以得到干扰极化的 Stokes 矢量估计值为

$$J = R[C_{HH}, C_{HV}, C_{VH}, C_{VV}]^T \tag{5.2.4}$$

其中，$R = \begin{bmatrix} 1 & 0 & 0 & 1 \\ 1 & 0 & 0 & -1 \\ 0 & 1 & 1 & 0 \\ 0 & j & -j & 0 \end{bmatrix}$。显然，极化相干矩阵或 Stokes 矢量的元素估计精度与采样点数 M 有关，即正比于 $M^{-\frac{1}{2}}$。因此提高估计的精度，必须增加采样点的数量 M。

2. 极化相干矩阵的递推估计

递推估计算法是为了实时"跟踪"噪声干扰极化特征的变化，所谓"跟踪"，即在已有的极化信息基础上结合新观测的数据更新极化信息。对于极化时变的情形（或非平稳情形），更新极化相干矩阵方法有指数窗法和滑动窗法两种。

1）指数窗法

设 n 时刻的极化相干矩阵估计为 $\hat{C}_n$，$n+1$ 时刻接收干扰信号为 X_{n+1}，根据干扰信号 X_{n+1} 对极化估计量进行修正得到 $n+1$ 时刻的极化相干矩阵为

$$\begin{aligned}\hat{C}_{n+1} &= (1-\lambda)\hat{C}_n + \lambda X_{n+1} X_{n+1}^H \\ &= \hat{C}_n + \lambda(X_{n+1} X_{n+1}^H - \hat{C}_n)\end{aligned} \tag{5.2.5}$$

其中，$0 \leq \lambda \leq 1$ 为平滑因子，它等价于序列 $X_n X_n^H$ 的指数时间平均，因子 $\frac{1}{\lambda}$ 提供了指数窗有效长度的一个粗略测度，对于足够小的 λ 式中的修正项可以解释为 $\hat{C}_n$ 的微小扰动，这里取 $\lambda = \frac{1}{M}$，则式（5.2.5）简化为

$$\hat{C}_{n+1} = \frac{M-1}{M}\hat{C}_n + \frac{1}{M}X_{n+1}X_{n+1}^H \tag{5.2.6}$$

指数窗估计法中旧的数据影响会持续很长的时间。

2）滑动窗法

使用一个滑动窗，假定窗口内的非平稳信号为平稳的，对数据矩阵加上

新的一列，同时删除一列，估计公式即为

$$\hat{C}_{n+1} = \hat{C}_n + X_{n+1}X_{n+1}^H - X_{n-K}X_{n-K}^H \qquad (5.2.7)$$

其中，K 为滑窗的长度。

5.2.2 典型极化滤波器

雷达接收天线的 Stokes 矢量为 J_r，满足单位增益-完全极化约束，即 J_r 可写作四维列矢量形式：$J_r = [1, g_r^T]^T$，子矢量 g_r 范数为 1，即 $\|g_r\|^2 = g_r^T g_r = 1$。在雷达接收天线波束内存在多个信号源和干扰源，相应的辐射场合成 Stokes 矢量为 J_S 和 J_I，记为 $J_S = [g_{S0}, g_S^T]^T$，$J_I = [g_{I0}, g_I^T]^T$，g_I 与 g_S 矢量夹角为 θ_{SI}，信号和干扰的极化度分别为 $\rho_S = \dfrac{\|g_S\|}{g_{S0}}$ 和 $\rho_I = \dfrac{\|g_I\|}{g_{I0}}$。雷达接收机输入端等效噪声功率为 $\dfrac{N_0}{2}$，则雷达天线输出端的 SINR 为

$$\text{SINR} = \frac{\dfrac{1}{2}J_r^T J_S}{\dfrac{1}{2}J_r^T J_I + \dfrac{1}{2}N_0} \qquad (5.2.8)$$

而雷达接收天线口面处的 SINR 为

$$\text{SINR}_{\text{前}} = \frac{g_{S0}}{g_{I0} + \dfrac{1}{2}N_0} \qquad (5.2.9)$$

定义干噪比为 $\text{INR} = \dfrac{2g_{I0}}{N_0}$，其实质为接收天线口面处干扰信号的能流密度与接收机等效输入噪声功率电平之比，换言之，INR 表示雷达接收机中可能收到的最大干噪比。

1. 干扰抑制极化滤波器（ISPF）

ISPF 的滤波准则是使雷达接收的干扰功率最小，对于单极化窄带干扰而言，ISPF 对应的最佳极化就是干扰极化的正交极化，用 Stokes 矢量表示为

$$g_{\text{ISPFopt}} = -\frac{g_I}{\|g_I\|} \qquad (5.2.10)$$

代入式（5.2.9）得到 ISPF 滤波器输出 SINR 为

$$\text{SINR}_{\text{ISPF}} = \frac{g_{S0}}{g_{I0}} \cdot \frac{1 - \rho_S \cos\theta_{SI}}{1 - \rho_I + \dfrac{2}{\text{INR}}} \qquad (5.2.11)$$

特别地，对于单极化噪声压制式干扰（干扰信号极化方式固定）而言，即 $\rho_I=1$，雷达接收信号经过 ISPF 极化滤波处理后，信号干扰噪声比为

$$\mathrm{SINR}_{\mathrm{ISPF}}=\frac{g_{S0}}{N_0}(1-\rho_S\cos\theta_{SI})=\frac{1}{2}\mathrm{SNR}(1-\rho_S\cos\theta_{SI}) \quad (5.2.12)$$

干扰信号在理论上完全被抑制，由相关外场试验可知，对于单极化噪声压制式干扰至少可抑制 25dB [2]。则极化抗干扰性能评估指标 SINR 极化比为

$$\gamma_{\mathrm{SINR}}=\frac{\mathrm{SINR}_{\mathrm{ISPF}}}{\mathrm{SINR}_{\text{前}}}=\frac{2g_{I0}+N_0}{2N_0}(1-\rho_S\cos\theta_{SI})$$
$$=\frac{\mathrm{INR}+1}{2}(1-\rho_S\cos\theta_{SI}) \quad (5.2.13)$$

由式（5.2.13）可见，对于单极化噪声压制式干扰而言，SINR 极化比 γ_{SINR} 主要由信号的极化度 ρ_S 和信号与干扰极化矢量的夹角 θ_{SI} 所决定。图 5.2.1 给出了当信号极化度 ρ_S 为不同值时，雷达接收信号经过 ISPF 极化滤波处理后的 SINR 极化比随 θ_{SI} 的变化曲线。

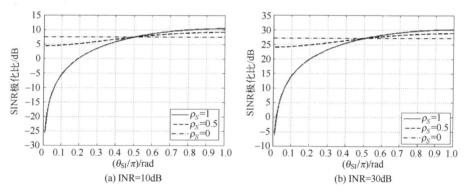

图 5.2.1 雷达信号经过 ISPF 极化滤波处理后的 SINR 极化比随 θ_{SI} 的变化曲线
（单极化干扰情况）

若噪声压制式干扰为随机极化干扰时，即 $\rho_I=0$，雷达接收信号经过 ISPF 极化滤波处理后，信号干扰噪声比为

$$\mathrm{SINR}_{\mathrm{ISPF}}=\frac{g_{S0}}{g_{I0}+N_0}(1-\rho_S\cos\theta_{SI}) \quad (5.2.14)$$

由式（5.2.14）可知，此时的 SINR 极化比为

$$\gamma_{\mathrm{SINR}}=\frac{\mathrm{SINR}_{\mathrm{ISPF}}}{\mathrm{SINR}_{\text{前}}}=\frac{\mathrm{INR}+1}{\mathrm{INR}+2}(1-\rho_S\cos\theta_{SI}) \quad (5.2.15)$$

由式（5.2.15）可见，对于随机极化噪声压制式干扰而言，SINR 极化比

$\gamma_{SINR}<2$,极化抗干扰基本没有效果。图 5.2.2 给出了当信号极化度 ρ_S 为不同值时,雷达接收信号经过 ISPF 极化滤波处理后的 SINR 极化比随 θ_{SI} 的变化曲线。

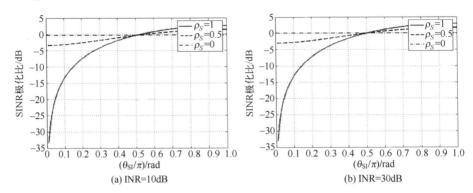

图 5.2.2 雷达信号经过 ISPF 极化滤波处理后的 SINR 极化比随 θ_{SI} 的变化曲线
(随机极化干扰情况)

2. 信号匹配极化滤波器(SMPF)

SMPF 的滤波准则是使雷达接收天线极化与有用目标回波信号的极化匹配,用 Stokes 矢量来描述就是使接收天线 Stokes 子矢量与信号极化的 Stokes 子矢量指向一致,即

$$\boldsymbol{g}_{SMPFopt} = \frac{\boldsymbol{g}_S}{\|\boldsymbol{g}_S\|} \quad (5.2.16)$$

代入式(5.2.8)得到 SMPF 滤波器的输出 SINR 为

$$\text{SINR}_{SMPF} = \frac{g_{S0}}{g_{I0}} \cdot \frac{1+\rho_S}{1+\rho_I \cos\theta_{SI} + \frac{2}{\text{INR}}} \quad (5.2.17)$$

特别的,对于单极化噪声压制式干扰而言,即 $\rho_I = 1$,雷达接收信号经过 SMPF 极化滤波处理后,此时 SINR 极化比为

$$\gamma_{SINR} = \frac{\text{INR}+1}{\text{INR}} \cdot \frac{1+\rho_S}{1+\cos\theta_{SI} + \frac{2}{\text{INR}}} \quad (5.2.18)$$

若噪声压制式干扰为随机极化干扰时,即 $\rho_I = 0$,雷达接收信号经过 SMPF 极化滤波处理后,此时的 SINR 极化比为

$$\gamma_{SINR} = \frac{\text{INR}+1}{\text{INR}+2}(1+\rho_S) \quad (5.2.19)$$

图 5.2.3 给出了当信号极化度 ρ_S 为不同值时,对单极化干扰而言,雷

达接收信号经过 SMPF 极化滤波处理后的 SINR 极化比随 θ_{SI} 的变化曲线。图 5.2.4 给出了当信号极化度 ρ_S 为不同值时，对随机极化干扰而言，雷达接收信号经过 SMPF 极化滤波处理后的 SINR 极化比随 θ_{SI} 的变化曲线。

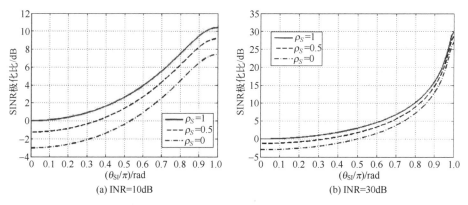

图 5.2.3　雷达信号经过 SMPF 极化滤波处理后的 SINR 极化比随 θ_{SI} 的变化曲线
（单极化干扰情况）

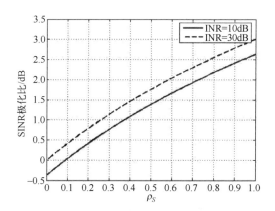

图 5.2.4　雷达信号经过 SMPF 极化滤波处理后 SINR 极化比随 θ_{SI} 的变化曲线
（随机极化干扰情况）

3. 最佳 SINR 极化滤波器

最佳 SINR 极化滤波器是指以雷达天线输出端的 SINR 达到最大作为优化准则，其实质是一个带约束非线性优化问题，直接求解往往会遇到较大的数学困难，文献 [2-14] 利用集合套的思想，通过研究 SINR 滤波器在 Poincaré 极化球上的滤波通带特性，间接得到了 SINR 滤波器的最优解。雷达对信号进行极化滤波后，其接收机输出端输出的最大 SINR 为

$$\text{SINR}_{\max} = \frac{g_{S0}}{g_{I0}} \cdot \frac{\text{INR}}{2} \cdot D_{\text{opt}} \qquad (5.2.20)$$

其中，$D_{\text{opt}} = \dfrac{1+2K-2K\rho_S\rho_I\cos\theta_{SI}+\sqrt{\Delta}}{4K^2(1-\rho_I^2)+4K+1}$，$\Delta = [\rho_S+2K(\rho_S-\rho_I\cos\theta_{SI})]^2+4K^2(1-\rho_S)\rho_I^2$

$(1-\cos^2\theta_{SI})$，$K = \dfrac{g_{I0}}{2N_0}$。

相应的最佳接收极化为

$$g_{\max} = \frac{a_S - D_{\text{opt}} a_I}{D_{\text{opt}}(1+2K)-1} \qquad (5.2.21)$$

其中，$a_S = \dfrac{g_S}{g_{S0}}$，$a_I = \dfrac{g_I}{N_0}$。

由式（5.2.17）~式（5.2.20）和图 5.2.1~图 5.2.4 易知，当雷达面临的信号与干扰极化特性不同时，不同的极化滤波器性能会出现明显差异，影响极化滤波效果的因素主要包括：雷达接收天线处的干噪比 INR、信号与干扰的极化度 ρ_S 和 ρ_I 以及二者的极化夹角 θ_{SI}。

5.3 自适应极化迭代滤波及其性能分析

正如前文所述，早期极化滤波器的研究集中在干扰极化抑制方面，极化对消器是应用最早、最普遍的一种干扰抑制极化滤波器，以之为核心，针对不同用途衍生了多种干扰抑制极化滤波器。1975 年，Nathanson 在研究对抗宽带阻塞式干扰的抑制和雨杂波的对消问题时，提出了自适应极化对消器（APC）的概念，并给出了实现框图[15]。由于 APC 有少量的对消剩余误差，因此 Gherardelli 等将 APC 称为次最优极化对消器[16]，但由于这种滤波器系统构造简单，并且能够自动补偿通道间的幅相不均衡，对于极化固定或缓变的杂波、干扰都具有很好的抑制性能，因此在工程中得到了广泛应用。Poelman 于 1984 年提出了多凹口极化滤波器（MLP），用于抑制部分极化的杂波和干扰[17]。1985 年、1990 年意大利学者 Giuli 和 Gherardelli 将 APC 和多凹口极化（MLP）滤波器结合，分别提出了 MLP-APC[18] 和 MLP-SAPC[19]。

随着战场电磁环境的恶化，以及数字信号处理技术在现代雷达中的广泛应用，以相关反馈环电路为核心的传统自适应极化对消器已不再适用。为此，这里重点讨论了一种基于自适应极化对消（APC）的迭代滤波算法，该算法具有收敛速度快、稳定性好等特点。

5.3.1 自适应极化对消器

自适应极化对消器（APC）[20]的实质是利用正交极化通道信号的互相关性自动地调整两通道的加权系数，使两通道合成接收极化与干扰（杂波）极化互为交叉极化，从而抑制干扰（杂波）。

APC 最初用于雨杂波的对消[15]，其后被用于噪声干扰、地杂波、箔条干扰的抑制[18]。APC 的核心是以低通滤波器和放大器为主构成的一个相关反馈环，如图 5.3.1 所示，相关反馈环的调整过程，就是权系数 w 逐渐逼近最佳权系数 w_{opt} 的过程。这种滤波器虽然有少量的极化对消损失（因为权系数 w 只是逼近 w_{opt}，而不能完全达到），但系统构造简单，并能够自动补偿两极化接收通道间的幅相不均衡。

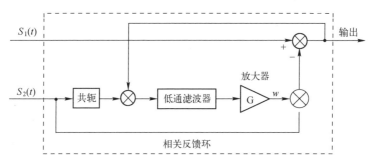

图 5.3.1 自适应极化对消器（用相关反馈环实现）

APC 的性能由相关反馈环的特性决定，主要指的是收敛性能，包括收敛速度和稳定性两个方面。对于由低通滤波器和放大器构成的相关反馈环，其收敛速度和稳定性由低通滤波器的时间常数 τ_0 和环路有效增益 G_e 决定。如果用环路时间常数 τ 来衡量其收敛速度，则

$$\tau = \frac{1}{\alpha} = \frac{\tau_0}{1+G_e} \qquad (5.3.1)$$

式中：α 表示环路带宽，一般要求它不能超过信号带宽 B 的 $\frac{1}{N}$（N 为 10 左右），所以环路时间常数的最小值是

$$\tau_{\min} = \frac{1}{\alpha_{\max}} = \frac{\tau_0}{1+G_{eMax}} = \frac{N}{\pi B} \qquad (5.3.2)$$

式（5.3.2）表明，环路有效增益 G_e 越大，环路时间常数越小、收敛越快，但 G_e 不能大于 G_{eMax}，否则易引起系统的不稳定。G_e 由放大器增益 G、干扰功率 σ_J^2 等相乘得到，由于干扰功率 σ_J^2 未知，且可能缓慢变化，因此放大

器的增益 G 只能取较为保守的值，从而影响了 APC 的整体性能。

5.3.2 APC 迭代滤波算法

由 5.3.1 节可知，对于干扰功率、干扰极化状态时变等复杂的情况，APC 难以取得较好的性能。此时，如果用数字迭代算法取代使用相关反馈环模拟电路的 APC，则可以对环路中的增益进行更好地控制，从而在系统稳定性和收敛速度之间取到最佳值。

此外，随着雷达信号处理的数字化，以相关反馈环电路为基础的 APC 已不适用于现代军用雷达和复杂战场电磁环境，为此，本节介绍 APC 的迭代算法。

1. 算法原理

假设干扰极化表示为 $\boldsymbol{h}_\mathrm{J}$，雷达接收极化为 $\boldsymbol{h}_\mathrm{r}$，则雷达对干扰信号的接收功率系数为 $\boldsymbol{h}_\mathrm{r}^\mathrm{T}\boldsymbol{h}_\mathrm{J}$。当接收极化与干扰极化互为交叉极化时，该系数为零，此时接收极化即为干扰背景下雷达的最佳接收极化 $\boldsymbol{h}_\mathrm{r,opt}$，有

$$\boldsymbol{h}_\mathrm{r,opt}^\mathrm{T}\boldsymbol{h}_\mathrm{J}=0 \tag{5.3.3}$$

极化对消的过程分为两步：①首先只接收干扰信号，进行迭代计算，获得最佳权系数；②同时接收干扰和目标信号，用最佳权系数对辅助极化通道加权以对消主极化通道中的干扰，具体极化对消过程如图 5.3.2 所示。

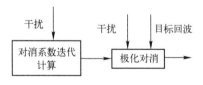

图 5.3.2　极化对消过程

由于迭代过程时间很短，因此"先迭代计算，再对消"的方法是可行的。显然，上述极化对消迭代算法是以干扰输出功率最小为准则，其处理流程如图 5.3.3 所示。

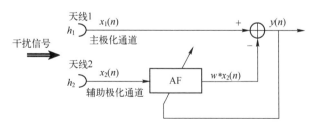

图 5.3.3　APC 权系数迭代过程

下面推导 APC 权系数的迭代公式。

天线 1 和天线 2 的极化状态用 Jones 矢量表示为 h_1 和 h_2，干扰信号极化状态 Jones 矢量表示为 h_J，干扰信号的平均功率为 P_J。

主极化通道和辅助极化通道的接收信号分别为

$$x_1(n) = h_1^T h_J \cdot J(n) + n_1(n)$$
$$x_2(n) = h_2^T h_J \cdot J(n) + n_2(n) \quad (5.3.4)$$

其中，n 指第 n 个采样时刻，$n_1(n)$ 和 $n_2(n)$ 分别为两极化通道的噪声信号，相互独立，且与干扰信号独立，平均功率均为 P_n。输出信号为

$$y(n) = x_1(n) - w(n) \cdot x_2(n) \quad (5.3.5)$$

其中，$w(n)$ 是辅助通道权系数。

因为是以干扰输出功率最小为准则，故应使 $\xi = E[y(t)y^*(t)]$ 最小（$E[\cdot]$ 表示取数学期望）。ξ 是权值 w 的函数，我们的目标是寻求 w 的最佳值 w_{opt} 以使 ξ 达到最小：$|\xi(w)|_{w=w_{opt}} = \xi_{min}$。利用"最陡梯度"的思想：$\xi$ 对 w 的梯度记为 $\nabla_w \xi$，负梯度方向 $-\nabla_w \xi$ 是 ξ 下降最快的方向，故可采用如下的递推公式：

$$w(n+1) = w(n) - \mu \cdot \nabla_w \xi \quad (5.3.6)$$

其中，μ 称为迭代因子，其大小决定收敛条件及收敛时间。因 $\nabla_w \xi$ 难以得到，故采用梯度估计值 $\hat{\nabla}_w \xi$ 来代替：$\hat{\nabla}_w \xi = \nabla_w [y(n)y^*(n)]$。由输出信号表达式（5.3.5）可以得到

$$\nabla_w [y(n)y^*(n)] = -2y(n)x_2^*(n) \quad (5.3.7)$$

代入式（5.3.6），可得最佳权系数 w_{opt} 的近似迭代计算公式为

$$w(n+1) = w(n) + 2\mu \cdot y(n) \cdot x_2^*(n) \quad (5.3.8)$$

当满足一定条件时，终止迭代计算，获得最佳权系数 w_{opt}。

获得权系数 w_{opt} 后，即可用于极化对消

$$y(t) = x_1(t) - w_{opt} \cdot x_2(t) \quad (5.3.9)$$

式中：$x_1(t) = h_1^T h_s \cdot s(t) + h_1^T h_J \cdot J(t) + n_1(t)$；$x_2(t) = h_2^T h_s \cdot s(t) + h_2^T h_J \cdot J(t) + n_2(t)$，$h_s \cdot s(t)$ 为期望信号的矢量表示式。

2. 算法收敛性能分析

由上文可知，本迭代算法是最陡梯度法的近似，即用梯度的实时估计值 $\hat{\nabla}_w \xi$ 代替梯度值 $\nabla_w \xi$，因此这里首先分析最陡梯度法的收敛性能，然后根据下面两个假定，进一步分析本节迭代算法的收敛性能。

假定 1：第 n 时刻采样与第 n 时刻以前的采样信号互不相关，即

$$E[x_1(n)x_1^*(k)] = 0, \quad E[x_2(n)x_2^*(k)] = 0, \quad k<n \quad (5.3.10)$$

假定 2：第 n 时刻辅助通道采样信号与第 n 时刻以前的主通道采样信号互不相关，即

$$E[x_2(n)x_1^*(k)] = 0, \quad k<n \tag{5.3.11}$$

结合式 (5.3.5)，干扰输出平均功率 ξ 展开为

$$\begin{aligned}\xi &= E[y(n)y^*(n)] \\ &= |w|^2 E[x_2(n)x_2^*(n)] + E[x_1(n)x_1^*(n)] - \\ &\quad w^* E[x_1(n)x_2^*(n)] - wE[x_1^*(n)x_2(n)]\end{aligned} \tag{5.3.12}$$

其对 w 的梯度为

$$\nabla_w \xi = 2E[x_2(n)x_2^*(n)]w - 2E[x_1(n)x_2^*(n)] \tag{5.3.13}$$

令 $\nabla_w \xi = 0$，可以得到最佳权系数为

$$w_{\mathrm{opt}} = \frac{E[x_1(n)x_2^*(n)]}{E[x_2(n)x_2^*(n)]} \tag{5.3.14}$$

根据式 (5.3.6) 及式 (5.3.13)，可得到最陡下降法的迭代公式为

$$w(n+1) = \{1 - 2\mu E[x_2(n)x_2^*(n)]\}w(n) + 2\mu E[x_1(n)x_2^*(n)] \tag{5.3.15}$$

进一步可写为

$$w(n+1) - w_{\mathrm{opt}} = \{1 - 2\mu E[x_2(n)x_2^*(n)]\}(w(n) - w_{\mathrm{opt}}) \tag{5.3.16}$$

令 $v(n) = w(n) - w_{\mathrm{opt}}$，称为加权误差，则式 (5.3.16) 变为

$$v(n) = \{1 - 2\mu E[x_2(n)x_2^*(n)]\}^n v(0) \tag{5.3.17}$$

可见，迭代算法用式 (5.3.8) 的近似迭代公式代替了式 (5.3.6) 的理想迭代公式，相应地，加权误差记为 $\hat{v}(n)$，那么可以证明，在满足假定 1 和假定 2 的情况下，$\hat{v}(n)$ 也满足上式，即

$$\hat{v}(n) = \{1 - 2\mu E[x_2(n)x_2^*(n)]\}^n \hat{v}(0) \tag{5.3.18}$$

显然，μ 和辅助通道功率 $E[x_2(n)x_2^*(n)]$ 共同决定了收敛条件和收敛速度。

1) 收敛条件

根据式 (5.3.4)，可得 $E[x_2(n)x_2^*(n)] = |\boldsymbol{h}_2^{\mathrm{T}}\boldsymbol{h}_J|^2 P_J + P_n$。由于 $|\boldsymbol{h}_2^{\mathrm{T}}\boldsymbol{h}_J|^2 \leqslant \|\boldsymbol{h}_2\|^2 \|\boldsymbol{h}_J\|^2 = 1$，所以根据式 (5.3.17) 得到算法的收敛条件可以取为 $0<\mu<\dfrac{1}{P_J+P_n}$。工程实际中，可以通过预估干扰功率，来设定迭代因子 μ。由于在 APC 迭代滤波算法中用梯度估计值 $\hat{\nabla}_w \xi$ 代替梯度值 $\nabla_w \xi$，并且干扰和噪声的非平稳起伏会造成环路的不稳定，因此迭代因子应满足

$$0<\mu \ll \frac{1}{P_J+P_n} \tag{5.3.19}$$

2）收敛速度

通常 $2\mu E[x_2(n)x_2^*(n)]$ 取得足够小，因此可以令

$$1-2\mu E[x_2(n)x_2^*(n)] = \exp\left(-\frac{1}{\tau}\right) \quad (5.3.20)$$

那么，式（5.3.18）可以表示为

$$\hat{v}(n) = \hat{v}(0)\exp\left(-\frac{n}{\tau}\right) \quad (5.3.21)$$

表明 $\hat{v}(n)$ 近似按指数规律变化，其时间常数为

$$\tau = \frac{-1}{\ln(1-2\mu E[x_2(n)x_2^*(n)])} \approx \frac{1}{2\mu E[x_2(n)x_2^*(n)]} = \frac{1}{2\mu(|\boldsymbol{h}_2^T\boldsymbol{h}_J|^2 P_J + P_n)} \quad (5.3.22)$$

上式"$\approx$"是在 $2\mu E[x_2(n)x_2^*(n)]$ 取得足够小的情况下得到的。

时间常数 τ 反映了在采样数据不相关的情况下（前述假定1和假定2）迭代算法的收敛速度，因此，实际的收敛时间是 τt_s，其中，t_s 为采样间隔。

3）提高收敛性能的预处理方法

由式（5.3.22）可以看出，$\boldsymbol{h}_2$ 与 $\boldsymbol{h}_J$ 越接近匹配，时间常数越小，算法收敛越快。当 $\boldsymbol{h}_2$ 与 $\boldsymbol{h}_J$ 完全匹配时（$|\boldsymbol{h}_2^T\boldsymbol{h}_J|^2 = 1$），时间常数取最小值 $\tau_{\min} = \frac{1}{2\mu(P_J+P_n)}$；当 $\boldsymbol{h}_2$ 与 $\boldsymbol{h}_J$ 互为交叉极化时（$|\boldsymbol{h}_2^T\boldsymbol{h}_J|^2 = 0$），时间常数达到最大值 $\tau_{\min} = \frac{1}{2\mu P_n}$。因此，必须避免 $\boldsymbol{h}_2$ 与 $\boldsymbol{h}_J$ 互为交叉极化的情况。

为此，这里给出一种预处理方案：令两天线极化正交（$|\boldsymbol{h}_1^H\boldsymbol{h}_2| = 0$），并分别接收，则两个通道的功率相加得到 $P_J = 2P_n$ 的估值，由于 P_n 可以大致估计，且影响较弱，故可通过式（5.3.19）确定迭代因子；基于干扰功率远大于噪声功率的一般性假设，认为接收功率大的通道与干扰极化更匹配，因此将其作为辅助极化通道（这里两个极化通道在构造上没有本质的差别，只有权系数固定与可调整的差别，故而可以方便地设定主、辅通道）。

容易证明，在最不利的情况下，即两通道接收功率相同（$|\boldsymbol{h}_1^H\boldsymbol{h}_J| = |\boldsymbol{h}_2^H\boldsymbol{h}_J| = 0.5$）时，对应最长收敛时间为 $\frac{1}{\mu P_J + 2\mu P_n}$，这就避免了时间常数接近 $\tau_{\max}$ 的情况。

包含预处理过程的APC流程如图5.3.4所示。

4）稳态性能

权系数达到最佳后，干扰输出为零，输出功率达最小值，根据式（5.3.4）

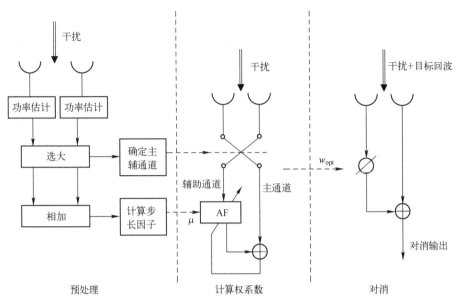

图 5.3.4 包含预处理过程的 APC 工作流程

和式 (5.3.5)，容易求得最小平均输出功率为

$$\xi_{\min} = \xi|_{w=w_{\mathrm{opt}}} = (1+|w_{\mathrm{opt}}|^2)P_{\mathrm{n}} \tag{5.3.23}$$

当 $E[w(n)]$ 收敛到 w_{opt} 后，由于 $w(n)$ 继续按式 (5.3.9) 迭代，所以 $w(n)$ 继续随机起伏，其起伏方差为

$$\delta_w^2 = \frac{\mu \xi_{\min}}{1-\mu(|\bm{h}_2^{\mathrm{T}}\bm{h}_{\mathrm{J}}|^2 P_{\mathrm{J}} + P_{\mathrm{n}})} \tag{5.3.24}$$

为了描述极化滤波器对入射信号极化的选择性，仿照空域处理中天线方向图的概念，这里给出"极化增益图"的概念。

APC 极化滤波器可以看成一个由 $\bm{C}^2 \to \bm{C}$ 的映射，即输入是一个 2 维矢量信号，而输出为该矢量两分量的加权和，为一个标量，用输出、输入信号的平均功率之比（也就是欧几里得范数平方之比）来描述极化滤波器对入射信号极化的映射为

$$\frac{E[\|S_{\mathrm{o}}(n)\|_2^2]}{E[\|S_{\mathrm{i}}(n)\|_2^2]} = \frac{|\bm{h}_{\Sigma}^{\mathrm{T}}\bm{h}|^2 P_{\mathrm{s}}}{|\bm{h}^{\mathrm{H}}\bm{h}|^2 P_{\mathrm{s}}} = |\bm{h}_{\Sigma}^{\mathrm{T}}\bm{h}|^2 \tag{5.3.25}$$

其中，入射信号为 $\bm{S}_{\mathrm{i}}(n) = \bm{h}s(n) \in \bm{C}^2$，$\bm{h}$ 为其归一化 Jones 矢量，$s(n)$ 为信号波形，P_{s} 为入射信号的功率，输出信号 $\bm{S}_{\mathrm{o}}(n) = \bm{h}_{\Sigma}^{\mathrm{T}} \bm{S}_{\mathrm{i}}(n) \in \bm{C}$，$\bm{h}_{\Sigma}^{\mathrm{T}}$ 为极化滤波器输出极化矢量。

APC 主极化通道权系数固定，辅助极化通道自适应加权（称为"部分自适应极化滤波器"），其输出极化 Jones 矢量为 $\boldsymbol{h}_{\Sigma}^{(p)} = \boldsymbol{h}_1 - w\boldsymbol{h}_2$，而全自适应极化滤波器（两个极化通道都可以加权）的输出极化 Jones 矢量为 $\boldsymbol{h}_{\Sigma}^{(a)} = w_1 \boldsymbol{h}_1 - w_2 \boldsymbol{h}_2$。式（5.3.25）表示极化滤波器的效率是入射信号极化的函数 $\boldsymbol{h}(\gamma,\varphi) = [\cos\lambda, \sin\gamma e^{j\varphi}]^T$，将其重记为

$$F_p(\gamma,\phi) = |\boldsymbol{h}_{\Sigma}^T \boldsymbol{h}(\gamma,\varphi)|^2 \quad (5.3.26)$$

将 $F_p(\gamma,\phi)$ 称作"极化增益图"函数，它是来波极化状态 $\boldsymbol{h}(\gamma,\varphi)$ 的函数，反映了极化滤波器对来波极化的选择性。

5) 多个极化干扰情况下的讨论

极化域构成一个二维复空间 $\boldsymbol{C}^2$，任意多个极化状态的线性组合还是一个二维复矢量，自由度为 1，因此，线性极化滤波器只能对消一个极化方向的干扰，相应地，极化滤波器也只需要两个极化通道。这与空域信号处理中的自适应旁瓣对消是不同的：理论上，M 个辅助天线可以对消 M 个方向的干扰。

下面分析同时存在多个不同极化干扰情况下，APC 和全自适应极化滤波器的性能。

假设入射两个独立、极化状态不同的极化干扰为 $\boldsymbol{h}_{J1} \cdot J_1(n)$ 和 $\boldsymbol{h}_{J2} \cdot J_2(n)$，$\boldsymbol{h}_{J1}$、$\boldsymbol{h}_{J2}$ 和 $J_1(n)$、$J_2(n)$ 分别为其 Jones 矢量和波形，功率均为 P_J。通过极化滤波器后的输出为

$$y(n) = \boldsymbol{h}_{\Sigma}^T \cdot \boldsymbol{h}_{J1} J_1(n) + \boldsymbol{h}_{\Sigma}^T \cdot \boldsymbol{h}_{J2} J_2(n) + r(n) \quad (5.3.27)$$

其中，$r(n)$ 为通道噪声，功率为 P_n，与干扰独立。

如前所述，以输出干扰功率最小为准则，即要求（干扰、噪声独立）

$$E[y(n)y^*(n)] = |\boldsymbol{h}_{\Sigma}^T \cdot \boldsymbol{h}_{J1}|^2 P_J + |\boldsymbol{h}_{\Sigma}^T \cdot \boldsymbol{h}_{J2}|^2 P_J + P_n \to 0 \quad (5.3.28)$$

当干扰功率远大于通道噪声功率时（通常情况是这样的），$P_J \gg P_n$，可以把上式近似写作：$\boldsymbol{h}_{\Sigma}^T \cdot \boldsymbol{h}_{J1} = 0$ 且 $\boldsymbol{h}_{\Sigma}^T \cdot \boldsymbol{h}_{J2} = 0$。根据前面的结论，APC 和全自适应极化滤波器情况下，该线性方程组分别为

$$\begin{cases} \boldsymbol{h}_1^T \boldsymbol{h}_{J1} - w\boldsymbol{h}_2^T \boldsymbol{h}_{J1} = 0 \\ \boldsymbol{h}_1^T \boldsymbol{h}_{J2} - w\boldsymbol{h}_2^T \boldsymbol{h}_{J2} = 0 \end{cases} \quad (5.3.29)$$

和

$$\begin{cases} w_1 \boldsymbol{h}_1^T \boldsymbol{h}_{J1} - w_2 \boldsymbol{h}_2^T \boldsymbol{h}_{J1} = 0 \\ w_1 \boldsymbol{h}_1^T \boldsymbol{h}_{J2} - w_2 \boldsymbol{h}_2^T \boldsymbol{h}_{J2} = 0 \end{cases} \quad (5.3.30)$$

令 $\boldsymbol{A} = \begin{bmatrix} \boldsymbol{h}_1^T \boldsymbol{h}_{J1} & \boldsymbol{h}_2^T \boldsymbol{h}_{J1} \\ \boldsymbol{h}_1^T \boldsymbol{h}_{J2} & \boldsymbol{h}_2^T \boldsymbol{h}_{J2} \end{bmatrix}$ 为方程组的系数矩阵。

对于 APC，由方程组（5.3.14），在 $h_{J1} \neq h_{J2}$ 的情况下无解，即没有权系数 w 能满足条件，仿真表明，权系数迭代中，w 不会收敛于其中任何一个方程的解，而是在两个解之间徘徊。因此，APC 难以同时对消两个或两个以上的干扰。

对于全自适应极化滤波器，根据方程组（5.3.15），由于系数矩阵 A 是满秩的，故只有零解 $\begin{cases} w_{1,\mathrm{opt}}=0 \\ w_{2,\mathrm{opt}}=0 \end{cases}$，从而迭代结果导致 $h_{\Sigma}^{(a)}=0$，因此，由式（5.3.26）可知，在两个（或多个）不同极化的干扰同时存在的情况下，全自适应极化滤波器的极化增益图函数 $F_\mathrm{p}(\gamma,\varphi)$ 在整个极化平面接近零，即干扰和目标信号都被抑制，这显然也是不符合要求的。

由上述分析可以看出，以干扰输出功率最小为准则的 APC 迭代滤波算法，对单极化干扰具有稳定、良好的对消性能，能快速地实现自适应干扰极化对消。当多个极化干扰同时存在时，由于极化滤波器的固有限制，算法难以同时对消多个干扰。

5.4 宽带雷达噪声压制干扰的自适应极化对消

当前，宽带成像雷达已成为战场侦察、防空反导等领域的重要传感器[21-23]。逆合成孔径雷达（ISAR）利用雷达与目标间的相对运动，能够获取飞机、导弹等运动目标的一维、二维图像，进而提取出目标尺寸、几何外形等物理特征参数，为目标分类与识别提供了重要信息。突防方为保护己方目标，通常采用有源干扰来干扰 ISAR 的成像与特征提取[24-31]，常采用的有源干扰样式包括宽带有源压制干扰和宽带有源欺骗干扰两类。文献[24]和文献[25]研究了 ISAR 的有源压制干扰方法，得到了一些有意义的结论；文献[26]和文献[27]提出了基于数字图像合成（DIS）的 ISAR 欺骗干扰技术，并得到广泛应用[31-34]。

在对抗宽带干扰方面，对于远距离旁瓣支援干扰，可以采用旁瓣对消、波束零点形成等空域滤波方法加以消除。极化信息可以显著提高雷达的抗干扰性能，但将极化信息用于成像雷达抗干扰的研究报道还较少，文献[35]利用真实目标和有源假目标的极化散射矩阵在互易性及奇异性方面的差异，实现了极化 SAR 图像假目标干扰的鉴别与抑制，文献[36]研究了单极化宽带压制干扰条件下的目标一维距离像（HRRP）特征提取方法。

众所周知，运动补偿（包括包络对齐和初相校准）是 ISAR 成像的关键步骤，运动补偿效果直接影响到成像效果[30]。有源噪声压制干扰通过干扰目标的 HRRP，进而破坏 ISAR 的运动补偿、相参积累等处理过程，最终可达到较好的干扰效果[24-29]。特别对于自卫式干扰情况，干扰信号将从雷达天线主瓣进入接收机，用很小的干扰功率就可以达到令人满意的干扰效果，且使旁瓣对消、旁瓣匿影等空域滤波方法无法奏效，因此迫切需要研究 ISAR 抗干扰新方法。

基于以上研究背景，本节介绍了一种宽带雷达噪声压制干扰条件下的自适应极化对消方法。首先，阐述了宽带条件下目标和有源干扰的接收信号模型；接着，提出以输出干扰平均功率最小为准则的宽带自适应极化对消（WAPC）方法；最后，仿真实验验证了该方法可以取得较好的抗干扰效果。

5.4.1 接收信号模型

下面从线性系统理论出发，分别建立雷达目标回波、宽带有源干扰的接收信号模型。

1. 目标回波信号模型

设极化分集 ISAR 工作于"发射 H 极化，同时接收 H、V 极化"的双极化模式。雷达载频为 f_c，采用 LFM 信号，调频带宽为 B。假定目标由 K 个散射中心构成，目标参考中心与雷达的距离为 r_0，第 k 个散射中心与参考中心的相对距离为 Δr_k，等效径向运动速度为 v_k（包括平动分量及转动引起的速度分量），$k=1,2,\cdots,K$。在第 m 次观测期间，第 k 个散射中心与雷达之间的距离近似为 $r_k(m)=r_0+\Delta r_k+v_k m T_p$，$m=0,1,\cdots,M-1$，其中，$M$ 是相参积累脉冲数，T_p 是脉冲重复周期。目标在不同收发极化状态组合下具有不同的散射特性，在水平垂直极化基下，目标 HH 及 VH 极化散射特性的等效响应函数是不同的，表示为

$$\begin{cases} S_{HH}(f,m) = \sum_{k=1}^{K} s_{HH}^k \exp\left\{-j\frac{4\pi(f_c+f)(r_0+\Delta r_k)}{c}\right\} \exp\left\{-j\frac{4\pi f_c v_k m T_p}{c}\right\} \\ S_{VH}(f,m) = \sum_{k=1}^{K} s_{VH}^k \exp\left\{-j\frac{4\pi(f_c+f)(r_0+\Delta r_k)}{c}\right\} \exp\left\{-j\frac{4\pi f_c v_k m T_p}{c}\right\} \end{cases}$$

(5.4.1)

其中，$f \in B$，s_{HH}^k 是第 k 个散射中心在"发射 H 极化、接收 H 极化"的复散射系数，而 s_{VH}^k 是在"发射 H 极化、接收 V 极化"的复散射系数。

设雷达发射基带信号频谱为 $E(f)$，则目标回波的 H、V 极化分量分别经下变频后，得到两路基带接收信号频谱为

$$\begin{cases} R_{T,H}(f,m) = K_T G_H(f) \sum_{k=1}^{K} s_{HH}^k \exp\left\{-\mathrm{j}\frac{4\pi f(r_0+\Delta r_k)}{c}\right\} \exp\left\{-\mathrm{j}\frac{4\pi f_c v_k m T_p}{c}\right\} E(f) \\ R_{T,V}(f,m) = K_T G_V(f) \sum_{k=1}^{K} s_{VH}^k \exp\left\{-\mathrm{j}\frac{4\pi f(r_0+\Delta r_k)}{c}\right\} \exp\left\{-\mathrm{j}\frac{4\pi f_c v_k m T_p}{c}\right\} E(f) \end{cases}$$

(5.4.2)

其中，$K_T = \sqrt{\dfrac{P_t G_t G_r \lambda^2}{(4\pi)^2 r_0^4}} \exp\left\{-\mathrm{j}\dfrac{4\pi f(r_0+\Delta r_k)}{c}\right\}$，$P_t$是雷达发射信号功率，$G_t$、$G_r$分别是雷达发射、接收天线增益，$G_H$、$G_V$分别是$H$、$V$极化接收通道的等效传递函数，不妨假定$G_H = G_V = G(f)$。

2. 宽带压制干扰的信号模型

常用的宽带压制干扰样式有噪声调频、噪声调相及噪声调幅等。受成本、体积等因素限制，干扰机通常采用单极化天线，极化方式通常选取为圆极化或斜线极化。由天线理论可知，实际天线的极化方式具有空变、频变特性，即其极化方式在宽带条件下是随频率变化的[37]。因此，在极化基（H，V）下，干扰机天线的H、V极化增益分量可以用两个不同的线性系统来描述，设其传递函数分别为$A_{J,H}(f)$、$A_{J,V}(f)$，$f \in B$。在自卫式干扰情况下，干扰机距离等于目标距离，则雷达H、V极化通道在第m次观测时接收到的基带干扰信号分别表示为

$$\begin{cases} R_{J,H}(f,m) = K_J G(f) A_{J,H}(f) J(f,m) \\ R_{J,V}(f,m) = K_J G(f) A_{J,V}(f) J(f,m) \end{cases}$$

(5.4.3)

其中，$K_J = \sqrt{\dfrac{P_J G_J G_r \lambda^2}{(4\pi)^2 r_0^2}} \cdot \exp\left(-\mathrm{j}\dfrac{2\pi f_c r_0}{c}\right)$，$P_J$是干扰信号发射功率，$G_J$是干扰机天线增益，$J(f,m)$是第$m$次观测时的干扰信号频谱。

H和V极化分量之间的相关特性决定了干扰信号的极化特性，当$A_{J,H}(f) \neq A_{J,V}(f)$时，干扰信号的极化方式将是随频率变化的。不妨以$H$极化通道为基准，令$\mathrm{CH}_J(f) = G(f) A_{J,H}(f)$，$\mathrm{POL}_J(f) = \dfrac{A_{J,V}(f)}{A_{J,H}(f)}$，则式（5.4.3）可以写成

$$\begin{cases} R_{J,H}(f,m) = K_J \mathrm{CH}_J(f) J(f,m) \\ R_{J,V}(f,m) = K_J \mathrm{POL}_J(f) \mathrm{CH}_J(f) J(f,m) \end{cases}$$

(5.4.4)

其中，$\mathrm{CH}_J(f)$称为干扰信号的通道误差模型，$\mathrm{POL}_J(f)$称为干扰信号的极化误差模型。

下面用一阶谐波波动模型分别对$\mathrm{CH}_J(f)$及$\mathrm{POL}_J(f)$进行建模[38-39]。可以建模成

$$\mathrm{CH}_J(f) = A_c(f)\exp[\mathrm{j}\phi_c(f)] \tag{5.4.5}$$

其中，幅度起伏误差模型为

$$A_c(f) = a_{c,0} + a_{c,1}\cos(2\pi d_c f) \tag{5.4.6}$$

相位起伏误差模型为

$$\phi_c(f) = b_{c,0}f + b_{c,1}\sin(2\pi d_c f) \tag{5.4.7}$$

上式表明：在信号带宽内，$\mathrm{CH}_J(f)$ 的幅度值围绕 $a_{c,0}$ 作周期为 d_c 的余弦波动，波动幅度为 $a_{c,1}$；而其相位值围绕 $b_{c,0}f$ 作正弦波动，波动幅度为 $b_{c,1}$。当 $a_{c,1}=b_{c,1}=0$ 时，$\mathrm{CH}_J(f)$ 为无失真的线性传输网络。

同理，干扰信号的极化起伏误差模型 $\mathrm{POL}_J(f)$ 可以表示成

$$\mathrm{POL}_J(f) = A_p(f)\exp[\mathrm{j}\phi_p(f)] \tag{5.4.8}$$

其中，幅度起伏误差模型为

$$A_p(f) = a_{p,0} + a_{p,1}\cos(2\pi d_p f) \tag{5.4.9}$$

相位起伏误差模型为

$$\phi_p(f) = \phi_{p,0} + b_{p,1}\sin(2\pi d_p f) \tag{5.4.10}$$

当 $a_{p,1}=b_{p,1}=0$ 时，干扰信号的极化状态在信号带宽内固定不变，有 $\mathrm{POL}_{J,0} = a_{p,0}\exp(\mathrm{j}\varphi_{p,0})$，$\mathrm{POL}_{J,0}$ 称作干扰信号的中心极化状态。图 5.4.1 给出了干扰信号在多组不同极化起伏模型参数下的幅度和相位特性，其中，$B=500\mathrm{MHz}$，干扰信号的中心极化状态 $\mathrm{POL}_{J,0}=\exp\left(\dfrac{\mathrm{j}\pi}{2}\right)$。图 5.4.1 (a) 是 $\mathrm{POL}_J(f)$ 的幅度起伏特性，模型参数分别取 $a_{p,1}=0, 0.1, 0.15$，$\dfrac{d_p}{B}=1, 1.5$；图 5.4.1 (b) 是 $\mathrm{POL}_J(f)$ 相位起伏特性，模型参数分别为 $b_{p,1}=0, 0.1, 0.15$，$\dfrac{d_p}{B}=1, 1.5$。

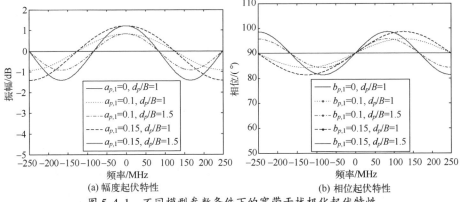

(a) 幅度起伏特性　　(b) 相位起伏特性

图 5.4.1　不同模型参数条件下的宽带干扰极化起伏特性

综合上面的分析可知，在成像窗口内，极化雷达的接收信号将是目标回波、干扰信号及通道噪声的叠加，其频域表达式为

$$\begin{cases} R_H(f,m) = R_{T,H}(f,m) + R_{J,H}(f,m) + N_H(f,m) \\ R_V(f,m) = R_{T,V}(f,m) + R_{J,V}(f,m) + N_V(f,m) \end{cases} \tag{5.4.11}$$

其中，$N_H(f,m)$ 和 $N_V(f,m)$ 分别是 H、V 极化通道的噪声信号频谱，服从独立的零均值复高斯分布。

5.4.2 宽带自适应极化对消方法

ISAR 通过对成像窗口内的接收信号进行距离压缩，可以得到目标 HRRP，然后对相干处理时间内的多次 HRRP 进行运动补偿、相参积累处理，可以得到运动目标的距离-多普勒（RD）二维图像[40]。宽带压制干扰经匹配滤波后的输出信号将在距离维掩盖真实目标的 HRRP，进而破坏 ISAR 的运动补偿、多普勒聚焦等成像处理流程，最终实现目标二维图像干扰。HRRP 的有效干扰是实现 ISAR 干扰的前提与基础，因此，下面首先分析了目标 HRRP 在干扰条件下的极化特性，然后给出了距离维的极化对消算法。

1. 在干扰条件下的目标 HRRP 极化特性

在有源压制干扰条件下，雷达接收机匹配滤波的输出将是目标 HRRP、干扰信号滤波输出及通道噪声滤波输出的叠加。设成像参考距离为 r_0，雷达接收匹配滤波器的频率响应为 $H(f) = E^*(f)\exp\left(\dfrac{\mathrm{j}4\pi f r_0}{c}\right)$，以 $H(f)$ 分别对两路基带接收信号进行匹配滤波处理，得到干扰条件下目标 HRRP 为

$$\begin{cases} o_H(\tau,m) = \mathrm{IDFT}\{R_H(f,m)H(f)\} = o_{T,H}(\tau,m) + o_{J,H}(\tau,m) + o_{n,H}(\tau,m) \\ o_V(\tau,m) = \mathrm{IDFT}\{R_V(f,m)H(f)\} = o_{T,V}(\tau,m) + o_{J,V}(\tau,m) + o_{n,V}(\tau,m) \end{cases}$$

$$\tag{5.4.12}$$

其中，$\mathrm{IDFT}\{\cdot\}$ 表示逆傅里叶变换，$o_{n,H}(\tau,m)$、$o_{n,V}(\tau,m)$ 是噪声信号经匹配滤波的输出，服从相互独立的零均值高斯分布，方差为 $\sigma_H^2 = \sigma_V^2 = \sigma^2$。$o_{T,H}(\tau,m)$、$o_{T,V}(\tau,m)$ 是目标回波的匹配滤波输出，具体表达式为

$$\begin{cases} o_{T,H}(\tau,m) = K_T \sum_{k=1}^{K} s_{HH}^k \mathrm{psf}(\tau - \tau_k)\exp\left\{-\mathrm{j}\dfrac{4\pi f_c v_k m T_p}{c}\right\} \\ o_{T,V}(\tau,m) = K_T \sum_{k=1}^{K} s_{VH}^k \mathrm{psf}(\tau - \tau_k)\exp\left\{-\mathrm{j}\dfrac{4\pi f_c v_k m T_p}{c}\right\} \end{cases} \tag{5.4.13}$$

其中，$\tau_k = \dfrac{2\Delta r_k}{c}$ 是第 k 个散射点与参考中心的相对时延，$\mathrm{psf}(\tau) = \mathrm{IDFT}\{G(f)|E(f)|^2\}$ 是距离维的点扩展函数。

$o_{J,H}(\tau,m)$、$o_{J,V}(\tau,m)$ 是干扰信号的滤波输出,将式 (5.4.4) ~ 式 (5.4.7) 代入式 (5.4.12),其干扰信号的滤波输出表达式为

$$o_{J,H}(\tau,m) = \text{IDFT}\{K_J \text{CH}_J(f) J(f,m) H(f)\}$$

$$\begin{aligned} o_{J,V}(\tau,m) &= \text{IDFT}\{K_J \text{POL}_J(f) \text{CH}_J(f) J(f,m) H(f)\} \\ &= \exp(j\varphi_{p,0}) \text{IDFT}\{[a_{p,0}+a_{p,1}\cos(2\pi d_p f)]\exp[jb_{p,1}\sin(2\pi d_p f)]\} * \\ &\quad o_{J,H}(\tau,m) \end{aligned}$$

(5.4.14)

当相位起伏误差较小($b_{p,1}<0.5$)时,可将 $\exp[jb_{p,1}\sin(2\pi d_p f)]$ 用一阶贝塞尔函数展开,有

$$\exp[jb_{p,1}\sin(2\pi d_p f)] \approx 1+\frac{b_{p,1}}{2}\exp(j2\pi d_p f)-\frac{b_{p,1}}{2}\exp(-j2\pi d_p f) \quad (5.4.15)$$

把式 (5.4.15) 代入式 (5.4.14) 可得

$$\begin{aligned} o_{J,V}(\tau,m) &\approx a_{p,0}\exp(j\varphi_{p,0})o_{J,H}(\tau,m)+\left(\frac{a_{p,0}b_{p,1}}{2}+\frac{a_{p,1}}{2}\right)o_{J,H}(\tau-d_p,m) \\ &\quad +\left(\frac{a_{p,1}}{2}-\frac{a_{p,0}b_{p,1}}{2}\right)o_{J,H}(\tau+d_p,m) \\ &= \text{POL}_{J,0} o_{J,H}(\tau,m)+\Delta o_{J,H}(\tau,m) \end{aligned}$$

(5.4.16)

由上式可见,当 $a_{p,1}=b_{p,1}=0$ 时,有 $o_{J,V}(\tau,m)=\text{POL}_{J,0} o_{J,H}(\tau,m)$,此时干扰信号滤波输出的极化状态是不随时间变化的,即其极化状态在每个距离单元是固定的。但当 $a_{p,1}\neq 0$ 及 $b_{p,1}\neq 0$ 时,由于受干扰项 $\Delta o_{J,H}(\tau,m)$ 的影响,干扰信号滤波输出的极化状态是在不同距离单元将是随机起伏的。

设匹配滤波输出的 HRRP 共包含 N 个距离分辨单元,则式 (5.4.14) 可以用离散形式表示为 $o_H(n,m)$、$o_V(n,m)$,其中,$0 \leq n \leq N$,$0 \leq m \leq M$。

2. WAPC 算法的提出

通常,干扰信号与目标回波之间具有明显的极化特性差异。本节基于以上建立的信号模型,给出了 WAPC 算法的处理流程,并分析了算法在不同极化起伏误差模型参数下的干扰抑制性能。

由于真实目标的径向长度、强散射中心数目均有限,其 HRRP 通常仅占据有限的距离分辨单元,而压制干扰信号的滤波输出将覆盖所有距离单元。因此,可以将匹配滤波输出的 N 个距离分辨单元划分成两部分:一部分仅包含干扰信号,称为干扰距离区段,共占据 N_J 个距离分辨单元。H、V 极化通道

信号分别记作 $j_H(n,m)$、$j_V(n,m)$，$n=1,2,\cdots,N_J$，写成 $2\times N_J$ 维矩阵形式为

$$\boldsymbol{J}(m)=\begin{bmatrix} j_H(1,m) & \cdots & j_H(N_J,m) \\ j_V(1,m) & \cdots & j_V(N_J,m) \end{bmatrix} \tag{5.4.17}$$

每个分量的具体表达式为

$$\begin{cases} j_H(n,m)=o_{J,H}(n,m)+o_{n,H}(n,m) \\ j_V(n,m)=o_{J,V}(n,m)+o_{n,V}(n,m) \end{cases} \tag{5.4.18}$$

另一部分同时包含目标 HRRP 和干扰信号，称为目标距离区段，共占据 N_T 个距离分辨单元，H、V 极化通道信号分别记作 $s_H(n,m)$、$s_V(n,m)$，$n=1,2,\cdots,N_T$，写成 $2\times N_T$ 维矩阵形式为

$$\boldsymbol{T}(m)=\begin{bmatrix} s_H(1,m) & \cdots & s_H(N_T,m) \\ s_V(1,m) & \cdots & s_V(N_T,m) \end{bmatrix} \tag{5.4.19}$$

每个分量的具体表达式为

$$\begin{cases} s_H(n,m)=o_{T,H}(n,m)+o_{J,H}(n,m)+o_{n,H}(n,m) \\ s_V(n,m)=o_{T,V}(n,m)+o_{J,V}(n,m)+o_{n,V}(n,m) \end{cases} \tag{5.4.20}$$

类似于常规的 APC 处理过程[41]，WAPC 的处理步骤是：首先，利用干扰距离区段的信号求出最优极化加权矢量；其次，以加权矢量对待处理距离区段信号进行线性加权，实现干扰极化对消；最后，对极化对消的输出结果进行运动补偿、相参积累处理，得到目标的 RD 二维图像，如图 5.4.2 所示。

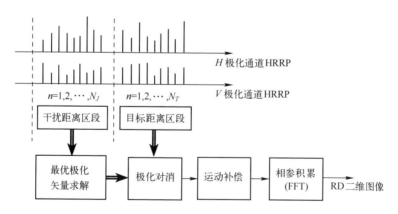

图 5.4.2　WAPC 算法的处理流程

设在第 m 次观测的加权矢量为 $\boldsymbol{w}(m)=[w_H(m) \quad w_V(m)]^\mathrm{T}$，$w_H(m)$、$w_V(m)$ 分别是 H、V 极化信号的复加权系数，且 $\|w_H(m)\|^2=1$，采用的优化准

则是加权输出平均功率最小，即使 $\dfrac{1}{N_J}\sum_{n=1}^{N_J}|w_H(m)j_H(n,m)+w_V(m)j_V(n,m)|^2$ 最小，用矩阵形式表示为

$$\min_{\boldsymbol{w}(m)} \boldsymbol{w}(m)^{\mathrm{T}}\boldsymbol{R}_J(m)\boldsymbol{w}^*(m) \\ \text{s.t. } \|\boldsymbol{w}(m)\|^2=1 \tag{5.4.21}$$

其中，$\boldsymbol{R}_J(m)$ 称作干扰噪声矩阵，表达式为

$$\boldsymbol{R}_J(m)=\dfrac{1}{N_J}\boldsymbol{J}(m)\boldsymbol{J}^{\mathrm{H}}(m)=\dfrac{1}{N_J}\begin{bmatrix}\sum_{n=1}^{N_J}|j_H(n,m)|^2 & \sum_{n=1}^{N_J}j_H(n,m)j_V^*(n,m) \\ \sum_{n=1}^{N_J}j_V(n,m)j_H^*(n,m) & \sum_{n=1}^{N_J}|j_V(n,m)|^2\end{bmatrix} \tag{5.4.22}$$

由于 $\boldsymbol{R}_J(m)$ 是 Hermit 矩阵，设其两个非负特征值分别为 $\lambda_{\max}(m)$、$\lambda_{\min}(m)$，且 $\lambda_{\max}(m)\geqslant\lambda_{\min}(m)\geqslant 0$。显然，式（5.4.22）的最优加权矢量为 $\lambda_{\min}(m)$ 对应的特征矢量，即满足

$$\boldsymbol{R}_J(m)\boldsymbol{w}_{\mathrm{opt}}(m)=\lambda_{\min}(m)\boldsymbol{w}_{\mathrm{opt}}(m) \tag{5.4.23}$$

在求出最优加权矢量 $\boldsymbol{w}_{\mathrm{opt}}(m)$ 后，对待处理距离区段信号进行线性加权以实现干扰对消，干扰对消的输出结果为

$$o_T(n,m)=w_{\mathrm{opt},H}(m)s_H(n,m)+w_{\mathrm{opt},V}(m)s_V(n,m) \tag{5.4.24}$$

在小角度成像条件下，干扰机与雷达的相对空间位置近似固定不变，在一次成像处理期间可认为干扰信号的中心极化状态不变化。因此，在高 JSR 条件下，按式（5.4.23）求取出的最优加权极化矢量近似满足 $\boldsymbol{w}_{\mathrm{opt}}(1)\approx\cdots\approx\boldsymbol{w}_{\mathrm{opt}}(M)=\boldsymbol{w}_{\mathrm{opt}}$。这样，极化对消后的输出信号可简化为

$$\begin{aligned}o_T(n,m)=&K_T\cdot\sum_{k=1}^{K}(w_{\mathrm{opt},H}s_{HH}^k+w_{\mathrm{opt},V}s_{VH}^k)\mathrm{psf}(n-n_T^k)\exp\left\{-\mathrm{j}\dfrac{4\pi f_0 v_k m T_P}{c}\right\}\\ &+w_{\mathrm{opt},H}o_{J,H}(n,m)+w_{\mathrm{opt},V}o_{J,V}(n,m)\\ &+w_{\mathrm{opt},H}o_{n,H}(n,m)+w_{\mathrm{opt},V}o_{n,V}(n,m)\end{aligned} \tag{5.4.25}$$

其中，n_T^k 是目标第 k 个散射中心所处的距离单元。

由于最优加权矢量近似固定，上述处理过程对各次目标回波之间的相参性影响不严重，所以对极化对消输出进行包络对齐、初相校正处理后，对每个距离单元的信号进行相参积累，可以实现多普勒维（方位向）聚焦，得到目标 RD 二维图像，即有

$$I(n,l)=\mathrm{DFT}\{o_T(n,m)\} \tag{5.4.26}$$

其中，$1 \leq n \leq N_T$，$1 \leq l \leq L$，$\mathrm{DFT}(\cdot)$ 表示按 "$m \rightarrow l$" 作傅里叶变换。

3. WAPC 算法的干扰抑制性能

下面从干扰抑制角度来分析 WAPC 算法的抗干扰性能。当 $N_J \rightarrow \infty$ 时，算术平均将趋近于集平均，即式（5.4.22）中的干扰噪声矩阵满足

$$\lim_{N_J \rightarrow \infty} \boldsymbol{R}_J(m) = \langle \boldsymbol{R}_J(m) \rangle = \begin{bmatrix} \langle |j_H(n,m)|^2 \rangle & \langle j_H(n,m) j_V^*(n,m) \rangle \\ \langle j_V(n,m) j_H^*(n,m) \rangle & \langle |j_V(n,m)|^2 \rangle \end{bmatrix}$$
(5.4.27)

其中，$\langle \cdot \rangle$ 表示集平均。

假设干扰信号与通道噪声信号不相关，则上式可以写成

$$\langle \boldsymbol{R}_J(m) \rangle = \begin{bmatrix} \langle |o_{J,H}(n,m)|^2 \rangle & \langle o_{J,H}(n,m) o_{J,V}^*(n,m) \rangle \\ \langle o_{J,V}(n,m) o_{J,H}^*(n,m) \rangle & \langle |o_{J,V}(n,m)|^2 \rangle \end{bmatrix} + \begin{bmatrix} \sigma^2 & 0 \\ 0 & \sigma^2 \end{bmatrix}$$
(5.4.28)

特别的，当 $a_{p,1} = b_{p,1} = 0$ 时，有 $o_{J,V}(n,m) = \mathrm{POL}_{p,0} o_{J,H}(n,m)$，则 $\langle \boldsymbol{R}_J(m) \rangle$ 的最小特征值即为 $\lambda_{\min}(m) = \sigma^2$。此时，经 WAPC 处理后，输出干扰信号的平均功率为 $P_J^a = \sigma^2$，而由式（5.4.28）求出 WAPC 前 H 极化通道的干扰平均功率为 $P_J^b = P_J + \sigma^2$，定义干扰抑制比为

$$\mathrm{SR}_0 = 10\lg\left(\frac{P_J^b}{P_J^a}\right) = 10\lg\left(\frac{P_J}{\sigma^2} + 1\right) \tag{5.4.29}$$

当 $a_{p,1} \neq 0$、$b_{p,1} \neq 0$ 时，干扰信号的极化状态在各距离单元存在随机起伏，WAPC 的干扰抑制性能将变差。总体而言，$a_{p,1}$、$b_{p,1}$ 数值越大，表明干扰信号的极化状态在径向距离维起伏越剧烈，WAPC 算法的干扰抑制性能就越差。设此时的干扰抑制比为 SR，则与式（5.4.29）相对比可求出干扰抑制比下降量为

$$\Delta \mathrm{SR} = \mathrm{SR}_0 - \mathrm{SR} \tag{5.4.30}$$

下面仿真得到了极化起伏误差模型参数对算法干扰抑制性能的影响。图 5.4.3 是 WAPC 算法在不同模型参数条件下的干扰抑制性能。图 5.4.3（a）是在多组不同极化起伏模型参数下，SR 与 JNR（H 极化通道）的关系曲线，JNR 分别取 -3.13dB、1.985dB、7.059dB、11.98dB、17.03dB、21.84dB 及 27.1dB，"……" 是按式（5.4.29）得到的理论结果，其余是仿真结果，其中，雷达信号为 LFM 信号，$B = 500\mathrm{MHz}$，$\tau_p = 10\mathrm{\mu s}$，干扰为宽带噪声调频干扰。图 5.4.3（b）、（c）是 $\Delta \mathrm{SR}$ 与 $a_{p,1}$、$b_{p,1}$ 的关系曲线，其中，$d_p = \frac{1}{B}$，JNR = 25dB；图 5.4.3（d）是 $\Delta \mathrm{SR}$ 与 d_p 的关系曲线，$a_{p,1} = b_{p,1} = 0:0.1:0.5$。

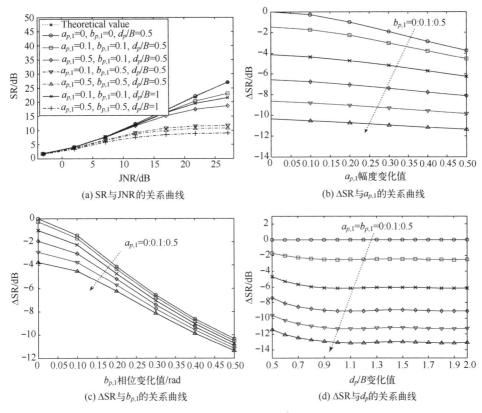

图 5.4.3 WAPC 算法在不同模型参数下的干扰抑制性能

5.4.3 仿真实验与性能分析

本节在特定参数下进行仿真实验，验证 WAPC 算法的抗干扰有效性。设雷达工作于 X 波段，$f_c=10\text{GHz}$，LFM 信号的带宽 $B=500\text{MHz}$，$\tau_p=10\mu\text{s}$，脉冲重复频率为 1kHz，成像相参积累脉冲数为 256，H 极化通道的 SNR 为 10dB。仿真场景如图 5.4.4 所示，其中，目标参考中心(o)与雷达的距离 $r_0=10\text{km}$，目标沿 $+x$ 方向匀速运动，运动速度 $v=600\text{m/s}$。目标由六个散射点组成，分别记作 $T_0 \sim T_5$，在坐标系(xoy)中，六个散射中心的坐标值分别为 T_0(0m, 0m)、T_1(10m, 0m)、T_2(5m, -5m)、T_3(5m, 5m)、T_4(-10m, 5m)及 T_5(-10m, -5m)，且六个散射中心具有不同的极化散射特性，分别为：$T_0\text{-}s_{HH}=1.3$，$s_{VH}=0.4+0.15\text{j}$；$T_1\text{-}s_{HH}=1$，$s_{VH}=0.2+0.1\text{j}$；$T_2\text{-}s_{HH}=1$，$s_{VH}=0.2+0.05\text{j}$；$T_3\text{-}s_{HH}=1$，$s_{VH}=0.2$；$T_4\text{-}s_{HH}=1$，$s_{VH}=0.1+0.2\text{j}$；$T_5\text{-}s_{HH}=1$，$s_{VH}=0.3$。

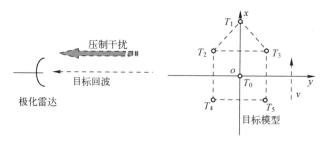

图 5.4.4 宽带压制干扰仿真实验示意图

设干扰信号为宽带噪声调频干扰，中心极化状态为左旋圆极化，即有 $POL_{J,0} = \exp\left(\dfrac{j\pi}{2}\right)$。式（5.4.14）定义的干扰通道起伏误差模型参数分别为 $a_{c,0} = 1$，$a_{c,1} = 0.015$，$b_{c,0} = \dfrac{3.5}{B}$，$b_{c,1} = 1$ 及 $d_c = \dfrac{2.5}{B}$，式（5.4.14）定义的干扰极化起伏误差模型参数为 $a_{p,0} = 1$，$\varphi_{p,0} = \dfrac{\pi}{2}$，$a_{p,1} = 0.2$，$b_{p,1} = 0.2$ 及 $d_p = \dfrac{1}{B}$，JSR = 22.12dB（H 极化通道），图 5.4.5 给出了干扰条件下的成像结果，其中，图 5.4.5 （a）是 H 极化通道在干扰条件下的 HRRP；图 5.4.5（b）是包络对齐结果；图 5.4.5（c）是 RD 二维成像结果。可见，宽带压制干扰严重干扰真实目标的 HRRP，不能有效提取目标散射点的径向分布等特征，若对此结果进行包络对齐，得到的结果也将受到严重干扰，各距离分辨单元的相参性也将受到破坏，从而无法得到目标清晰准确的 RD 二维图像。

按 WAPC 处理流程，利用干扰距离段信号估计出每次观测的最优加权矢量，并以此对目标距离段信号进行线性加权来抑制干扰；然后对极化对消输出进行运动补偿、相参积累处理，得到 RD 二维图像。图 5.4.6 是经 WAPC 算法处理后的成像结果，其中，图 5.4.6（a）是干扰极化对消后的 HRRP，各散射中心的径向分布有效分辨出来，图 5.4.6（b）是 M 次观测得到的 HRRP 包络对齐结果，图 5.4.6（c）是进行相参积累得到的 RD 二维图像。可以看出，WAPC 算法有效抑制了宽带压制干扰信号，目标六个散射中心被准确提取出来。

为定量评估提出的抗干扰算法性能，下面分别定义平均距离像熵和 RD 二维图像熵[42]，对比分析了 WAPC 处理前后的成像结果。对第 m 次观测得到的幅度 HRRP（$|o(n,m)|$）进行归一化处理，得到 $|\hat{o}(n,m)| = $

$\dfrac{|o(n,m)|}{\max\limits_{1\leqslant n\leqslant N_T}\{|o(n,m)|\}}$。利用包络对齐后的 M 次 HRRP 求取平均一维距离像,即

$|\bar{o}(n)|=\dfrac{1}{M}\sum\limits_{m=1}^{M}|\hat{o}(m,n)|$,平均距离像熵定义为

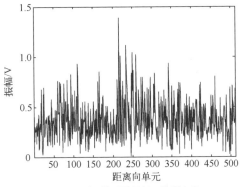

(a) 受干扰时的目标一维距离像

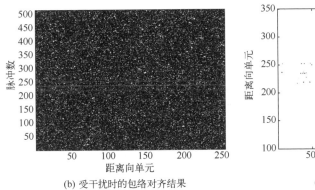

(b) 受干扰时的包络对齐结果

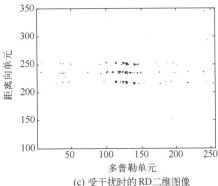

(c) 受干扰时的 RD 二维图像

图 5.4.5 受干扰情况下的 ISAR 成像结果

$$H_r=-\sum_{n=1}^{N_T}|\bar{o}(n)|\lg[|\bar{o}(n)|] \qquad (5.4.31)$$

显然,H_r 数值越大,HRRP 各距离分辨单元的随机性越强,包络对齐结果越差;反之,H_r 数值越小,各分辨单元起伏越小,包络对齐结果越好。图 5.4.7 是仿真得到的平均距离像熵随 JSR 的关系曲线,其中,JSR = 2.12 ~ 32.12dB,"┄┄"是无干扰时的平均距离像熵,"-○-"是干扰对消前的结果,而"-●-"是干扰对消后的结果。可见,WAPC 处理能显著降低平均距离像熵,改善包络对齐结果,例如,当 JSR = 22.12dB 时,WAPC 处理前,H_r = 79.67;WAPC 处理后,H_r = 45.77。

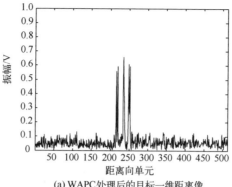

(a) WAPC处理后的目标一维距离像

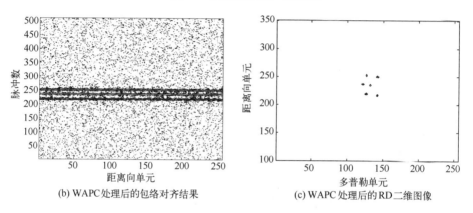

(b) WAPC处理后的包络对齐结果　　(c) WAPC处理后的RD二维图像

图 5.4.6　WAPC 处理后的 ISAR 成像结果

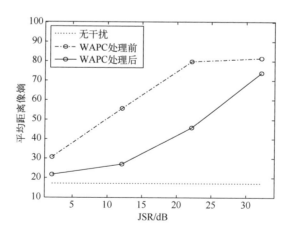

图 5.4.7　WAPC 处理前后平均
距离像熵与 JSR 的关系曲线

类似的，对 RD 二维图像进行归一化处理，得到 $|\bar{I}(n,l)| = \dfrac{|I(n,l)|}{\max\limits_{1\leqslant n\leqslant N_T, 1\leqslant l\leqslant L}|I(n,l)|}$，定义 RD 二维图像熵为

$$H_i = -\sum_{l=1}^{L}\sum_{n=1}^{N_T}|\bar{I}(n,l)|\lg[|\bar{I}(n,l)|] \tag{5.4.32}$$

H_i 数值越大，图像各像素点间随机起伏越强，成像质量越差，受干扰的影响越严重，反之，H_i 数值越小，二维图像受干扰程度越小。图 5.4.8 是干扰极化对消前后 RD 二维图像熵与 JSR 的关系曲线，其中，"……" 是无干扰时的结果，"-○-" 是 WAPC 处理前的结果，而 "-□-" 是 WAPC 处理后的结果。可见，WAPC 处理能明显降低压制干扰对 ISAR 成像的影响，例如，当 JSR = 22.12dB 时，WAPC 处理前，H_i = 7439，而 WAPC 处理后，H_i = 1693。

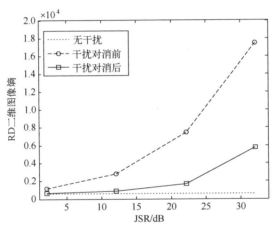

图 5.4.8　WAPC 处理前后 RD 二维图像熵与 JSR 的关系曲线

参 考 文 献

[1] 庄钊文，肖顺平，王雪松. 雷达极化信息处理及其应用 [M]. 北京：国防工业出版社，1999.

[2] 杜耀惟，张强，何卫国. 雷达目标极化特性及其在反隐身中的应用 [R]. 信息产业部第十四研究所，1996.

[3] 王雪松. 宽带极化信息处理的研究 [D]. 长沙：国防科学技术大学电子科学与工程学院，1999.

[4] 王雪松, 庄钊文, 肖顺平, 等. 极化信号的优化接收理论: 完全极化情形 [J]. 电子学报, 1998, 26 (6): 42-46.

[5] 王雪松, 庄钊文, 肖顺平, 等. 极化信号的优化接收理论: 部分极化情形 [J]. 电子科学学刊, 1998, 20 (4): 468-473.

[6] 王雪松, 庄钊文, 肖顺平, 等. SINR 极化滤波器通带性能研究 [J]. 微波学报, 2000, 16 (1): 29-37.

[7] Wang X S, Zhuang Z W, Xiao S P. Nonlinear programming modeling and solution of radar target polarization enhancement [J]. Progress in Natural Science, 2000, 10 (1): 62-67.

[8] Wang X S, Zhuang Z W, Xiao S P. Nonlinear optimization method of radar target polarization enhancement [J]. Progress in Natural Science, 2000, 10 (2): 136-140.

[9] 徐振海, 王雪松, 施龙飞, 等. 信号最优极化滤波及性能分析 [J]. 电子与信息学报, 2006, 28 (3): 498-501.

[10] 施龙飞, 王雪松, 徐振海, 等. APC 迭代滤波算法与性能分析 [J]. 电子与信息学报, 2006, 28 (9): 1560-1564.

[11] 施龙飞, 王雪松, 肖顺平, 等. 干扰背景下雷达目标最佳极化的分布估计方法 [J]. 自然科学进展, 2005, 15 (11): 1324-1329.

[12] Compton R T. On the performance of a polarization sensitive adaptive array [J]. IEEE Transactions on Antennas and Propagation, 1981, 29 (5): 718-725.

[13] Compton R T. The tripole antenna: an adaptive array with full polarization flexibility [J]. IEEE Transactions on Antennas and Propagation, 1981, 29 (6): 944-952.

[14] Compton R T. The performance of a tripole adaptive array against cross-polarized jamming [J]. IEEE Transactions on Antennas and Propagation, 1983, 31 (4): 682-685.

[15] Nathanson F E. Adaptive circular polarization [C]// Proc of IEEE International Radar Conference. Arlington, VA, USA, 1975: 221-225.

[16] Gherardelli M, Giuli D, Fossi M. Suboptimum polarization cancellers for dual polarisation radars [J]. IEE Proceedings F (Communications, Radar and Signal Processing), 1988, 135 (1): 60-72.

[17] Poelman A J. Nonlinear polarization-vector translation in radar system: a promising concept for real-time polarization-vector signal processing via a single-notch polarization suppression filter [J]. IEE Proceedings F (Communications, Radar and Signal Processing), 1984, 131 (5): 451-465.

[18] Giuli D, Fossi M, Gheraadelli M. A technique for adaptive polarizaion filtering in radars [C]//Proc of IEEE International Radar Conference. Arlington, VA, USA, 1985: 213-219.

[19] Gherardelli M. Adaptive polarisation suppression of intentional radar disturbance [J]. IEE Proceedings F (Communications, Radar and Signal Processing), 1990, 137 (6): 407-416.

[20] Poelman A J, Guy J R F. Multinotch logic-product polarization suppression filters: atypical

design example and its performance in a rain clutter environment [J]. IEE Proceedings F (Communications, Radar and Signal Processing), 1984, 131 (7): 383-396.

[21] 王小谟,张广义. 雷达与探测——信息化战争的火眼金睛 [M]. 2版. 北京:国防工业出版社, 2008.

[22] Skolnik M I. 雷达系统导论 [M]. 3版. 左群声, 等译. 北京:电子工业出版社, 2006.

[23] Shirman Y D. Computer simulation of aerial target radar scattering, recognition, detection, and tracking [M]. Boston: Artech House, 2002.

[24] Fan L H, Pi Y M, Huang S J. A comparison of some electronic countermeasures on inverse synthetic aperture radar [J]. Journal of electronics, 2006, 23 (1): 132-135.

[25] Han Z A, PI Y M, Yang J Y. Analysis of jamming on inverse synthetic aperture radar [J]. Proceedings of SPIE, 2005, 5808: 462-469.

[26] Pace P E, Fouts D J, Ekestorm S. Digital false-target image synthesizer for countering ISAR [J]. IEE Proceedings: Radar, Sonar and Navigation, 2006, 149 (5): 248-257.

[27] Fouts D, Pace P E, Karow C. A single-chip false target radar image generator for countering wideband imaging radars [J]. IEEE Journal of Solid-State Circuits, 2002, 37 (6): 751-759.

[28] Li Y, Chen H L. Deception jamming against stepped-frequency ISAR using image synthesis technology [C]//IEEE Asia-pacific microwave conference proceedings. Suzhou, China, 2005: 751-759.

[29] 李源,陈惠连. 基于相关系数的ISAR干扰效果评估方法 [J]. 电子科学大学学报, 2006, 35 (4): 468-470.

[30] 保铮,邢孟道,王彤. 雷达成像技术 [M]. 北京:电子工业出版社, 2005.

[31] 李源,陈惠连. 用于欺骗ISAR的多(两)假目标合成技术研究 [J]. 信号处理, 24 (5), 2008: 725-729.

[32] 吴晓芳. SAR-GMTI的动目标干扰技术研究 [D]. 长沙:国防科技大学研究生院, 2009.

[33] Soumekh M, Buffalo S. SAR-ECCM using phase-perturbed LFM chirp signals and DRFM repeat jammer penelization [J]. IEEE Transactions on Aerospace and Electronic Systems, 2006, 42 (1): 191-205.

[34] Akhtar J. Orthogonal block coded ECCM schemes against repeat radar jammers [J]. IEEE Transactions on Aerospace and Electronic Systems, 2009, 45 (3): 1218-1225.

[35] 代大海,王雪松,肖顺平. PolSAR有源假目标干扰的鉴别与对消 [J]. 电子学报, 35 (9), 2007: 1779-1783.

[36] 王涛. 弹道中段目标极化域特征提取与识别 [D]. 长沙:国防科学技术大学研究生院, 2007.

[37] Mott H. 天线和雷达中的极化 [M]. 林昌禄, 等译. 成都:电子科技大学出版社, 1989.

[38] Wehner D R. High resolution radar [M]. Norwood, MA: Artech House, 1987.
[39] 林茂庸, 柯有安. 雷达信号理论 [M]. 北京: 国防工业出版社, 1984.
[40] 张澄波. 综合孔径雷达原理、系统分析与应用 [M]. 北京: 科学出版社, 2005.
[41] Nathanson F E. Adaptive circular polarization [C]//IEEE International Radar Conference. Arlington, VA, USA, 1975: 221-225.
[42] Wang J, Kasilingam D. Global range alignment for ISAR [J]. IEEE Transactions on Aerospace and Electronic Systems, 2003, 39 (1): 351-357.

第 6 章

转发式假目标干扰的极化识别技术

6.1 引　言

欺骗性电子干扰是雷达有源干扰的重要形式，是将经过特定调制的真实雷达信号复制品转发给目标雷达，用来掩蔽真目标回波信号，以达到侦察掩护或进攻掩护的目的，多次战争表明它可以起到抑制、削弱、扰乱雷达正常工作的作用，具有出奇制胜的作战效果[1]。世界各军事强国均对欺骗式电子干扰的研究十分重视，现在已经有大量的欺骗式电子干扰机装备各国军队，尤其是随着 DRFM、微波技术和微电子技术的发展，DRFM 覆盖的瞬时带宽和频率范围扩展到几个 GHz 的量级，频率精度提升到 1kHz，甚至更高，欺骗干扰具有真实目标相似的速度、航迹、波形特征等，生成相关的距离拖引和速度拖引以及稳定的同步假目标，使雷达难以分辨。大量的假目标干扰一方面可以严重消耗雷达资源，使雷达产生混批、饱和等现象，给雷达的数据处理和资源调度带来了极大的负担，甚至导致系统崩溃。另一方面，针对雷达恒虚警检测的幅度衰减型假目标干扰[2]、基于 DRFM 的移频干扰[3]等新型假目标干扰样式还具有压制干扰的作用，使雷达不能检测真实目标的存在，而干扰自身也不会暴露。这对现代监视和跟踪系统、机载/星载 SAR 或地面 ISAR 等成像雷达等提出了严峻的考验。

面对这些高逼真度欺骗干扰给雷达带来的严峻挑战，目前还没有很有效的对抗方法，距离选通、航迹关联、"重频捷变+频率捷变"等滤除假目标的方法[4-14]，既消耗了大量的雷达资源，也不具有稳定的对抗效果。极化是继时域、频域和空域信息以外的又一极其重要信息，为雷达系统削弱恶劣电磁环境的影响、对抗有源干扰和鉴别目标等方面，提供了颇具潜力的技术途径。那么，一般采用单极化天馈系统的有源欺骗干扰系统的攻击效能也将随着雷达系统极化特征分析、目标识别能力的提高而下降。本章正是面向上述背景，介绍了几种通过提取信号极化域特征差异来鉴别真、假目标的方法。

本章内容安排如下：6.2 节基于相干雷达体制下真实目标与有源多假目标的回波特征差异，介绍一种有源多假目标的极化识别与抑制方法；6.3 节介绍一种基于脉内瞬态极化调制的有源假目标抑制方法，通过提取接收信号的极化特征量，进行滤波处理后实现距离有源假目标的有效鉴别与抑制；6.4 节针对宽带成像欺骗干扰，介绍一种基于极化相关特性的 HRRP 欺骗干扰鉴别方法。

6.2 有源多假目标的极化识别与抑制

有源电子干扰因其高效的性价比而被广泛使用，对雷达系统构成了较大的威胁。随着数字射频存储技术和微电子等技术的快速发展，有源干扰系统能够以灵活多变的方式自主转发雷达发射信号来压制和欺骗雷达系统，使得常规的重频捷变、脉宽鉴别、自相关分析法和波形分析法等一些在时域、频域的识别方法[4-14]在一定程度上难以奏效，从而严重地消耗雷达资源，使雷达产生混批、饱和等现象，这对现代雷达系统无疑是一个很大的威胁。

目前，具有极化测量能力的雷达系统逐渐成为当前雷达技术发展的一个主要方向之一，极化信息的充分利用可以有效提高现代雷达性能[15]。在对抗有源干扰方面，现有研究工作多数是针对极化度较高的单极化压制式干扰辐射源，而对于有源假目标等欺骗式干扰的极化识别研究较少。文献［7］从理论上探讨了利用极化特性进行识别和抑制多假目标干扰的可行性及原理，并结合实测数据定性分析了识别性能，表明极化雷达可以有效识别单极化有源假目标干扰。但该文献没有给出识别检验参量的统计分布，识别判决门限的选取带有一定的盲目性，难以定量分析真假目标极化识别的性能。为此，本节介绍了一种有源多假目标的极化识别与抑制方法，在对有源欺骗式干扰分类的基础上，根据有源真假目标回波特性的差异提出了两个局部识别判决检验量，通过分析两个局部判决检验量的统计分布，导出了目标和有源假目标的正确判决概率和误判率与信噪比（干噪比）和目标（有源假目标）的极化特性之间的关系，从理论上分析评估了极化识别算法的性能。

6.2.1 有源欺骗式干扰的分类与特点

欺骗性电子干扰是采用虚假的目标和信息作用于雷达的目标检测和跟踪系统，使雷达不能正确地检测真正的目标或者不能正确地测量目标的参数信息，从而达到迷惑和扰乱雷达对真目标检测和跟踪的目的。

设 V 为雷达对各类目标的检测空间，对于具有四维（距离、方位、仰角和速度）检测能力的雷达，V 为

$$V = \{[R_{\min}, R_{\max}], [\alpha_{\min}, \alpha_{\max}], [\beta_{\min}, \beta_{\max}], [f_{d\min}, f_{d\max}], [S_{\min}, S_{\max}]\} \quad (6.2.1)$$

式中：$R_{\min}$、$R_{\max}$、$\alpha_{\min}$、$\alpha_{\max}$、$\beta_{\min}$、$\beta_{\max}$、$f_{d\min}$、$f_{d\max}$、$S_{\min}$、$S_{\max}$ 分别是雷达的最小和最大检测距离、最小和最大检测方位、最小和最大检测仰角、最小和最大检测的多普勒频率、最小检测信号功率（灵敏度）和最大饱和输入信号功率。理想目标 T 仅为 V 中的某一个确定点

$$T = \{R, \alpha, \beta, f_d, S\} \in V \quad (6.2.2)$$

式中：R, α, β, f_d, S 分别为目标的距离、方位、仰角、多普勒频率和回波功率。雷达能够区分 V 中两个不同点目标 T_1、T_2 的最小空间距离 ΔV 称为雷达的空间分辨力

$$\Delta V = \{\Delta R, \Delta \alpha, \Delta \beta, \Delta f_d, [S_{\min}, S_{\max}]\} \quad (6.2.3)$$

式中：ΔR、$\Delta \alpha$、$\Delta \beta$、Δf_d 分别称为雷达的距离分辨力、方位分辨力、仰角分辨力和速度分辨力。一般雷达在能量上没有分辨力，因此其能量的分辨力与检测范围相同。

在一般条件下，欺骗性干扰所形成的假目标 T_f 也是 V 中的某一个或某一群不同于真目标的确定点集合，

$$\{T_{fi}\}_{i=1}^{n}, \quad T_{fi} \in V, \quad T_{fi} \neq T, \quad \forall i = 1, 2, \cdots, n \quad (6.2.4)$$

需要特别说明的是，许多遮盖性干扰信号也可形成 V 中的假目标，但其假目标往往具有空间和时间的不确定性（空间位置和出现的时间是随机的），与真目标相去甚远，这也是欺骗性干扰技术实现的关键点。

欺骗式干扰的主要干扰方式有多假目标、角度欺骗和波门拖引三种，具体的战术运用方式有自卫式、随队式、掩护式、投掷式和拖曳式等，下面给出几种具体的分类方法。

1. 根据真假目标参数信息的差别分类

一般雷达可以提供的信息包括目标的距离 R、方位角 α、俯仰角 β 和速度 v（或多普勒频移 f_d）等参数，当存在有源假目标干扰时，设其相应参数分别为 R_f、α_f、β_f 和 f_{df}，并考虑到雷达接收到的真实目标回波功率 S 和虚假目标回波功率 S_f，可以将欺骗性干扰分为以下 5 类：

1）距离欺骗干扰

$$R_f \neq R, \quad \alpha_f \approx \alpha, \quad \beta_f \approx \beta, \quad f_{df} \approx f_d, \quad S_f > S \quad (6.2.5)$$

其中，R_f、α_f、β_f、f_{df} 和 S_f 分别为假目标 T_f 在 V 中的距离、方位、仰角、多普勒频率和功率，其距离不同于真目标，能量一般强于真目标，而其余参数则

近似等于真目标。

2）角度欺骗干扰

$$\alpha_f \neq \alpha, \quad 或 \beta_f \neq \beta, \quad R_f \approx R, \quad f_{df} \approx f_d, \quad S_f > S \quad (6.2.6)$$

角度欺骗干扰是指有源假目标干扰的方位或仰角不同于真目标，能量强于真目标，而其余参数近似等于真目标。

3）速度欺骗干扰

$$f_{df} \neq f_d, \quad R_f \approx R, \quad \alpha_f \approx \alpha, \quad \beta_f \approx \beta, \quad S_f > S \quad (6.2.7)$$

速度欺骗干扰是指有源假目标干扰的多普勒频率不同于真目标，能量强于真目标，而其余参数近似等于真目标。

4）AGC 欺骗干扰

$$S_f \neq S \quad (6.2.8)$$

AGC 欺骗干扰是指有源假目标干扰的能量不同于真目标，其余参数覆盖或近似等于真目标。

5）多参数欺骗干扰

多参数欺骗干扰是指假目标在 V 中有两维或两维以上参数不同于真目标，以便进一步改善欺骗干扰的效果，诸如"距离-速度"同步欺骗干扰等。

2. 根据真假目标在雷达空间分辨单元的不同分类

根据真假目标在雷达空间分辨单元的不同，可以将有源假目标干扰分为以下三类：

1）质心干扰

$$\|T_f - T\| \leq \Delta V \quad (6.2.9)$$

真、假目标的参数差别小于雷达空间分辨力，雷达不能区分 T_f 与 T 为两个不同目标，而将真、假目标作为同一个目标 T'_f 来检测和跟踪。由于在许多情况下，雷达对此的最终检测、跟踪结果往往是真、假的能量加权中心（质心），故称为质心干扰。

$$T'_f = \frac{S_f T_f}{S_f + S} \quad (6.2.10)$$

2）假目标干扰

$$\|T_f - T\| > \Delta V \quad (6.2.11)$$

真、假目标的参数差别大于雷达空间分辨力，雷达能够区分 T_f 与 T 为两个不同目标，但可能对假目标作为真目标检测和跟踪，从而造成虚警，也可能没有发现真目标而造成漏报。

3）拖引干扰

拖引干扰是一种周期性的从质心干扰到假目标干扰的连续变化过程，典

型的拖引干扰过程为

$$\|T_f - T\| = \begin{cases} 0, 0 \leq t < t_1, 停拖 \\ 0 \to \delta V_{\max}, t_1 \leq t < t_2, 拖引 \\ T_f = 0, t_2 \leq t < T_j, 关闭 \end{cases} \quad (6.2.12)$$

即在停拖时间段内，假目标与真目标出现的时间和空间近似重合，雷达很容易检测和捕获，由于假目标的能量高于真目标，捕获后 AGC 电路将按照假目标的能量调整增益，以便对其进行连续测量和跟踪，停拖时间长度对应雷达检测和捕获目标所需的时间，也包括雷达接收机 AGC 电路的调整时间；在拖引段内，假目标与真目标在预定的欺骗干扰参数（距离、角度或速度）上逐渐分离（拖引），且分离的速度在雷达跟踪正常运动目标的范围内直到真假目标的参数达到预定程度 $\delta V_{\max}$

$$\|T_f - T\| = \delta V_{\max} \quad \delta V_{\max} \gg \Delta V \quad (6.2.13)$$

由于在拖引前已经被假目标控制了接收机增益，而且假目标的能量高于真目标，所以雷达的跟踪系统很容易被假目标拖引开，而抛弃真目标。拖引段的时间长度主要取决于最大误差 $\delta V_{\max}$ 和拖引速度；在关闭时间段内，欺骗式干扰关闭发射，使假目标突然消失，造成雷达跟踪信号突然中断。

当然，亦可从极化的角度进行分为单极化有源欺骗干扰和极化调制有源欺骗干扰等，这里不再赘述。

6.2.2 极化雷达的接收信号模型

不失一般性，不妨设极化雷达两正交天线是水平和垂直极化天线，这也是目前极化雷达常采用的极化组态。由于有源假目标和雷达目标独立占据不同的分辨单元，下面分别讨论目标和假目标干扰的接收信号模型。

1. 雷达目标的接收信号模型

若在当前脉冲重复周期（PRT）内水平天线发射信号，那么结合相干信号仿真[6]和雷达极化理论[7]易得，目标在雷达接收天线端口处的后向散射波为

$$\boldsymbol{e}_S(t) = \frac{g_m}{4\pi R^2} A_m(t-\tau) e^{j2\pi f_d(t-\tau)} \boldsymbol{S}_1 \boldsymbol{h}_m \quad (6.2.14)$$

其中，g_m 是水平天线的电压增益，R 为目标与雷达之间的距离，$A_m(t) = \sqrt{\dfrac{P_t}{4\pi L_t}} \exp(j2\pi f_c t) v(t)$，$f_c$ 为发射信号载频，$v(t)$ 为发射信号的复调制函数，P_t 为发射峰值功率，L_t 为发射综合损耗等，τ 为目标的回波时延，f_d 为目标的

多普勒频率，$\boldsymbol{S}_1 = \begin{bmatrix} S_{HH1} & S_{HV1} \\ S_{VH1} & S_{VV1} \end{bmatrix}$为雷达目标在当前姿态、当前频率下的极化散射矩阵，且对于互易性目标而言，$\boldsymbol{S}_1^{\mathrm{T}} = \boldsymbol{S}_1$，$\boldsymbol{h}_m = [1, 0]^{\mathrm{T}}$表示天线的极化形式。

因而，对于增益和频率等特性相同的水平天线和垂直天线而言，二者的接收电压为

$$v_{m1}(t) = g_m^2 S_{HH1} \chi(t) + n_{m1}(t) \tag{6.2.15}$$

和

$$v_{c1}(t) = g_m^2 S_{HV1} \chi(t) + n_{c1}(t) \tag{6.2.16}$$

其中，$\chi(t) = \dfrac{k_{RF}}{4\pi R^2 L_R} A_m(t-\tau) \mathrm{e}^{\mathrm{j}2\pi f_\mathrm{d}(t-\tau)}$，$k_{RF}$为射频放大系数，$L_R$为接收损耗，$n_{m1}(t)$和$n_{c1}(t)$分别为两正交天线接收通道的接收机噪声，服从高斯分布，即有$n_{m1} \sim N(0, \sigma_m^2)$，$n_{c1} \sim N(0, \sigma_c^2)$，$\sigma_c^2 = \sigma_m^2 = \sigma_0^2$。

同理，在下一个脉冲重复周期内，垂直天线发射信号，两正交天线的接收电压为

$$v_{m2}(t) = g_m^2 S_{HV2} \chi(t-T_r) + n_{m2}(t) \tag{6.2.17}$$

和

$$v_{c2}(t) = g_m^2 S_{VV2} \chi(t-T_r) + n_{c2}(t) \tag{6.2.18}$$

其中，$\boldsymbol{S}_2 = \begin{bmatrix} S_{HH2} & S_{HV2} \\ S_{VH2} & S_{VV2} \end{bmatrix}$为雷达目标在当前姿态下的极化散射矩阵。由于雷达的脉冲重复周期一般在毫秒量级甚至更小，在此期间目标的姿态变化很小，或者讲雷达目标的极化散射特性变化微乎其微，即$\boldsymbol{S}_1 \approx \boldsymbol{S}_2 = \boldsymbol{S}$，这对于大多数飞行目标是满足的；$T_r$为雷达脉冲重复周期，倘若目标的多普勒可以精确估计，由$\chi(t)$的表达式直观可见，$\chi(t-T_r) = \chi(t) \mathrm{e}^{-\mathrm{j}2\pi(f_\mathrm{d}+f_c)T_r}$。

2. 有源假目标干扰的接收信号模型

在水平垂直极化基下，任一有源假目标干扰信号在雷达接收天线端口处可表示为

$$\boldsymbol{e}_J(t) = \boldsymbol{h}_{J1} J_1(t) \tag{6.2.19}$$

其中，$J_1(t)$为假目标干扰的调制信号，可为任意波形，一般为了避免被雷达从时域和频域识别，其特性应与目标散射波的调制特性相近；$\boldsymbol{h}_J = [h_{JH}, h_{JV}]^{\mathrm{T}}$为当前干扰信号的极化形式，$\|\boldsymbol{h}_{J1}\| = 1$。

水平天线和垂直天线的接收电压分别为

$$v_{m1J}(t) = k_a g_m h_{HJ1} J_1(t) + n_{m1}(t) \tag{6.2.20}$$

和

$$v_{c1J}(t) = k_a g_m h_{VJ1} J_1(t) + n_{c1}(t) \tag{6.2.21}$$

其中，$k_a = \dfrac{k_{RF}}{L_R} B_f$，$B_f$ 为干扰信号带宽与接收带宽不匹配引起的损耗等。

同理，在下一个脉冲重复周期内，水平天线和垂直天线的接收电压为

$$v_{m2J}(t) = k_a g_m \boldsymbol{h}_{HJ2} J_2(t) + n_{m2}(t) \quad (6.2.22)$$

和

$$v_{c2J}(t) = k_a g_m \boldsymbol{h}_{VJ2} J_2(t) + n_{c2}(t) \quad (6.2.23)$$

其中，$J_2(t)$ 为假目标干扰在此 PRT 内的调制信号，与 $J_1(t)$ 的主要区别是为了模拟目标运动而带来的相位和幅度变化；$\boldsymbol{h}_{J2} = [h_{JH2}, h_{JV2}]^T$ 为当前 PRT 内干扰信号的极化形式，由于干扰姿态在两个脉冲期间变化很小，对于单极化干扰源而言，其极化形式可近似认为不变，即 $\boldsymbol{h}_{J2} \approx \boldsymbol{h}_{J1} = \boldsymbol{h}$。

6.2.3 有源假目标极化识别方案设计

下面从目标和有源假目标两个角度来具体分析二者具有的特性和区别，为真假目标的鉴别提供基础。从目标的角度来看，由式（6.2.16）和式（6.2.17）直观可见，对于在两个 PRT 内被动接收的天线而言，在不考虑接收机噪声的情况下，其接收电压相减，根据目标极化散射矩阵的互易性可得

$$\Delta_1 = v_{m2}(t) - v_{c1}(t) e^{j2\pi(f_d + f_c)T_r} \approx 0 \quad (6.2.24)$$

而对于假目标干扰而言，由式（6.2.21）和式（6.2.22）可知，Δ_1 为

$$\Delta_1 = v_{m2J}(t) - v_{c1J}(t) e^{j2\pi(f_d + f_c)T_r} = k_a g_m [h_{JH} J_2(t) - h_{JV} J_1(t) e^{j2\pi(f_d + f_c)T_r}] \neq 0 \quad (6.2.25)$$

从干扰的角度分析，由式（6.2.20）~式（6.2.23）直观可见，对于有源假目标干扰而言，在不考虑接收机噪声的情况下，雷达接收信号具有如下关系

$$\begin{aligned} \Delta_2 &= v_{m1J}(t) v_{c2J}^*(t) - v_{m2J}(t) v_{c1J}^*(t) \\ &= k_a^2 g_m^2 J_1(t) J_2^*(t) (h_{VJ} h_{HJ}^* - h_{VJ} h_{HJ}^*) = 0 \end{aligned} \quad (6.2.26)$$

而对于目标而言，显然有

$$\Delta_2 = g_m^4 (S_{VV} S_{HH}^* - S_{HV} S_{HV}^*) |\chi(t)|^2 e^{j2\pi(f_d + f_c)T_r} \neq 0 \quad (6.2.27)$$

也就是说，对于目标而言，Δ_1 等于零，而 Δ_2 一般情况下不等于零；对于干扰而言，Δ_1 一般情况下不等于零，而 Δ_2 等于零。这为真假目标的识别提供两条重要依据，并可以给出真假目标识别的判决检验量 η_1 和 η_2 定义为

$$\eta_1 = |\Delta_1|^2, \quad \eta_2 = |\Delta_2|^2 \quad (6.2.28)$$

由前分析可知，η_1 和 η_2 是从不同侧面反映了真假目标之间的差异，这里采用首先根据 η_1 和 η_2 分别判断检测点迹的真假，并给出局部判决结果，

而后采用融合的方法给出最后识别结果。为了保证雷达目标的误判率保持在恒定水平内,本节从目标的角度来分析有源假目标的正确识别率和误判率。即有

$$\mu_1 = \begin{cases} 1, & \eta_1 \geqslant \beta_1 \\ 0, & \eta_1 < \beta_1 \end{cases}, \quad \mu_2 = \begin{cases} 1, & \eta_2 \leqslant \beta_2 \\ 0, & \eta_2 > \beta_2 \end{cases} \quad (6.2.29)$$

其中,β_1 和 β_2 为局部判决门限。融合的方法采用 OR 逻辑,即

$$u = \begin{cases} 0 & u_1 = u_2 = 0 \\ 1 & 其他 \end{cases} \quad (6.2.30)$$

当 $\mu = 1$ 时,判断该检测点迹为真目标,反之为有源假目标。图 6.2.1 给出了有源假目标的极化识别方案。

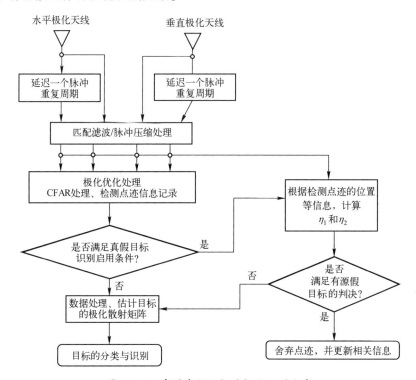

图 6.2.1 有源真假目标的极化识别方案

图 6.2.1 中,极化优化处理主要是指采用最优极化检测(OPD)、极化白化滤波器(PWF)、张量合成(SPAN)处理等技术来提高雷达的检测性能;启用条件的判断主要是根据当前雷达任务、雷达资源和当前波位探测到点迹的数目 M 的相对关系决定。一般情况下,若雷达工作于搜索姿态,可设 $M > 3$ 时,启用本识别通道;若在稳定跟踪或制导的过程中,$M \geqslant 2$ 时,就可以启动

本识别通道来判断是否存在假目标或有源诱饵，以便后续的拦截能够正确攻击目标。

6.2.4 真假目标极化识别的性能分析

1. 局部判决检验量 η_1 和 η_2 的统计特性

这里为了分析、评估本识别算法的性能，首先给出两个局部判决检验量 η_1 和 η_2 的统计分布。

1) η_1 的统计分布

由 $\Delta_1 = v_{m2}(t) - v_{c1}(t) e^{j2\pi(f_d+f_c)T_r}$ 的定义可知，Δ_1 服从高斯分布，设 $\Delta_1 \sim N(m_1, \sigma_1^2)$。那么，在雷达接收信号为目标和干扰情况下 Δ_1 的均值和方差分别为

$$\frac{m_1}{S}=0, \quad \frac{\sigma_1^2}{S}=2\sigma_0^2 \qquad (6.2.31)$$

和

$$\frac{m_1}{J}=k_a g_m m_J, \quad \frac{\sigma_1^2}{J}=2\sigma_0^2 \qquad (6.2.32)$$

其中，$m_J = h_{JH} J_2(t) - h_{JV} J_1(t) e^{j2\pi(f_d+f_c)T_r}$。

进而，由 $\eta_1 = |\Delta_1|^2$ 可知，η_1 在雷达接收信号为目标和干扰情况下的概率密度函数分别为

$$f\left(\frac{\eta_1}{S}\right) = \frac{1}{2\sigma_0^2} \exp\left(-\frac{\eta_1}{2\sigma_0^2}\right) \qquad (6.2.33)$$

和

$$f\left(\frac{\eta_1}{J}\right) = \frac{1}{2\sigma_0^2} \exp\left(-\frac{\eta_1 + k_a^2 g_m^2 |m_J|^2}{2\sigma_0^2}\right) I_0\left(\frac{2k_a g_m |m_J| \sqrt{\eta_1}}{2\sigma_0^2}\right) \qquad (6.2.34)$$

其中，$I_0(z)$ 零阶修正贝塞尔函数。

2) η_2 的统计分布

由前面可知，雷达接收信号无论是目标散射波还是假目标干扰，Δ_2 的概率密度难以给出解析表达式，因而 η_2 的统计分布也难以解析求解，而由 Δ_2 的定义可近似认为 Δ_2 亦服从高斯分布，设 $\Delta_2 \sim N(m_2, \sigma_2^2)$。

因此，在雷达接收信号为目标和干扰情况下 Δ_2 的均值和方差分别为

$$\frac{m_2}{S}=g_m^4 |\chi(t)|^2 m_S e^{j2\pi(f_d+f_c)T_r}, \quad \frac{\sigma_2^2}{S}=2\sigma_0^4+\sigma_0^2 g_m^4 |\chi(t)|^2 E_S \qquad (6.2.35)$$

和

$$\frac{m_2}{J}=0, \quad \frac{\sigma_2^2}{J}=2\sigma_0^4+\sigma_0^2 k_a^2 g_m^2(|J_1(t)|^2+|J_2(t)|^2) \tag{6.2.36}$$

其中，$m_S = S_{HH}S_{VV}^* - S_{HV}S_{HV}^*$，$E_S = |S_{HH}|^2 + |S_{HV}|^2 + |S_{VV}|^2 + |S_{HV}|^2$。

进而由 $\eta_2 = |\Delta_2|^2$ 可知，η_2 在雷达接收信号为目标和干扰情况下的概率密度函数分别为

$$f\left(\frac{\eta_2}{S}\right) = \frac{1}{2\sigma_0^4 + \sigma_0^2 g_m^4 |\chi(t)|^2 E_S} \exp\left(-\frac{\eta_2 + g_m^8 |\chi(t)|^4 |m_S|^2}{2\sigma_0^4 + \sigma_0^2 g_m^4 |\chi(t)|^2 E_S}\right) I_0\left[\frac{2g_m^4 |\chi(t)|^2 |m_S| \sqrt{\eta_2}}{2\sigma_0^4 + \sigma_0^2 g_m^4 |\chi(t)|^2 E_S}\right] \tag{6.2.37}$$

和

$$f\left(\frac{\eta_2}{J}\right) = \frac{1}{2\sigma_0^4 + \sigma_0^2 k_a^2 g_m^2(|J_1(t)|^2+|J_2(t)|^2)} \exp\left(-\frac{\eta_2}{2\sigma_0^4 + \sigma_0^2 k_a^2 g_m^2(|J_1(t)|^2+|J_2(t)|^2)}\right) \tag{6.2.38}$$

由大量计算机仿真结果可知，η_2 的近似概率密度函数曲线和其统计直方图是一致的，经概率分布密度拟合优度的 χ^2 检验（检验水平为 0.01）验证了这一结论，进一步表明 Δ_2 的高斯分布假设是可行的。

2. 算法性能的理论分析与评估

为了刻画有源真假目标的识别概率随信噪比（SNR）或干噪比（JNR）的变化关系，首先给出 SNR 和 JNR 的定义为

$$\mathrm{SNR} = \frac{g_m^4 |\chi(t)|^2 (|S_{HH}|^2 + |S_{HV}|^2 + |S_{VV}|^2 + |S_{HV}|^2)}{4\sigma_0^2} = \frac{g_m^4 |\chi(t)|^2 E_S}{4\sigma_0^2} \tag{6.2.39}$$

和

$$\mathrm{JNR} = \frac{k_a^2 g_m^2 (|J_1(t)|^2 + |J_2(t)|^2)}{4\sigma_0^2} \tag{6.2.40}$$

同时，为了便于分析目标和干扰的极化特性对识别算法的影响，定义如下两个参数，目标形状因子 γ 和干扰极化因子 λ 为

$$\gamma = \frac{|S_{VV}S_{HH}^* - S_{HV}S_{HV}^*|}{|S_{HH}|^2 + |S_{HV}|^2 + |S_{VV}|^2 + |S_{HV}|^2} = \frac{m_S}{E_S} \tag{6.2.41}$$

和

$$\lambda = \frac{|h_{JH}J_2(t) - h_{JV}J_1(t)|^2}{|J_1(t)|^2 + |J_2(t)|^2} = \frac{|m_J|^2}{|J_1(t)|^2 + |J_2(t)|^2} \tag{6.2.42}$$

显然，根据简单形体目标的极化散射矩阵可知，对于金属球、平板、三面角反射器、垂直偶极子、水平偶极子等目标而言，目标形状因子 $\gamma = \frac{1}{2}$，而

对于二面角为 $\gamma = \frac{1}{4}$；不同目标的形状因子 γ 不同，从一个侧面定性地描述了目标的极化特性。而对于干扰极化因子 λ 也侧重描述了干扰的极化特性，诸如对于圆极化干扰，$\lambda = 1$；而对于水平或垂直线极化干扰，$\lambda = \frac{1}{2}$。

下面结合两个局部判决检验量 η_1 和 η_2 的统计分布，具体分析评估有源真假目标极化识别的性能。设 P_{d1} 和 P_{d2} 分别为两个局部判决中目标的正确判决概率，α_1 和 α_2 为目标的误判率；P_{dJ1} 和 P_{dJ2} 分别为两个局部判决中有源假目标正确识别概率，P_{f1} 和 P_{f2} 为有源假目标误判为目标的概率。根据"OR"融合规则可知，目标的正确判决概率 P_D 和有源假目标正确识别概率 P_J 与上述概率参量具有如下关系

$$P_D = 1 - (1 - P_{d1})(1 - P_{d2}) \tag{6.2.43}$$

和

$$P_J = P_{dJ1} P_{dJ2} \tag{6.2.44}$$

相应地，目标的误判率为

$$\alpha = 1 - P_D = \alpha_1 \alpha_2 \tag{6.2.45}$$

由上式可见，欲使目标的误判概率控制内某一恒定水平 α 下，只要使任一个局部判决中目标的误判概率不超过该水平即可得以保证。

对于第一个局部判决表达式，为了保证目标的误判率在一个恒定水平 α 下，要求

$$\int_{\beta_1}^{\infty} f\left(\frac{\eta_1}{S}\right) d\eta_1 \leqslant \alpha \tag{6.2.46}$$

由此，可得局部判决门限 $\beta_1 = -2\sigma_0^2 \ln \alpha$。相应的，目标的正确识别率为 $P_{d1} = 1 - \alpha$。此时有源假目标的正确判决率为

$$P_{dJ1} = \frac{1}{2\sigma_0^2} e^{-2\lambda \text{JNR}} \int_{\beta_1}^{\infty} e^{-\frac{\eta_1}{2\sigma_0^2}} I_0\left(\frac{2\sqrt{\lambda \text{JNR} \eta_1}}{\sigma_0}\right) d\eta_1 \tag{6.2.47}$$

而假目标误判为雷达目标的概率为 $P_{f1} = 1 - P_{dJ1}$。

对于第二个判决表达式，为了使有源假目标的误判概率保持在一个相对低的水平，设 $P_{f2} \leqslant P_{f\alpha}$ 下，即有

$$\int_0^{\beta_2} f\left(\frac{\eta_2}{J}\right) d\eta_2 \leqslant P_{f\alpha} \tag{6.2.48}$$

由此可得局部判决门限 $\beta_2 = -2\sigma_0^4(1 + 2\text{JNR})\ln P_{f\alpha}$。相应地，有源假目标的正确判决率为 $P_{dJ2} = 1 - P_{f\alpha}$。

此时目标的正确判决率为

$$P_{d2} = \frac{1}{2\sigma_0^4(1+2\text{SNR})} e^{-\frac{8\gamma^2\text{SNR}^2}{1+2\text{SNR}}} \int_{\beta_2}^{\infty} e^{-\frac{\eta_2}{2(1+2\text{SNR})\sigma_0^4}} I_0\left(\frac{4\gamma\text{SNR}}{\sigma_0^2(1+2\text{SNR})}\sqrt{\eta_2}\right) d\eta_2$$

(6.2.49)

而目标的误判概率为 $\alpha_2 = 1 - P_{d2}$。

那么，雷达目标的正确判决概率可简化表示为

$$P_D = 1 - \alpha(1 - P_{d2}) \quad (6.2.50)$$

而有源假目标的正确判决概率可简化为

$$P_J = P_{dJ1}(1 - P_{f\alpha}) \quad (6.2.51)$$

图 6.2.2 给出了雷达目标和有源假目标干扰的正确判决概率随信噪比（干噪比）的变化曲线，其中，雷达目标的误判概率不超过 $\alpha = 10^{-4}$，有源假目标的局部误判概率 $P_{f\alpha} = 10^{-2}$；图 6.2.2（a）中目标形状因子 $\gamma = 1$，干扰极化因子 $\lambda = 1$，图 6.2.2（b）中目标形状因子 $\gamma = \frac{1}{2}$，干扰极化因子 $\lambda = \frac{1}{2}$。

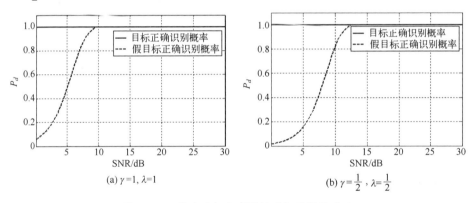

图 6.2.2 雷达目标和有源假目标干扰的正确
判决概率随信噪比（干噪比）的变化曲线

由图 6.2.2 和式（6.2.50）可见，从目标识别的角度来看，已检测目标的正确判决概率基本不随信噪比的变化而变化，且与目标的形状因子参数 γ 关系不大，主要取决于预先设定的误判率水平 α 值；而有源假目标干扰的正确判决概率随干噪比和干扰极化因子的变化而变化，对于圆极化干扰基本上在干噪比低于 10dB 的情况下就能够完全识别，这与文献 [11] 中结合实测数据仿真得到的结论是一致的。

图 6.2.3 给出了雷达目标和有源假目标干扰的正确判决概率随干扰极化因子 λ 的变化曲线，其中，信噪比（干噪比）SNR = 13dB，其他参数与

图 6.2.2一致。由图 6.2.3可见，有源假目标干扰的正确判决概率与干扰极化因子密切相关，随着干扰极化因子 λ 的减小，在同一干噪比条件下，正确识别的概率亦在减小。特别的，当干扰极化因子等于零时，即有

$$h_{JH}J_2(t) = h_{JV}J_1(t) e^{j2\pi(f_d+f_c)T_r} \tag{6.2.52}$$

有源假目标干扰就难以利用极化信息进行有效识别。这对于有源干扰系统的优化设计具有重要参考意义。

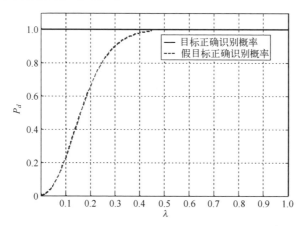

图 6.2.3 雷达目标和有源假目标干扰的正确
判决概率随干扰极化因子的变化曲线

从本节的分析结果来看，干扰的极化设计不仅仅考虑接收功率的损失问题，还需要考虑极化的可识别性问题，也就是说为了取得对抗优势，有源电子干扰必须采用合理的极化调制或全极化体制。

至于在宽带高分辨条件下，由于雷达距离分辨单元远小于目标径向尺寸，因而目标连续占据了多个分辨单元，而每个分辨单元是由不同散射机理的散射元构成，因而其散射回波的极化特性也可能是各不相同的，且与发射信号的极化形式密切相关；而对于有源假目标而言，其极化特性可能是一致的，且与发射信号的极化形式无关。因而高分辨信息与极化信息的充分挖掘可为解决有源假目标等欺骗性电子干扰的抑制与鉴别提供更为有效的途径，文献[16]中详细论述，这里不再赘述。

6.3 基于瞬态极化雷达的有源假目标鉴别与抑制

瞬态极化雷达[17]是通过采用正交极化通道"同时发射、同时接收"的工作模式，能够利用单次目标回波测量完整的极化散射矩阵，从而克服了分时

极化测量雷达在目标极化特性测量方面的固有缺陷，它归类为同时全极化测量体制雷达。同时，瞬态极化雷达具备更加灵活的极化调制能力，意味着其辐射电磁波的极化状态并非固定不变，而是呈现出特定变化规律，利用该极化调制特性可提高雷达的电子反对抗措施（ECCM）。为此，本节提出一种基于脉内瞬态极化调制的有源假目标抑制方法，该方法利用瞬态极化雷达信号波形的极化调制特性，通过提取接收信号的极化特征量，进行滤波处理后实现距离有源假目标的有效鉴别与抑制。

6.3.1 瞬态极化雷达信号的极化调制特性

1. 发射信号的瞬态极化调制特性

瞬态极化雷达由两路独立的发射通道和两路独立的接收通道组成。发射时，两路正交（准正交）的中频调制波形上变频到射频频段，由两个正交极化天线同时发射出去；接收时，射频信号的正交极化分量分别由正交极化天线接收，下变频后输入到信号处理模块。本节所描述的电子对抗场景如图 6.3.1 所示，敌方突防飞机携带有转发式干扰机。干扰机在接收到雷达信号后，经"时延-转发"产生大量干扰信号，这些干扰信号和目标回波一同进入雷达接收机，经处理后将在距离上生成大量虚假目标，严重干扰了真实目标的正确检测、跟踪。

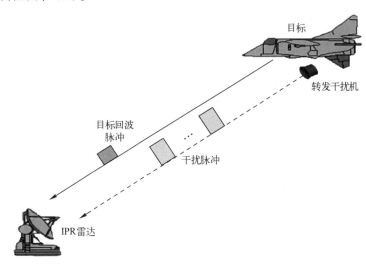

图 6.3.1 距离多假目标干扰对抗示意图

假定瞬态极化雷达采用 H、V 极化天线，极化基记作 (H,V)，雷达两路中频调制信号表示成矢量形式为

$$\boldsymbol{e}(t) = \begin{bmatrix} e_H(t) & e_V(t) \end{bmatrix}^\mathrm{T} \tag{6.3.1}$$

其中，$e_H(t) = a_H(t)\exp[\mathrm{j}\varphi_H(t)]\mathrm{rect}\left(\dfrac{t}{\tau_p}\right)$，$e_V(t) = a_V(t)\exp[\mathrm{j}\varphi_V(t)]\mathrm{rect}\left(\dfrac{t}{\tau_p}\right)$分别是 H、V 极化通道的中频调制信号，$a_H(t)$ 和 $a_V(t)$ 是幅度调制函数，$\varphi_H(t)$ 和 $\varphi_V(t)$ 是相位调制函数。不失一般性，假定两路中频信号仅由相位调制得到，即 $a_H(t) = a_H$，$a_V(t) = a_V$。

设本振信号为 $o_c(t) = \exp[\mathrm{j}(2\pi f_c t + \varphi_c)]$，则发射射频信号矢量为

$$\boldsymbol{e}_{RF}(t) = \boldsymbol{e}(t) \cdot o_c(t) \tag{6.3.2}$$

其中，f_c 是载波频率，φ_c 是其初始相位。

在 (H, V) 极化基下，电磁波极化状态由其 H、V 极化分量间的相对关系确定。显然，如果相位调制函数 $\varphi_H(t) \neq \varphi_V(t)$，则空间合成电磁波的极化状态在一个脉冲持续时间内将非固定不变，而是呈现出一定的瞬态调制特性。由瞬态极化理论可知，其瞬态极化投影矢量（IPPV）轨迹在 Poincaré 球上是一小圆极化轨道。图 6.3.2 是当 $\dfrac{a_H}{a_V}$ 分别取 0.5、1 及 1.5 时的 IPPV 示意图。

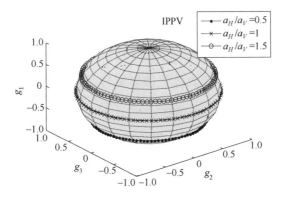

图 6.3.2　瞬态极化雷达发射信号的 IPPV

2. 目标回波的瞬态极化调制特性

雷达目标回波是由入射信号和目标相互作用产生的，因此其极化状态与发射信号的极化状态密切相关。在瞬态极化雷达信号激励下，目标回波的极化状态也将具有一定的脉内调制特性。设目标距离为 r_T，对应的回波时延 $\tau_T = \dfrac{2r_T}{c}$。目标运动速度为 v_0，对应的多普勒频移 $f_\mathrm{d} = \dfrac{2v_0 f_c}{c}$。同时，假定目标

极化散射特性在一个脉冲激励期间固定不变，极化散射矩阵记作 $S = \begin{bmatrix} s_{HH} & s_{HV} \\ s_{VH} & s_{VV} \end{bmatrix}$。目标后向散射回波经下变频处理后得到两路中频接收信号，写成矢量形式为

$$\boldsymbol{T}(t) = [T_H(t) \quad T_V(t)]^T = K_T \exp(-j2\pi f_c \tau_T) \exp(j2\pi f_d t) \boldsymbol{S} \boldsymbol{e}(t - \tau_T)$$

(6.3.3)

其中，$K_T = \sqrt{\dfrac{P_t G_t G_r \lambda^2}{(4\pi)^3 r_T^4}}$ 是由发射信号功率 P_t、雷达发射及接收天线增益 (G_t, G_r)、距离 r_T 等因素决定的常数因子，$T_H(t)$、$T_V(t)$ 分别是 H、V 极化通道的中频目标回波信号，具体表达为

$$\begin{cases} T_H(t) = K_T \exp(-j2\pi f_c \tau_T) \exp(j2\pi f_d t)[s_{HH} e_H(t - \tau_T) + s_{HV} e_V(t - \tau_T)] \\ T_V(t) = K_T \exp(-j2\pi f_c \tau_T) \exp(j2\pi f_d t)[s_{VH} e_H(t - \tau_T) + s_{VV} e_V(t - \tau_T)] \end{cases}$$

(6.3.4)

目标回波矢量的极化调制特性与发射信号矢量的极化调制特性、目标极化散射特性因素有关。图 6.3.3 是四类目标回波信号的 IPPV，其中，$\dfrac{a_H}{a_V} = 1$，目标 T_1 的极化散射矩阵为 $\begin{bmatrix} 1 & 0.1778 \\ 0.1778 & 1 \end{bmatrix}$，目标 T_2 的极化散射矩阵为 $\begin{bmatrix} 1 & 0.1778 \\ 0.1778 & -1 \end{bmatrix}$，目标 T_3 的极化散射矩阵为 $\begin{bmatrix} 1 & 0.5623 \\ 0.5623 & j \end{bmatrix}$，目标 T_4 的极化散射矩阵为 $\begin{bmatrix} 1 & 0.5623 \\ 0.5623 & -j \end{bmatrix}$。

考虑到通道噪声因素，雷达实际接收中频信号矢量为

$$\boldsymbol{r}_T(t) = [r_{T,H}(t) \quad r_{T,V}(t)]^T = \boldsymbol{T}(t) + \boldsymbol{n}(t) \quad (6.3.5)$$

其中，$\boldsymbol{n}(t) = [n_H(t) \quad n_V(t)]^T$ 是通道噪声矢量，$n_H(t)$、$n_V(t)$ 服从独立的零均值、方差分别为 σ_H^2、σ_V^2 的复高斯分布，可以写成

$$\begin{cases} n_H(t) = a_{n,H}(t) \exp[j\varphi_{n,H}(t)] \\ n_V(t) = a_{n,V}(t) \exp[j\varphi_{n,V}(t)] \end{cases}$$

(6.3.6)

其中，幅度值 $a_{n,H}(t)$ 和 $a_{n,V}(t)$ 服从瑞利分布，相位值 $\varphi_{n,H}(t)$ 和 $\varphi_{n,V}(t)$ 在 $[-\pi, \pi]$ 区间内服从均匀分布。

3. 转发式干扰的极化特性

与目标回波信号的极化特性不同，有源干扰信号的极化状态由干扰机天线的极化特性决定。受体积、成本等因素限制，实际干扰机通常采用固定极

化天线。此时，欺骗干扰信号的极化状态在一个脉冲时间内可认为固定不变，且明显不同于目标回波的极化特性。设干扰机天线的线极化基为 (A, B)，是由雷达极化基 (H, V) 旋转 θ_0 得到的，如图 6.3.4 所示，其中，k 为雷达视线方向。

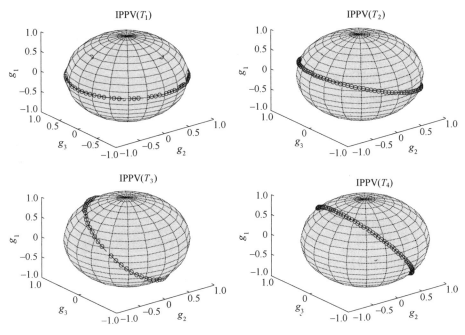

图 6.3.3　四类目标散射回波的 IPPV

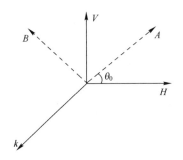

图 6.3.4　干扰机极化基和雷达极化基之间的关系示意图

设在极化基 (A, B) 下，干扰信号的极化状态记为 $\boldsymbol{J}_{AB} = [J_A \quad J_B]^{\mathrm{T}}$，满足 $\|\boldsymbol{J}_{AB}\|^2 = 1$。通过极化基变换可以求出其在雷达极化基 (H, V) 下的表达式为

$$\boldsymbol{J}_{HV} = \begin{bmatrix} J_H \\ J_V \end{bmatrix} = \begin{bmatrix} \cos\theta_0 & -\sin\theta_0 \\ \sin\theta_0 & \cos\theta_0 \end{bmatrix} \boldsymbol{J}_{AB} \qquad (6.3.7)$$

其中，$\begin{bmatrix} \cos\theta_0 & -\sin\theta_0 \\ \sin\theta_0 & \cos\theta_0 \end{bmatrix}$ 是极化基旋转矩阵，且 $\|\boldsymbol{J}_{HV}\|^2 = 1$。

忽略功率因子，"存储-转发"式干扰机发射的欺骗干扰信号可以表示成 $j(t) = \boldsymbol{J}_{HV}^T \boldsymbol{g}(t) = J_H g_H(t) + J_V g_V(t)$。在自卫式干扰情况下，干扰机到雷达的距离与目标到雷达的距离相等。为形成距离假目标干扰，干扰机将对转发信号进行时延，设干扰时延量为 τ_j。雷达接收机同时接收干扰信号的正交极化分量，经下变频后得到两路中频干扰信号为

$$\begin{aligned} \boldsymbol{J}(t) &= [J_H(t) \quad J_V(t)]^T = K_J \exp(-\mathrm{j}2\pi f_c \tau_T) \exp\{\mathrm{j}\varphi_j(t)\} j(t-\tau_T-\tau_j) \boldsymbol{J}_{HV} \\ &= K_J \exp(-\mathrm{j}2\pi f_c \tau_T) \exp\{\mathrm{j}\varphi_j(t)\} [J_H g_H(t-\tau_J) + J_V g_V(t-\tau_J)] \boldsymbol{J}_{HV} \end{aligned}$$

$$(6.3.8)$$

其中，$K_J = \sqrt{\dfrac{P_j G_j G_r \lambda^2}{(4\pi)^2 r_T^2 L}}$ 是由干扰机发射信号功率 P_j，干扰机天线增益 G_j 及干扰信号失配损耗因子 L 等因素决定的常量因子，$\tau_J = \tau_T + \tau_j$，$\varphi_j(t)$ 是由干扰时延调制引起的相位因子。

考虑到通道噪声因素，雷达实际接收到的中频干扰信号为

$$\boldsymbol{r}_J(t) = [r_{J,H}(t) \quad r_{J,V}(t)]^T = \boldsymbol{J}(t) + \boldsymbol{n}(t) \qquad (6.3.9)$$

其中，$\boldsymbol{n}(t)$ 见式（6.3.6）中的定义。

可以看出，雷达接收干扰信号的极化特性由干扰机天线的极化状态确定，对于采用单极化天线的干扰机，雷达接收转发干扰信号的IPPV将是固定不变的。

6.3.2 有源假目标的抑制与鉴别方法设计

由上述分析可以看出，目标回波的极化特性和有源假目标干扰信号的极化特性具有显著差异。具体而言，前者的极化特性与雷达发射信号的极化状态密切相关，具有一定的脉内瞬态极化调制特性，而后者的极化特性主要取决于干扰机天线的极化特性，可以认为在一次脉冲时间内固定不变。基于该极化特性差异，本节设计了有源假目标的极化抑制算法。

1. 瞬态极化特征量提取及算法处理流程

电磁波的极化状态由其 H、V 极化分量之间的相对关系确定[18]，这里定义 H、V 极化信号之间的归一化瞬时互相关系数作为瞬态极化特征参量，这样，发射信号的瞬态极化特征参量为

$$p_i(t) = \frac{e_V(t)e_H^*(t)}{|e_H(t)||e_V(t)|} = \exp[j\varphi_i(t)] \quad (6.3.10)$$

其中，$\varphi_i(t) = \arg[g_V(t) \cdot g_H^*(t)] = \varphi_V(t) - \varphi_H(t)$。

将目标极化散射矩阵表达式代入，可求出目标回波的瞬态极化特征参量为

$$p_T(t) = \frac{T_V(t)T_H^*(t)}{|T_V(t)||T_H(t)|} = \exp[j\varphi_T(t)] \quad (6.3.11)$$

其中，$\varphi_T(t) = \arg[s_{HH}^* s_{VH} + s_{HV}^* s_{VV} + s_{HH}^* s_{VV} e_V(t-\tau_T)e_H^*(t-\tau_T) + s_{VH} s_{HV}^* e_H(t-\tau_T) e_V^*(t-\tau_T)]$。

上式中的相位项可以改写成

$$\varphi_T(t) = \arg[s_{HH}^* s_{VV} e_V(t-\tau_T) e_H^*(t-\tau_T)]$$
$$+ \arg\left[1 + \frac{s_{VH}}{s_{VV}} e_H(t-\tau_T) e_V^*(t-\tau_T)\right] + \arg\left[1 + \frac{s_{HV}^*}{s_{HH}^*} e_H(t-\tau_T) e_V^*(t-\tau_T)\right]$$
$$(6.3.12)$$

对于导弹、飞机等大多数军事目标而言，在窄带低分辨观测条件下，其同极化散射分量 s_{HH}、s_{VV} 通常强于交叉极化分量 s_{HV}、s_{VH}[19]，则式（6.3.12）可以简化成

$$\varphi_T(t) \approx \arg[s_{HH}^* s_{VV} g_V(t-\tau_T) g_H^*(t-\tau_T)] = \varphi_i(t-\tau_T) + \varphi_{T,0} \quad (6.3.13)$$

其中，$\varphi_i(t-\tau_T) = \varphi_V(t-\tau_T) - \varphi_H(t-\tau_T)$，$\varphi_{T,0} = \arg(s_{HH}^* s_{VV})$。

有源假目标干扰信号的极化状态在一个脉冲内固定不变，其瞬态极化特征参量为

$$p_J(t) = \exp\{j\arg[J_V(t)J_H^*(t)]\} = \exp[j\varphi_J(t)] \quad (6.3.14)$$

其中，$\varphi_J(t) = \arg(J_V J_H^*) = \varphi_{J,0}$。

设雷达 H、V 极化通道的中频接收信号分别为 $r_H(t)$、$r_V(t)$，这样存在以下三种假设情况：H_0——中频接收信号仅包含通道噪声；H_1——中频接收信号包含目标回波和通道噪声，$t \in [\tau_T, \tau_T+\tau_p]$；$H_2$——中频接收信号包含有源假目标干扰信号和通道噪声，$t \in [\tau_J, \tau_J+\tau_p]$。

由两路中频接收信号求出瞬态极化特征参量为

$$p_r(t) = \exp\{j\arg[r_V(t)r_H^*(t)]\} \quad (6.3.15)$$

将式（6.3.9）、式（6.3.5）代入，可以求出三种假设情况下的相位表达式分别为

$$\begin{cases} H_0: \varphi_r(t) = \arg\{n_V(t)n_H^*(t)\} \\ H_1: \varphi_r(t) = \arg\{[T_V(t)+n_V(t)][T_H^*(t)+n_H^*(t)]\} \\ H_2: \varphi_r(t) = \arg\{[J_V(t)+n_V(t)][J_H^*(t)+n_H^*(t)]\} \end{cases} \quad (6.3.16)$$

在假设 H_0 情况下，瞬态极化特征参量的相位值为

$$\varphi_r(t) = \arg\{n_V(t) n_H^*(t)\} = \varphi_n(t) \qquad (6.3.17)$$

由于噪声信号相位 $\varphi_{n,H}(t)$、$\varphi_{n,V}(t)$ 在区间 $[-\pi, \pi]$ 内服从均匀分布，见式 (6.3.6)，则 $\varphi_n(t)$ 也在区间 $[-\pi, \pi]$ 内服从均匀分布。

在假设 H_1 情况下，瞬态极化特征参量的相位值为

$$\varphi_r(t) = \arg\{T_V(t) T_H^*(t)\} + \arg\left\{1 + \frac{n_H^*(t)}{T_H^*(t)}\right\} + \arg\left\{1 + \frac{n_V(t)}{T_V(t)}\right\} \qquad (6.3.18)$$

代入式 (6.3.5)，上式可以简化成

$$\varphi_r(t) \approx \varphi_i(t - \tau_T) + \varphi_{T,0} + \varphi_{T+n,H}(t) + \varphi_{T+n,V}(t) \qquad (6.3.19)$$

其中，$\varphi_{T+n,H}(t) = \arg\left\{1 + \frac{n_H^*(t)}{T_H^*(t)}\right\}$，$\varphi_{T+n,V}(t) = \arg\left\{1 + \frac{n_V^*(t)}{T_V^*(t)}\right\}$。

在假设 H_2 情况下，瞬态极化特征参量的相位值为

$$\varphi_r(t) = \arg\{J_V(t) J_H^*(t)\} + \arg\left\{1 + \frac{n_H^*(t)}{J_H^*(t)}\right\} + \arg\left\{1 + \frac{n_V(t)}{J_V(t)}\right\} \qquad (6.3.20)$$

$$= \varphi_{J,0} + \varphi_{J+n,H}(t) + \varphi_{J+n,V}(t)$$

其中，$\varphi_{J+n,H}(t) = \arg\left\{1 + \frac{n_H^*(t)}{J_H^*(t)}\right\}$，$\varphi_{J+n,V}(t) = \arg\left\{1 + \frac{n_V(t)}{J_V(t)}\right\}$。

根据雷达信号理论[8]，这里设计了瞬态极化滤波处理（IPFP），该滤波处理能够在实现与雷达信号瞬态极化特征量匹配的同时，起到抑制有源假目标的效果。由式 (6.3.10) 设计瞬态极化特征量的滤波器为

$$h(t) = \frac{1}{\tau_p} p_i^*(-t) \qquad (6.3.21)$$

在提取出雷达接收信号的瞬态极化特征参量后，用 $h(t)$ 对其进行滤波处理，可以得到在三种假设情况的处理结果，具体如下：

（1）在假设 H_0 情况下，输出结果为

$$o(\tau) = p_r(t) * h(t) = \frac{1}{\tau_p} \int_{-\infty}^{+\infty} \exp\{j[\varphi_n(t) - \varphi_i(\tau - t)]\} \mathrm{rect}\left(\frac{\tau - t}{\tau_p}\right) \mathrm{d}t \qquad (6.3.22)$$

（2）在假设 H_1 情况下，输出结果为

$$o(\tau) = p_r(t) * h(t)$$

$$\approx \frac{1}{\tau_p} \int_{-\infty}^{+\infty} \exp\{j[\varphi_i(t - \tau_0) - \varphi_i(\tau - t) + \varphi_{T+n,H}(t) + \varphi_{T+n,V}(t) + \varphi_{T0}]\} \mathrm{rect}\left(\frac{t - \tau_0}{\tau_p}\right) \mathrm{rect}\left(\frac{\tau - t}{\tau_p}\right) \mathrm{d}t \qquad (6.3.23)$$

第6章 转发式假目标干扰的极化识别技术

(3) 在假设 H_2 情况下,输出结果为

$$\begin{aligned}o(\tau) &= p_r(t) * h(t) \\&= \frac{1}{\tau_p} \int_{-\infty}^{+\infty} \exp\{j[\varphi_{J0} - \varphi_i(\tau-t) + \varphi_{J+n,H}(t) \\&\quad + \varphi_{J+n,V}(t)]\} \mathrm{rect}\left(\frac{t-\tau_0-\tau_j}{\tau_p}\right)\mathrm{rect}\left(\frac{\tau-t}{\tau_p}\right)\mathrm{d}t\end{aligned} \quad (6.3.24)$$

2. 两类典型波形的处理结果

频移矢量脉冲波形和正负斜率 LFM 矢量波形是两类典型的瞬态极化雷达波形,这里以这两类波形为例,分析其脉内极化调制特性及 IPFP 处理结果。

1) 频移脉冲矢量波形的处理结果

在极化基 (H,V) 下,频移脉冲矢量波形表示为

$$\boldsymbol{e}(t) = \begin{bmatrix} e_H(t) \\ e_V(t) \end{bmatrix} = \frac{1}{\sqrt{\tau_p}}\begin{bmatrix} \exp[j(2\pi f_H t + \varphi_H)] \\ \exp[j(2\pi f_V t + \varphi_V)] \end{bmatrix} \mathrm{rect}\left(\frac{t}{\tau_p}\right) \quad (6.3.25)$$

其中,f_H 和 f_V 是中频频率,$\Delta f = f_H - f_V$ 是频差值,φ_H 和 φ_V 是起始相位,这里假定 $\varphi_V = \varphi_H$。

显然,该种信号矢量波形的极化状态由 $e_H(t)$ 和 $e_V(t)$ 的相互关系确定,在一个脉冲内呈周期性变化,把上式代入式 (6.3.10) 可求出瞬态极化特征参量为

$$p_i(t) = \exp(j2\pi\Delta f t)\mathrm{rect}\left(\frac{t}{\tau_p}\right) \quad (6.3.26)$$

可见,其瞬态极化特征参量是一个频率为 Δf 的单频信号,根据式 (6.3.21) 设计的滤波器为

$$h(t) = \frac{1}{\tau_p} p_i^*(-t) = \frac{1}{\tau_p}\exp(j2\pi\Delta f t)\mathrm{rect}\left(\frac{t}{\tau_p}\right) \quad (6.3.27)$$

依据上述公式求出三种在假设条件下的 IPFP 处理结果,具体为

(1) 在假设 H_0 条件下,滤波输出信号幅值为

$$A_0(\tau) = \left|\frac{1}{\tau_p}\int_{-\infty}^{+\infty}\exp\{j[\varphi_n(t) - 2\pi\Delta f t]\}\mathrm{rect}\left(\frac{\tau-t}{\tau_p}\right)\mathrm{d}t\right| \quad (6.3.28)$$

(2) 在假设 H_1 条件下,滤波输出信号幅值为

$$\begin{aligned}A_1(\tau) \approx &\left|\frac{1}{\tau_p}\exp\{j[2\pi\Delta f(\tau-\tau_T) + \varphi_{T,0}]\}\right. \\&\left.\int_{-\infty}^{+\infty}\exp\{j[\varphi_{T+n,H}(t) + \varphi_{T+n,V}(t)]\}\mathrm{rect}\left(\frac{t-\tau_T}{\tau_p}\right)\mathrm{rect}\left(\frac{\tau-t}{\tau_p}\right)\mathrm{d}t\right|\end{aligned}$$

$$(6.3.29)$$

在高 SNR 条件下，满足 $\left|\dfrac{T_H(t)}{n_H(t)}\right| \gg 1$ 及 $\left|\dfrac{T_V(t)}{n_V(t)}\right| \gg 1$，上式可简化为

$$A_1(\tau) \approx \dfrac{1}{\tau_p}\int_{-\infty}^{+\infty}\mathrm{rect}\left(\dfrac{t-\tau_T}{\tau_p}\right)\mathrm{rect}\left(\dfrac{\tau-t}{\tau_p}\right)\mathrm{d}t = \begin{cases}\dfrac{1}{\tau_p}(\tau-\tau_T+\tau_p),\ \tau_0-\tau_p\leqslant\tau<\tau_0\\[6pt] -\dfrac{1}{\tau_p}(\tau-\tau_T-\tau_p),\ \tau_0\leqslant\tau\leqslant\tau_0+\tau_p\end{cases}$$

(6.3.30)

(3) 在假设 H_2 条件下，滤波输出幅值为

$$A_2(\tau) = \left|\dfrac{1}{\tau_p}\exp\{\mathrm{j}[2\pi\Delta f\tau+\varphi_{J,0}]\}\right.$$
$$\left.\int_{-\infty}^{+\infty}\exp\{\mathrm{j}[-2\pi\Delta ft+\varphi_{J+n,H}(t)+\varphi_{J+n,V}(t)]\}\mathrm{rect}\left(\dfrac{t-\tau_J}{\tau_p}\right)\mathrm{rect}\left(\dfrac{\tau-t}{\tau_p}\right)\mathrm{d}t\right|$$

(6.3.31)

在高 JNR 条件下，满足 $\left|\dfrac{J_H(t)}{n_H(t)}\right| \gg 1$ 及 $\left|\dfrac{J_V(t)}{n_V(t)}\right| \gg 1$，上式可简化为

$$\begin{aligned}A_2(\tau) &\approx \left|\dfrac{1}{\tau_p}\int_{-\infty}^{+\infty}\exp(-\mathrm{j}2\pi\Delta ft)\mathrm{rect}\left(\dfrac{t-\tau_J}{\tau_p}\right)\mathrm{rect}\left(\dfrac{\tau-t}{\tau_p}\right)\mathrm{d}t\right|\\ &= \begin{cases}\dfrac{|\sin\pi\Delta f(\tau_J-\tau-\tau_p)|}{\pi\Delta f\tau_p},\ \tau_J-\tau_p\leqslant\tau<\tau_J\\[6pt] \dfrac{|\sin\pi\Delta f(\tau-\tau_J-\tau_p)|}{\pi\Delta f\tau_p},\ \tau_J\leqslant\tau\leqslant\tau_J+\tau_p\end{cases}\end{aligned}$$

(6.3.32)

2) 正负斜率 LFM 矢量波形的处理结果

不妨假定 H 极化通道发射正斜率 LFM 信号，而 V 极化通道发射负斜率 LFM 信号，写成矢量形式为

$$\boldsymbol{e}(t) = \begin{bmatrix}e_H(t)\\ e_V(t)\end{bmatrix} = \dfrac{1}{\sqrt{\tau_p}}\begin{bmatrix}\exp(\mathrm{j}\pi\gamma t^2)\\ \exp(-\mathrm{j}\pi\gamma t^2)\end{bmatrix}\exp(\mathrm{j}2\pi f_0 t)\mathrm{rect}\left(\dfrac{t}{\tau_p}\right) \quad (6.3.33)$$

按式 (6.3.10) 求取该波形矢量的瞬态极化特性参量为

$$p_i(t) = \exp(\mathrm{j}2\pi\gamma t^2)\mathrm{rect}\left(\dfrac{t}{\tau_p}\right) \quad (6.3.34)$$

显然，其瞬态极化特征量是调频斜率为 2γ 的 LFM 信号，以该量设计滤波器为

$$h(t) = \dfrac{1}{\tau_p}p_i^*(-t) = \dfrac{1}{\tau_p}\exp(-\mathrm{j}2\pi\gamma t^2)\mathrm{rect}\left(\dfrac{t}{\tau_p}\right) \quad (6.3.35)$$

将上式代入式（6.3.22）~式（6.3.24）求出在三种假设条件下的处理结果，分别为

（1）在假设 H_0 条件下，滤波输出幅值为

$$A_0(\tau) = \left| \frac{1}{\tau_p} \int_{-\infty}^{+\infty} \exp\{j[\varphi_n(t) - 2\pi\gamma(\tau-t)^2]\} \text{rect}\left(\frac{\tau-t}{\tau_p}\right) dt \right|$$

(6.3.36)

（2）在假设 H_1 条件下，滤波输出幅值为

$$A_1(\tau) \approx \left| \frac{1}{\tau_p} \exp\{j[2\pi\gamma(\tau_T^2 - \tau^2) + \varphi_{T,0}]\} \right.$$
$$\left. \cdot \int_{-\infty}^{+\infty} \exp\{j[4\pi\gamma(\tau-\tau_T)t + \varphi_{T+n,H}(t) + \varphi_{T+n,V}(t)]\} \text{rect}\left(\frac{t-\tau_T}{\tau_p}\right) \text{rect}\left(\frac{\tau-t}{\tau_p}\right) dt \right|$$

(6.3.37)

在高 SNR 条件下，上式可以简化为

$$A_1(\tau) \approx \left| \frac{1}{\tau_p} \int_{-\infty}^{+\infty} \exp[j4\pi\gamma(\tau-\tau_0)t] \text{rect}\left(\frac{t-\tau_0}{\tau_p}\right) \text{rect}\left(\frac{\tau-t}{\tau_p}\right) dt \right|$$

$$= \left| \frac{\sin[2\pi\gamma(\tau-\tau_0)\tau_p]}{2\pi\gamma(\tau-\tau_0)\tau_p} \right|, \quad \tau_0 - \tau_p \leq \tau \leq \tau_0 + \tau_p$$

(6.3.38)

（3）在假设 H_2 条件下，滤波输出幅值为

$$A_2(\tau) = \left| \frac{1}{\tau_p} \exp(j\varphi_{J,0}) \int_{-\infty}^{+\infty} \exp\{j[\varphi_{J,0+n,H}(t) + \varphi_{J+n,V}(t) - 2\pi\gamma(\tau-t)^2]\} \text{rect}\left(\frac{t-\tau_J}{\tau_p}\right) \text{rect}\left(\frac{\tau-t}{\tau_p}\right) dt \right|$$

(6.3.39)

在高 JNR 情况下，上式可以简化成

$$A_2(\tau) \approx \left| \frac{1}{\tau_p} \int_{-\infty}^{+\infty} \exp\{-j2\pi\gamma(\tau-t)^2\} \text{rect}\left(\frac{t-\tau_J}{\tau_p}\right) \text{rect}\left(\frac{\tau-t}{\tau_p}\right) dt \right|$$

$$= \begin{cases} \frac{1}{2\sqrt{\gamma}\tau_p}\sqrt{[C(U_1)+C(U_2)]^2 + [S(U_1)+S(U_2)]^2}, & \tau_J - \tau_p \leq \tau < \tau_J \\ \frac{1}{2\sqrt{\gamma}\tau_p}\sqrt{[C(U_3)+C(U_4)]^2 + [S(U_3)+S(U_4)]^2}, & \tau_J \leq \tau < \tau_J + \tau_p \end{cases}$$

(6.3.40)

其中，$C(U)=\int_0^U \cos\left(\frac{\pi x^2}{2}\right)\mathrm{d}x$，$S(U)=\int_0^U \sin\left(\frac{\pi x^2}{2}\right)\mathrm{d}x$ 是 Fresnel 积分函数，$U_1=2\sqrt{\gamma}\left(\tau_J+\tau+\frac{\tau_p}{2}\right)$，$U_2=2\sqrt{\gamma}\left(\frac{\tau_p}{2}-\tau_J\right)$，$U_3=2\sqrt{\gamma}\left(\frac{\tau_p}{2}+\tau_J\right)$，$U_4=2\sqrt{\gamma}\left(\frac{\tau_p}{2}-\tau-\tau_J\right)$。

6.3.3 实验结果及性能分析

本节利用实测目标回波信号和仿真假目标干扰信号进行仿真实验，验证 IPFP 抗干扰算法的有效性。实验雷达为国防科技大学电子科学与工程学院研制的瞬态极化雷达系统（KD-IPR），实验场景分为高 SNR（JNR）和低 SNR（JNR）两种情况。

1. 高 SNR（JNR）情况下的实验结果

实验步骤如下：

（1）选取合适的实验场景，并布置瞬态极化雷达系统，雷达布置场景如图 6.3.5（a）所示。为减少地物杂波等因素影响，选取远方的高塔目标作为实验目标，其距离约为 390m，如图 6.3.5（b）所示。调整雷达天线主瓣，使其对准目标方向。

(a) 雷达布置场景

(b) 选取的雷达目标（高塔）

图 6.3.5　外场实验场景照片（高 SNR）

（2）使雷达工作于瞬时极化测量模式，分别选取频移脉冲矢量和正负斜率 LFM 矢量波形作为实验波形，雷达接收机同时接收、采集目标回波的正交极化分量。由于实验时还不具备转发式干扰机，所以这里利用雷达信号参数仿真产生了具有一定极化特性的转发假目标干扰信号，并将其叠加到接收机采集信号中。表 6.3.1 给出了雷达发射信号、目标回波信号（实测）和假目标干扰信号（仿真）的具体参数。

第 6 章 转发式假目标干扰的极化识别技术

表 6.3.1 雷达信号、目标回波和假目标干扰的信号参数（高 SNR/JNR）

雷达发射信号	目标回波	有源假目标	
	T_1	J_1	J_2
波形：频移脉冲矢量波形 中频：65MHz(H)/75MHz(V) 脉宽：2μs PRI：50μs	距离：390m $SNR_H = 26.71dB$ $SNR_V = 21.73dB$	距离：2250m 极化：椭圆极化 (30°, 60°) $JNR_H = 28.05dB$ $JNR_V = 30.17dB$	距离：4500m 极化：椭圆极化 (30°, -60°) $JNR_H = 23.57dB$ $JNR_V = 25.77dB$
波形：正负斜率 LFM 矢量波形 正斜率 LFM(H)/负斜率 LFM(V) 中频：70MHz 调制带宽：10MHz 脉宽：2μs；PRI：50μs	距离：390m $SNR_H = 23.73dB$ $SNR_V = 21.38dB$	距离：2250m 极化：椭圆极化 (60°, 10°) $JNR_H = 26.55dB$ $JNR_V = 30.66dB$	距离：4500m 极化：椭圆极化 (60°, -10°) $JNR_H = 21.97dB$ $JNR_V = 25.952dB$

（3）对以上采样信号进行处理、分析，通过比较本节中的滤波处理结果和常规的匹配滤波处理结果，验证该抗干扰方法的有效性。

1）频移脉冲矢量波形的处理结果

当采用频移脉冲矢量波形时，图 6.3.6 给出了 H、V 极化通道的中频接收信号，信噪比分别为 $SNR_H = 26.71dB$、$SNR_V = 21.73dB$。根据雷达信号参数仿真产生了两个有源干扰脉冲信号，假目标 1（记作 J_1）位于距离 2250m，极化状态为左旋椭圆极化，对应的极化椭圆参数为 (30°, 60°)，干噪比为 $JNR_H = 28.05dB$、$JNR_V = 30.17dB$。假目标 2（记作 J_2）位于距离 4500m，极化状态为右旋椭圆极化，极化椭圆参数为 (30°, -60°)，估计出干噪比为 $JNR_H = 23.57dB$、$JNR_V = 25.77dB$。图 6.3.7（a）给出了两路中频接收信号分别经匹配滤波的输出结果，可见，目标回波和两个干扰脉冲信号均有匹配滤波峰值输出。在 H 极化通道，目标回波的输出峰值为 0.262V，两个干扰脉冲信号的输出峰值分别为 0.188V 和 0.112V；在 V 极化通道，目标回波的输出峰值为 0.148V，而两个干扰脉冲的输出峰值为 0.311V 和 0.187V。图 6.3.7（b）给出了本节 IPFP 方法的处理结果，真实目标回波的输出峰值约为 0.98，而两个假目干扰脉冲的输出峰值均低于 0.2。如果合理选择检测门限（Th）（如 0.2），IPFP 处理将有效检测到真实目标，而抑制假目标干扰。

下面将对比分析，在假设 H_0 下，接收机采集信号仅包含通道噪声，瞬态极化特征参量的相位值在区间 $[-\pi, \pi]$ 内服从均匀分布。图 6.3.8（a）给出了测量相位值的统计直方图和理论结果，图 6.3.8（b）给出了 IPFP 输出结果的实测数据和理论曲线（瑞利分布），其均值为 0.058。

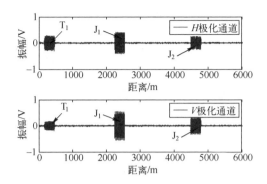

图 6.3.6 H、V 极化通道的中频接收信号（频移脉冲矢量波形）

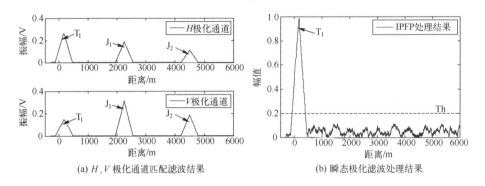

(a) H、V 极化通道匹配滤波结果 (b) 瞬态极化滤波处理结果

图 6.3.7 频移脉冲矢量波形的滤波处理结果

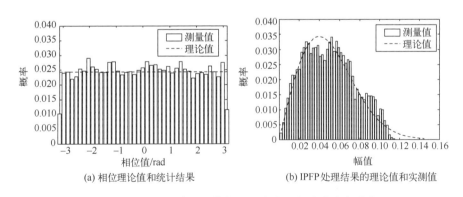

(a) 相位理论值和统计结果 (b) IPFP 处理结果的理论值和实测值

图 6.3.8 假设 H_0 下的理论值和处理结果（频移脉冲矢量波形）

在假设 H_1 条件下，采集信号包含目标回波和通道噪声，IPFP 输出结果的实测结果和理论结果如图 6.3.9（a）所示，可见，实测结果与理论结果基本一致。

在假设 H_2 条件下，接收信号包含欺骗干扰信号和通道噪声，图 6.3.9（b）和图 6.3.9（c）给出了两个干扰脉冲信号（J_1 和 J_2）的 IPFP 输出结果和理论结果。

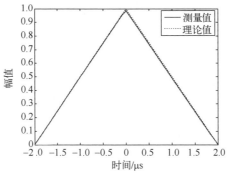

(a) 目标(T_1)回波经IPFP处理的输出理论值和实测值

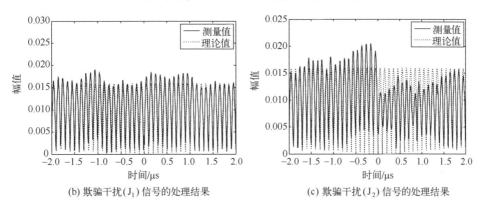

(b) 欺骗干扰(J_1)信号的处理结果　　　　(c) 欺骗干扰(J_2)信号的处理结果

图 6.3.9　假设 H_1 及 H_2 下的理论值和处理结果（频移脉冲矢量波形）

2）正负斜率 LFM 矢量波形的处理结果

与以上分析类似，下面给出了正负斜率 LFM 矢量波形的处理结果。图 6.3.10 给出了 H、V 极化通道的中频接收信号，$\text{SNR}_H = 23.73\text{dB}$、$\text{SNR}_V = 21.38\text{dB}$。同理，根据雷达信号参数仿真产生了两个假目标干扰脉冲信号，干扰信号 3（记作 J_3）的极化椭圆参数为 $(60°,10°)$，$\text{JNR}_H = 26.55\text{dB}$，$\text{JNR}_V = 30.66\text{dB}$。干扰信号 4（记作 J_4）的极化椭圆参数为 $(60°,-10°)$，$\text{JNR}_H = 21.97\text{dB}$，$\text{JNR}_V = 25.95\text{dB}$。图 6.3.11（a）给出了两路中频接收信号分别经匹配滤波处理的结果，其中，在 H 极化通道，目标回波匹配滤波输出峰值为 0.148V，两个干扰脉冲信号的匹配滤波输出峰值分别是 0.1228V、0.068V；在 V 极化通道，目标回波的匹配滤波输出峰值为 0.115V，两个干扰脉冲信号的匹配滤波输出峰值分别为 0.358V、0.206V。图 6.3.11（b）给出了 IPFP

输出结果,其中,目标回波的输出峰值约为 0.76,而两个假目标干扰脉冲信号的输出峰值均低于 0.2。

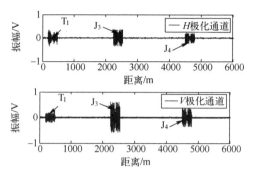

图 6.3.10 H、V 极化通道的中频接收信号
(正负斜率 LFM 矢量波形)

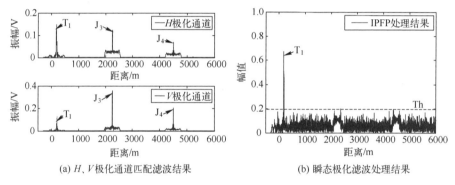

(a) H、V 极化通道匹配滤波结果　　(b) 瞬态极化滤波处理结果

图 6.3.11 正负斜率 LFM 矢量波形的滤波处理结果

在假设 H_0 下,瞬态极化特征参量的相位在区间 $[-\pi,\pi]$ 内服从均匀分布,图 6.3.12(a)给出了实测数据直方图和理论曲线,IPFP 输出结果服从瑞利分布,图 6.3.12(b)给出了实测数据输出的统计直方图和理论曲线,均值为 0.0836。

在假设 H_1 下,图 6.3.13(a)给出了目标回波的 IPFP 输出结果的实测结果和由式(6.3.39)计算的理论曲线。在假设 H_2 下,图 6.3.12(b)、(c)给出了两个假目标干扰脉冲信号的 IPFP 输出结果的仿真结果和由式(6.3.40)计算得到的理论结果。

由以上实验结果可以看出,在高 SNR(JNR)条件下,真实目标回波经 IPFP 处理后的输出结果较高(通常大于 0.5),而单极化转发式假目标干扰的 IPFP 输出结果将较低(小于 0.3),因此,通过设置合理的门限值,IPFP 方法可以实现距离假目标干扰的有效抑制。为进一步分析 IPFP 方法在低 SNR（JNR）情况下的性能，下面选择另一个实验场景进行仿真实验分析。

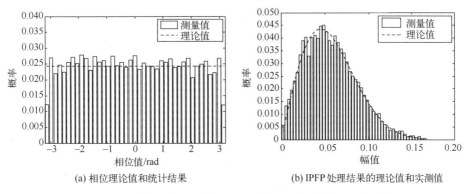

图 6.3.12　假设 H_0 下的理论值和处理结果（正负斜率 LFM 矢量波形）

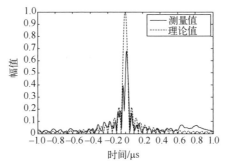

(a) 目标(T_1)回波经 IPFP 处理的输出理论值和实测值

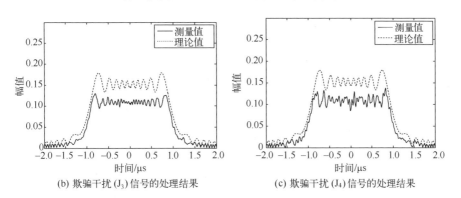

图 6.3.13　假设 H_1 及 H_2 下的理论值和处理结果（正负斜率 LFM 矢量波形）

2. 低 SNR（JNR）情况下的实验结果

选取实验场景如图 6.3.14 所示，其中，场景中存在两个目标：一个是船只目标,距离约为555m(记作T_2),另一个是大桥目标,距离约为1971m(记作T_3)。同时,根据发射信号参数仿真产生两个具有不同极化状态的假目标干扰脉冲信号,距离分别为3000m和4500m。

图6.3.14 外场实验场景照片(低SNR)

表6.3.2给出了雷达信号、目标回波及假目标干扰信号的详细参数。

表6.3.2 雷达信号、目标回波和假目标干扰的信号参数(低SNR/JNR)

雷达波形参数	目标回波参数		有源假目标干扰参数	
	T_2	T_3	J_1	J_2
频移脉冲矢量波形 60MHz(H)/70MHz(V) 脉宽:2μs PRI:50μs	距离:555m $SNR_H=4.64$dB $SNR_V=7.95$dB	距离:1971m $SNR_H=8.20$dB $SNR_V=11.10$dB	距离:3000m 极化:椭圆极化 (30°,60°) $JNR_H=14.33$dB $JNR_V=12.67$dB	距离:4500m 极化:椭圆极化 (30°,-60°) $JNR_H=10.88$dB $JNR_V=9.34$dB
	T_2	T_3	J_3	J_4
正负斜率LFM矢量波形 正斜率LFM(H)/ 负斜率LFM(V) 中频:70MHz 调频带宽:10MHz 脉宽:2μs;PRI:50μs	距离:555m $SNR_H=9.24$dB $SNR_V=10.82$dB	距离:1971m $SNR_H=7.34$dB $SNR_V=8.16$dB	距离:3000m 极化:椭圆极化 (60°,10°) $JNR_H=14.80$dB $JNR_V=12.95$dB	距离:500m 极化:椭圆极化 (60°,-10°) $JNR_H=10.53$dB $JNR_V=8.48$dB

1) 频移脉冲矢量波形的处理结果

图6.3.15给出H、V极化通道的中频接收信号,由此可以估计出SNR和JNR:目标T_2的回波信噪比$SNR_H=4.64$dB,$SNR_V=7.95$dB,目标T_3的回波信噪比$SNR_H=8.20$dB,$SNR_V=11.10$dB。干扰信号1的极化参数为(30°,60°),干噪比$JNR_H=14.33$dB,$JNR_V=12.67$dB。干扰信号2的极化参数为(30°,-60°),干噪比$JNR_H=10.88$dB,$JNR_V=9.34$dB。图6.3.16(a)给出了两路

极化接收信号分别经匹配滤波的处理结果，图 6.3.16（b）给出了 IPFP 的处理结果。

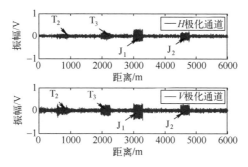

图 6.3.15　频移脉冲矢量波形的中频接收信号（低 SNR/JNR）

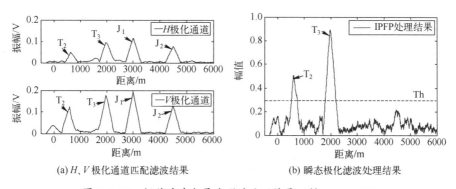

(a) H、V 极化通道匹配滤波结果　　　　(b) 瞬态极化滤波处理结果

图 6.3.16　频移脉冲矢量波形的处理结果（低 SNR/JNR）

2）正负斜率 LFM 矢量波形的处理结果

当采用正负斜率 LFM 矢量波形时，图 6.3.17 给出了 H、V 两路极化通道的中频接收信号，对于目标 T_2，$SNR_H=9.24dB$，$SNR_V=10.82dB$；对于目标 T_3，$SNR_H=7.34dB$，$SNR_V=8.61dB$。根据发射信号参数，仿真产生了两个不同假目标信号，干扰 3（J_3）的极化参数为（60°，10°），$JNR_H=14.80dB$，$JNR_V=12.95dB$；干扰 4（J_4）的极化参数为（60°，-10°），$JNR_H=10.53dB$，$JNR_V=8.48dB$。图 6.3.18（a）给出了两路极化通道接收信号分别经匹配滤波的输出结果，图 6.3.18（b）给出了 IPFP 的输出结果。

可见，在较低 SNR（JNR）情况下，通过设置合理的检测门限（如 Th=0.3），IPFP 处理也可以实现真实目标的有效检测，而抑制有源假目标干扰。

3. 算法性能分析

由 6.3.2 节的理论分析结果可知，IPFP 方法的输出结果与目标极化散射特性、干扰信号极化状态、SNR 及 JNR 等因素有关。下面仿真分析这些因素对算法性能的影响。

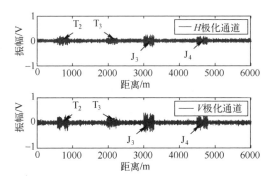

图 6.3.17　正负斜率 LFM 矢量波形的中频接收信号（低 SNR/JNR）

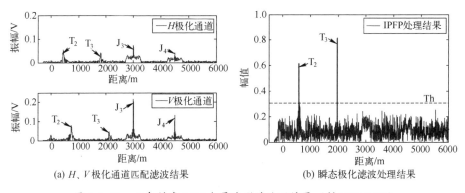

(a) H、V 极化通道匹配滤波结果　　　　(b) 瞬态极化滤波处理结果

图 6.3.18　正负斜率 LFM 矢量波形的处理结果（低 SNR/JNR）

1) 干扰极化状态的影响

与传统极化滤波算法不同，IPFP 方法在不估计干扰信号极化参数的条件下实现了干扰抑制，具有更强的适用性。如果有源假目标干扰信号的极化状态在一个脉冲时间内保持不变，该方法就能很好地实现干扰抑制，因此，对于那种脉间极化捷变的假目标干扰，该方法也是有效的。这里设定假目标干扰信号的极化椭圆参数分布在 $(-90°, 90°] \times (-45°, 45°]$ 范围内，图 6.3.19（a）给出了 IPFP 算法在不同干扰极化参数下的输出仿真结果，其中，JNR = 10dB，仿真次数为 10^2。图 6.3.19（b）给出了 IPFP 输出结果与 JNR 和干扰极化轴比的关系，其中，JNR = 5~50dB。可见，对于所有的干扰极化状态，IPFP 输出峰值在一定 JNR 条件下均低于 0.3。

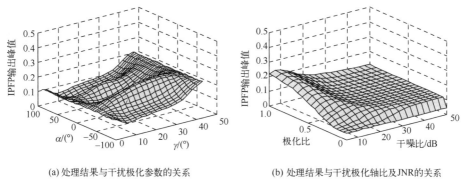

(a) 处理结果与干扰极化参数的关系   (b) 处理结果与干扰极化轴比及JNR的关系

图 6.3.19　IPFP 处理结果的干扰抑制性能

2) 目标极化散射特性的影响

对于真实目标回波而言，IPFP 输出结果与其极化散射特性有关。这里首先用 6.3.1 节中设定的四类目标进行仿真，图 6.3.20 给出了 IPFP 输出峰值和 SNR 的关系曲线，其中，SNR 范围为 5～30dB，雷达波形选用正负斜率 LFM 矢量波形，$\tau_p = 1\mu s$，$B = 10MHz$。可见，四类目标回波经 IPFP 处理后，输出峰值均高于 0.4，且随 SNR 值增大，IPFP 输出峰值也越大。与上一部分有源假目标干扰输出结果对比，可明显看出 IPFP 处理能够有效抑制有源假目标干扰。

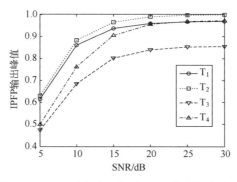

图 6.3.20　四类仿真目标的 IPFP 输出仿真结果

为进一步分析 IPFP 输出结果与目标极化散射特性的关系，下面利用五类飞机缩比模型和某弹头目标的暗室测量数据进行了仿真实验。五类军用飞机缩比模型的暗室测量条件为：测量频率范围 34.7～35.7GHz，步进间隔 2MHz。五类飞机模型分别为某隐身战斗机（记作 F）、某战斗机（记作 H）、某歼/轰战斗机（记作 J）、某无人机（记作 W）及某运输机（记作 Y），飞机模型尺寸为：长度 1.5～3m，宽度 1.0～1.8m，测量横滚角为 0°，俯仰角为 0°，方位角范围为 0°~30°，方位角步进间隔为 1°。弹头目标模型（记作 LH2000）测量条件为：频率范围为 8.75~10.75GHz，步进间隔 20MHz，横滚角为 0°，俯仰角为 0°，方位角范围为 0°~180°，步进间隔为 0.2°。用上述六类目标的暗室测量数据进行仿真实验，瞬态极化雷达波形选用正负斜率 LFM 矢量波形，$\tau_p = 2\mu s$，$B = 2MHz$，$SNR = 20dB$（H 极化通道），六类目标的 IPFP 输出结果统计直方图如图 6.3.21 所示。可以看出，六类目标输出结果在较大概率上大于 0.5。

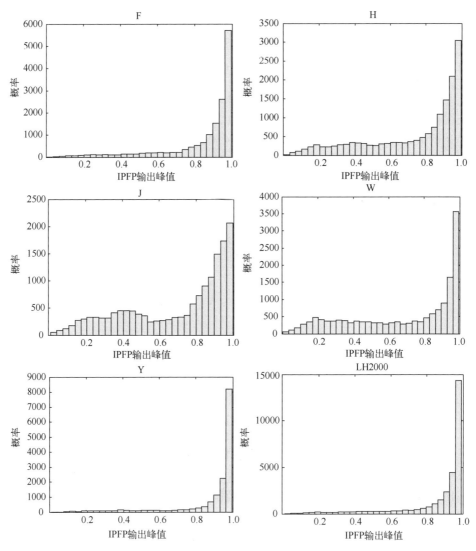

图 6.3.21　六类目标暗室测量数据经 IPFP 输出的统计结果

对比图 6.3.19～图 6.3.21 的结果可见，通过设置合理的门限值（如 0.3），本节提出的 IPFP 方法可以有效抑制距离假目标干扰。

6.4 基于极化相关特性的 HRRP 欺骗干扰鉴别

宽带欺骗干扰信号具有与雷达信号类似的时频调制特性，经雷达接收机处理后能够生成虚假的雷达图像，给成像雷达的目标特征提取带来了严峻挑战。与噪声压制干扰相比，该种干扰样式所需要的发射功率代价更小，具有更高的干扰效率，因此，研究宽带欺骗干扰技术已成为雷达电子干扰领域新的热点。

随着 DRFM 和 DDS 等技术的发展，宽带欺骗干扰技术已逐渐从理论走向实用。目前假目标的极化鉴别方法有效的前提是目标极化散射矩阵是非奇异的互易矩阵，然而，假目标干扰的等效极化散射矩阵是奇异的非互易矩阵，这种条件在实际雷达测量值有时并不满足。另外，针对宽带成像欺骗干扰的极化鉴别研究还鲜见于报道。为此，本节在分析真实目标 HRRP 和欺骗干扰 HRRP 的极化相关特性差异在此基础上，介绍一种基于极化相关特性的 HRRP 欺骗干扰鉴别方法。

6.4.1 雷达目标 HRRP 的极化相关特性

在光学区，雷达目标总的散射回波可以看作各散射中心回波的相干合成叠加。目标参考中心为 P，假定目标由 M_T（$M_T \geq 2$）个径向连续分布的散射中心组成，第 m 个散射中心与参考中心的相对距离为 r_T^m，对应的相对时延为 $\tau_T^m = \dfrac{2r_T^m}{c}$，$m = 1, 2, \cdots, M_T$。在一定观测角度下，每个散射中心的散射机理通常不相同，可以用一个定常系数的线性系统来建模，目标总体散射冲激响应是各散射中心冲激响应的线性叠加。设目标在 pq 极化通道的散射响应函数为

$$h_{T,pq}(t, \boldsymbol{\Theta}) = \sum_{m=1}^{M_T} s_{pq}^m(\boldsymbol{\Theta}) \delta(t - \tau_T^m) \qquad (6.4.1)$$

其中，$\delta(t)$ 是狄拉克函数，$s_{pq}^m(\boldsymbol{\Theta})$ 是第 m 个散射中心在空间角度 $\boldsymbol{\Theta} = (\theta, \varphi)$、$pq$ 极化通道下的复散射系数。

对上式关于 t 作傅里叶变换（FT），可以得到该线性系统的频率响应为

$$H_{T,pq}(f) = \text{FT}\{h_{T,pq}(t)\} = \sum_{m=1}^{M_T} s_{pq}^m \exp(-\text{j}2\pi f \tau_T^m) \qquad (6.4.2)$$

特别的，在 (H, V) 极化基下，极化分集雷达具有四种不同的极化组合状态，分别是 HH 极化、HV 极化、VH 极化及 VV 极化。这样，四路极化通道可以分别用不同的线性系统加以描述，时域响应写成矩阵形式为

$$\boldsymbol{S}(t) = \begin{bmatrix} s_{HH}(t) & s_{HV}(t) \\ s_{VH}(t) & s_{VV}(t) \end{bmatrix} \tag{6.4.3}$$

对应的频率响应写成矩阵形式为

$$\boldsymbol{S}(f) = \begin{bmatrix} s_{HH}(f) & s_{HV}(f) \\ s_{VH}(f) & s_{VV}(f) \end{bmatrix} \tag{6.4.4}$$

为定量评估两个线性系统之间的相关特性，将两者之间的互相关系数定义为目标极化相关系数。当发射 H 极化，同时接收 H、V 极化时，目标极化相关系数表达式为

$$\gamma_{T,H} = \frac{\left| \int_B s_{HH}(f) s_{VH}^*(f) \, \mathrm{d}t \right|}{\sqrt{\int_B |s_{HH}(f)|^2 \mathrm{d}t} \sqrt{\int_B |s_{VH}(f)|^2 \mathrm{d}t}} \tag{6.4.5}$$

当发射 V 极化，同时接收 H、V 极化时，目标极化相关系数表达式为

$$\gamma_{T,V} = \frac{\left| \int_B s_{HV}(f) s_{VV}^*(f) \, \mathrm{d}t \right|}{\sqrt{\int_B |s_{HV}(f)|^2 \mathrm{d}t} \sqrt{\int_B |s_{VV}(f)|^2 \mathrm{d}t}} \tag{6.4.6}$$

设在测量带宽内共有 N 个测量频点，第 i 个测量频点为 $f_i = f_0 + i \cdot \Delta f$，$i = 0, 1, \cdots, N-1$，其中，$f_0$ 是起始频率，Δf 是频率步进间隔，则目标宽带响应矩阵在测量频点 f_i 的采样值为

$$\boldsymbol{S}(f_i) = \begin{bmatrix} S_{HH}(f_i) & S_{HV}(f_i) \\ S_{VH}(f_i) & S_{VV}(f_i) \end{bmatrix} \tag{6.4.7}$$

目标极化相关系数的离散形式为

$$\begin{cases} \gamma_{T,H} = \dfrac{\left| \sum\limits_{i=0}^{N-1} S_{HH}(f_i) S_{VH}^*(f_i) \right|}{\sqrt{\sum\limits_{i=0}^{N-1} |S_{HH}(f_i)|^2} \sqrt{\sum\limits_{i=0}^{N-1} |S_{VH}(f_i)|^2}}, \\ \gamma_{T,V} = \dfrac{\left| \sum\limits_{i=0}^{N-1} S_{HV}(f_i) S_{VV}^*(f_i) \right|}{\sqrt{\sum\limits_{i=0}^{N-1} |S_{HV}(f_i)|^2} \sqrt{\sum\limits_{i=0}^{N-1} |S_{VV}(f_i)|^2}} \end{cases} \tag{6.4.8}$$

飞机、导弹及舰船等复杂雷达目标由多个散射中心组成,且每个散射中心又由多个不能分辨的散射点构成,各散射中心的散射机理通常不同。所以,目标在不同极化通道之间的宽带响应是弱相关的,即式(6.4.5)及式(6.4.6)定义的目标极化相关系数将小于1,有$0<\gamma_{T,H}<1$,$0<\gamma_{T,V}<1$。下面用几类飞机目标缩比模型的暗室测量数据加以说明,图6.4.1是暗室测量几何关系示意图,其中,φ是俯仰角,θ是方位角,测量时,俯仰角分别取$0°$和$15°$,方位角在$0°\sim30°$范围内以步进间隔$1°$变化,测量频率范围为34.7~35.7GHz,测量带宽为1GHz,步进间隔为20MHz。

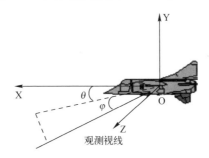

图6.4.1 飞机目标暗室测量场景示意图

飞机目标1是某隐身战斗机模型(记作F),飞机目标2是某战斗机模型(记作H),飞机目标3是某轰炸机模型(记作J),飞机目标4是某无人机模型(记作W);飞机目标5是某预警机模型(记作Y)。模型长度为1.5~3.0m,宽度1.0~1.8m。图6.4.2是五类目标的极化相关系数随方位角的关系曲线,其中,实线是HH通道与VH极化通道间的极化相关系数,虚线是HV极化通道与VV极化通道间的极化相关系数。可以看出,在不同观测方位角下,五类飞机目标的极化相关系数均较低(小于0.8)。

不失一般性,本节以"发射H极化,同时接收H、V极化"工作模式为例进行分析。设目标参考中心P与雷达的距离为r_T^0,对应时延为τ_T^0,同时,考虑到接收通道噪声因素,则雷达H、V极化通道接收信号的频域采样值为

$$\begin{cases} r_{T,H}(f_i) = K_T\exp(-\text{j}2\pi f_i\tau_T^0)S_{HH}(f_i)+n_H(f_i) \\ r_{T,V}(f_i) = K_T\exp(-\text{j}2\pi f_i\tau_T^0)S_{VH}(f_i)+n_V(f_i) \end{cases} \quad (6.4.9)$$

其中,$i=0,1,\cdots,N-1$,$K_T=\sqrt{\dfrac{P_tG^2\lambda^2}{(4\pi)^3(r_T^0)^4}}$是由雷达发射功率$P_t$、天线增益$G$及目标距离$r_T^0$等因素决定的增益因子,$n_H(f_i)$、$n_V(f_i)$分别是H、V极化通道的通道噪声,服从零均值复高斯分布,方差为$\sigma_H^2=\sigma_V^2=\sigma^2$,两路极化通道的SNR定义为

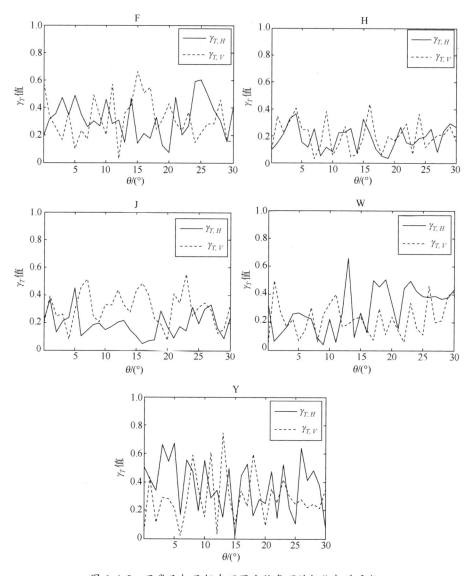

图 6.4.2 五类飞机目标在不同方位角下的极化相关系数

$$\mathrm{SNR}_H = \frac{\sum_{i=0}^{N-1} |K_J J_H(f_i)|^2}{N\sigma^2}, \quad \mathrm{SNR}_V = \frac{\sum_{i=0}^{N-1} |K_J J_V(f_i)|^2}{N\sigma^2} \qquad (6.4.10)$$

6.4.2 HRRP 欺骗干扰的极化相关特性

有源欺骗干扰机采用"参数侦察—干扰信号产生—调制发射"的工作模

式，可以产生与雷达信号具有类似时频特性的欺骗干扰信号，该干扰信号经雷达接收机相参处理后将生成虚假的 HRRP。图 6.4.3 是典型宽带欺骗干扰机的原理结构框图，主要由参数侦察、干扰信号生成、干扰调制与发射模块组成。首先干扰机侦察到雷达信号脉宽、载频及调制带宽等特征参数；然后干扰信号源根据侦察参数产生中频（基带）欺骗干扰信号，经时延、相位、幅度调制及上变频处理由发射天线发射出去，干扰信号的正交极化分量被雷达接收机同时接收。

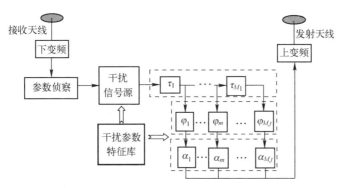

图 6.4.3　典型宽带有源欺骗干扰机的原理结构框图

干扰信号的特征参数调制过程可以用线性系统建模，设干扰机共设定 M_J 个调制散射中心，各散射中心的相对时延、相位及幅度调制参数分别为 τ_J^m、φ_m 及 α_m，$m=1,2,\cdots,M_J$，则该线性系统的频率响应为

$$H_J(f) = \sum_{m=1}^{M_J} \alpha_m \exp(\mathrm{j}\varphi_m)\exp(-\mathrm{j}2\pi f \tau_J^m) \qquad (6.4.11)$$

欺骗干扰信号的极化特性由干扰机天线的极化特性决定，在 (H,V) 极化基下，干扰机天线的 H、V 极化分量可以用两个线性系统表示，其频率响应分别记作 $A_H(f)$、$A_V(f)$。这样，宽带欺骗干扰信号的 H、V 极化分量可以看作同一激励信号通过两路线性系统的输出：一路是 $H_J(f)$ 与 $A_H(f)$ 的串联，另一路是 $H_J(f)$ 与 $A_V(f)$ 的串联，对应的宽带频率响应分别为

$$\begin{cases} J_H(f) = A_H(f) \sum\limits_{m=1}^{M_J} \alpha_m \exp(\mathrm{j}\varphi_m)\exp(-\mathrm{j}2\pi f \tau_J^m) \\ J_V(f) = A_V(f) \sum\limits_{m=1}^{M_J} \alpha_m \exp(\mathrm{j}\varphi_m)\exp(-\mathrm{j}2\pi f \tau_J^m) \end{cases} \qquad (6.4.12)$$

由上式可以看出，$J_H(f)$ 与 $J_V(f)$ 之间的相关特性主要由 $A_H(f)$ 与 $A_V(f)$ 相关特性决定，所以这里将 $A_H(f)$ 与 $A_V(f)$ 之间的互相关系数定义为干扰极化相

关系数,具体表达式为

$$\gamma_J = \frac{\left|\int_B A_H(f) A_V^*(f) \mathrm{d}f\right|}{\sqrt{\int_B |A_H(f)|^2 \mathrm{d}f} \sqrt{\int_B |A_V(f)|^2 \mathrm{d}f}} \quad (6.4.13)$$

设上述两路等效线性系统的宽带频率响应在测量频点 $f_i = f_0 + i\Delta f$ 处的采样值分别为 $J_H(f_i)$、$J_V(f_i)$,$i = 0,1,2,\cdots,N-1$,则干扰极化相关系数的离散形式为

$$\gamma_J = \frac{\left|\sum_{i=0}^{N-1} A_H^*(f_i) A_V(f_i)\right|}{\sqrt{\sum_{i=0}^{N-1} |A_H(f_i)|^2} \sqrt{\sum_{i=0}^{N-1} |A_V(f_i)|^2}} \quad (6.4.14)$$

通常,干扰机天线的极化特性在工作带宽内较为平稳,其 H、V 极化分量是强相关的,因此干扰极化相关系数将趋近于 1,即有 $\gamma_J \to 1$。特别的,当干扰机天线的极化特性在测量带宽内保持恒定时,即满足 $A_V(f) = \rho A_H(f)$,其中 ρ 为极化比,则应有 $\gamma_J = 1$。下面以某 C 波段圆极化干扰机天线的暗室测量数据加以说明,暗室测量几何关系示意图如图 6.4.4 所示,φ 是俯仰角,θ 是方位角。

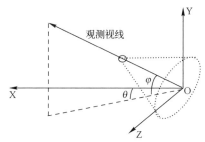

图 6.4.4 干扰机天线的暗室测量示意图

由天线理论可知,天线的极化方式不仅与频率有关,还与空间观测角度有关,即在不同的观测角度下具有不同的极化方式。所以这里分别取不同俯仰角下的测量数据作为不同类型的干扰机天线数据,具体为:$J_1\text{-}\varphi = 0°$,$J_2\text{-}\varphi = 40°$,$J_3\text{-}\varphi = -40°$,测量方位角范围为 $0°\sim 30°$,步进间隔 $1°$,测量频率范围为 $4.43\sim 5.43\mathrm{GHz}$。图 6.4.5 是由以上三类干扰机天线数据确定的干扰极化相关系数与方位角的关系曲线。可见,干扰极化相关系数在不同方位角下的起伏相对较小,且总体较大(在 0.9 以上)。

设干扰机的发射功率为 P_J,干扰机天线增益为 G_J,干扰机与雷达的距离为 r_J^0,对应时延为 τ_J^0,H、V 极化通道接收干扰信号在频点 f_i 的采样值为

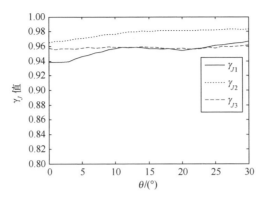

图 6.4.5 干扰机天线在不同方位角下的极化相关系数

$$\begin{cases} r_{J,H}(f_i) = K_J \exp(-j2\pi f_i \tau_J^0) J_H(f_i) + n_H(f_i) \\ r_{J,V}(f_i) = K_J \exp(-j2\pi f_i \tau_J^0) J_V(f_i) + n_V(f_i) \end{cases} \quad (6.4.15)$$

其中，$i = 0, 1, 2, \cdots, N-1$，$K_J = \sqrt{\dfrac{P_J G_J G \lambda^2}{(4\pi)^2 (r_J^0)^2}}$ 是由干扰信号功率、天线增益及干扰机距离等因素决定的增益因子，$n_H(f_i)$、$n_V(f_i)$ 见式 (6.4.9) 中定义，两路极化通道的频域干噪比分别定义为

$$\mathrm{JNR}_H = \frac{\sum_{i=0}^{N-1} |K_J J_H(f_i)|^2}{N\sigma^2}, \quad \mathrm{JNR}_V = \frac{\sum_{i=0}^{N-1} |K_J J_V(f_i)|^2}{N\sigma^2} \quad (6.4.16)$$

6.4.3 鉴别算法设计

综上所述，目标回波的 H、V 极化分量可看作同一激励信号通过两个具有弱相关特性的线性系统输出，目标极化相关系数远小于 1；而欺骗干扰的 H、V 极化分量可看作同一激励信号通过两个具有强相关特性的线性系统输出，干扰极化相关系数接近 1。利用以上相关特性差异可以鉴别真实目标与欺骗干扰，具体包括以下两个步骤：

1. H、V 极化通道的 HRRP 获取

对频域接收数据进行 IDFT 处理，可以得到散射中心的径向分布，即 HRRP。由于宽带欺骗干扰信号具有与雷达信号类似的时频调制特性，经雷达接收机匹配滤波后将生成虚假 HRRP，其径向分布、散射强度等特征可能与真实目标十分类似。

设雷达 H、V 极化通道在测量频点 f_i 的接收信号分别为 $r_H(f_i)$、$r_V(f_i)$，分别进行 IDFT 处理得到两路复 HRRP 为

$$\begin{cases} o_H(\tau) = \text{IDFT}[r_H(f_i)] \\ o_V(\tau) = \text{IDFT}[r_V(f_i)] \end{cases} \quad (6.4.17)$$

把式 (6.4.9) 代入式 (6.4.17), 并将目标参考中心平移至原点位置 ($\tau_T^0 = 0$), 可以得到真实目标在 H、V 极化通道的复 HRRP, 分别为

$$\begin{cases} o_{T,H}(\tau) = K_T \sum_{m=1}^{M_T} s_{HH}^m \text{psf}(\tau - \tau_T^m) + o_{n,H}(\tau) \\ o_{T,V}(\tau) = K_T \sum_{m=1}^{M_T} s_{VH}^m \text{psf}(\tau - \tau_T^m) + o_{n,V}(\tau) \end{cases} \quad (6.4.18)$$

其中, $\text{psf}(\tau) = \exp\left\{-\text{j}2\pi\left[f_0\tau_T^m - \dfrac{N-1}{2}\Delta f\tau\right]\right\}\dfrac{\sin(\pi N\Delta f\tau)}{N\sin(\pi\Delta f\tau)}$ 是距离维的点扩展函数, $o_{n,H}(\tau) = \text{IDFT}[n_H(f_i)]$、$o_{n,V}(\tau) = \text{IDFT}[n_V(f_i)]$ 是两路噪声信号经 IDFT 后输出。

同理, 将式 (6.4.15) 代入可以得到欺骗干扰在 H、V 极化通道的复 HRRP, 表达式为

$$\begin{cases} o_{J,H}(\tau) = K_J a_H(\tau) \times \sum_{m=1}^{M_T} \alpha_m \exp(\text{j}\varphi_m) \text{psf}(\tau - \tau_J^m) + o_{n,H}(\tau) \\ o_{J,V}(\tau) = K_J a_V(\tau) \times \sum_{m=1}^{M_T} \alpha_m \exp(\text{j}\varphi_m) \text{psf}(\tau - \tau_J^m) + o_{n,V}(\tau) \end{cases}$$

$$(6.4.19)$$

其中, $a_H(\tau) = \text{IDFT}[A_H(f)]$, $a_V(\tau) = \text{IDFT}[A_V(f)]$。

这样, 真实目标与欺骗干扰的 HRRP 鉴别可描述成如下二元假设检验问题: 假设 H_0—HRRP 为欺骗干扰; 假设 H_1—HRRP 为真实目标, 表示为

$$\begin{cases} H_0: o_H(\tau) = o_{J,H}(\tau), o_V(\tau) = o_{J,V}(\tau) \\ H_1: o_H(\tau) = o_{T,H}(\tau), o_V(\tau) = o_{T,V}(\tau) \end{cases} \quad (6.4.20)$$

2. 鉴别准则设计

由 IDFT 处理的性质可知, 真实目标的 H、V 极化通道 HRRP 是弱相关的, 互相关系数远小于 1, 而欺骗干扰的 H、V 极化通道 HRRP 是强相关的, 互相关系数接近 1。因此, 在得到 H、V 极化通道的复 HRRP 后, 提取两者之间的互相关系数作为鉴别量, 可实现真假 HRRP 鉴别。两路 HRRP 互相关系数的表达式为

$$l = \dfrac{\left|\int_{T_p} o_H^*(\tau) o_V(\tau) \text{d}\tau\right|}{\sqrt{\int_{T_p} |o_H(\tau)|^2 \text{d}\tau} \sqrt{\int_{T_p} |o_V(\tau)|^2 \text{d}\tau}} \quad (6.4.21)$$

第6章 转发式假目标干扰的极化识别技术

其中，T_p 是 HRRP 长度对应的时延区间。

鉴别准则为：对于鉴别门限 Th，如果 $l >$ Th，则判决为欺骗干扰形成的 HRRP（假设 H_0 成立），如果 $l \leqslant$ Th，判决为真实目标的 HRRP（假设 H_1 成立），表示为

$$\begin{cases} H_0, & l \leqslant \text{Th} \\ H_1, & l > \text{Th} \end{cases} \tag{6.4.22}$$

6.4.4 仿真实验与结果分析

本节利用 6.4.1 节的其中三种飞机目标测量数据（$T_1 \sim T_3$）及三类干扰机天线测量数据（$J_1 \sim J_3$）进行计算机仿真实验，验证了鉴别算法的有效性。

在特定观测角度下，分别对三类目标在 HH、VH 两种极化组合的宽带测量数据进行 IDFT 处理，得到对应的两路复 HRRP。由于目标宽带频率响应敏感于观测角度，HRRP 在不同观测角度是不同的。图 6.4.6 给出了三类飞机目标在俯仰角为 15°、方位角为 0°时的归一化 HRRP，H 极化通道的频域 SNR 为 15dB，实线是同极化通道 HRRP($o_H(\tau)$)，虚线是交叉极化通道

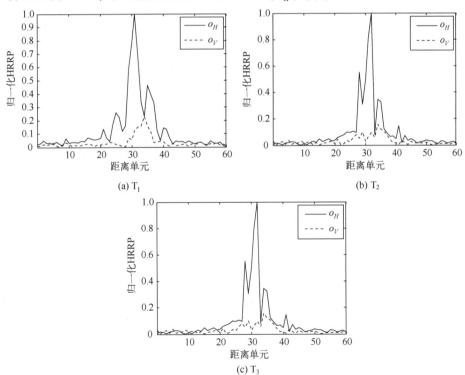

图 6.4.6 三类飞机目标在 15°俯仰角、0°方位角时的正交极化 HRRP

HRRP($o_V(\tau)$)。可以看出，真实目标的交叉极化通道 HRRP 远低于同极化通道 HRRP，且两者在径向分布结构上存在较大差异。

对基带干扰信号进行时延、幅度及相位调制，可以产生 HRRP 欺骗干扰。干扰调制参数设置如下：欺骗 HRRP 由四个径向分布的散射中心组成，相对距离分别为-0.4m、0m、-0.2m 及 1m，与之对应的相对时延调制参数为-2.67ns、0ns、1.33ns 及 6.67ns，各散射中心的散射强度调制参数的相对比例关系为 1:0.5:3:2。用 6.4.1 节中三类干扰机天线测量数据进行仿真，图 6.4.7 是由三类干扰机天线数据在方位角 0°时仿真产生的归一化欺骗干扰 HRRP，其中，H 极化通道的频域 JNR 为 15dB。可以看出，欺骗干扰 HRRP 与真实目标 HRRP 具有十分相似的径向分布、散射强度特性，仅由该高分辨特征无法进行有效分辨，但欺骗干扰产生的 H、V 极化通道 HRRP 在径向分布结构上十分类似。

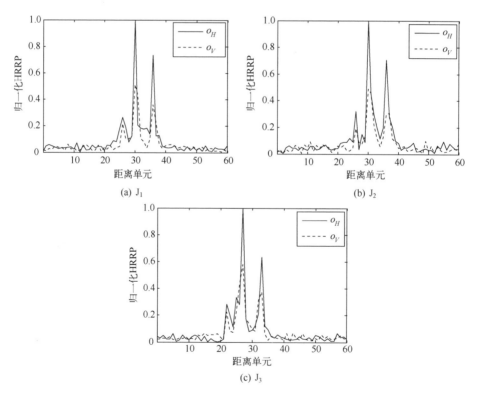

图 6.4.7 三组欺骗干扰条件下产生的正交极化 HRRP

利用上述三类目标及三类干扰数据进行鉴别仿真实验，仿真次数为 10^4。表 6.4.1 是真实目标的鉴别结果，鉴别门限值分别设置为 0.55、0.6 及 0.7，

SNR_H 分别取 15dB、18dB 及 20dB,由于目标宽带频域响应敏感与观测角度有关,仿真时方位角在 0°~30°内随机选取。由于三类目标的宽带频率响应特性不同,算法鉴别性能也有所不同。例如,目标 T_1 的极化相关系数较低,在上述仿真条件下的正确鉴别概率均能达到 100%,而目标 T_2、T_3 的鉴别性能在 Th = 0.55、0.6 时的鉴别性能将差些。算法鉴别性能与门限值有关,随着门限值的增大,目标正确鉴别概率会升高,例如,在 SNR_H = 15dB 条件下,当 Th = 0.55 时,T_2 的正确鉴别概率为 98.39%,当 Th = 0.6 时,其正确鉴别概率将达到 100%,当 Th ≥ 0.7 时,三类目标正确鉴别概率均能达到 100%。同时,鉴别性能与通道噪声背景有关,随着通道噪声影响的增强(SNR 降低),H、V 极化通道复 HRRP 间的互相关系数将减小,所以当鉴别门限一定时,目标正确鉴别概率会提高,例如,在 Th = 0.6 条件下,当 SNR_H = 20dB 时,T_3 的正确鉴别概率为 90.28%,而当 SNR_H = 15dB 时,T_3 的正确鉴别概率为 98.75%。

表 6.4.1　三类飞机目标的正确鉴别概率仿真结果

鉴别门限 Th	信噪比 SNR_H/dB	正确鉴别概率		
		T_1	T_2	T_3
0.55	15	100%	98.39%	89.99%
	18	100%	94.83%	90.14%
	20	100%	94.96%	89.92%
0.6	15	100%	100%	98.75%
	18	100%	98.54%	90.19%
	20	100%	95.05%	90.28%
≥0.7	—	100%	100%	100%

表 6.4.2 是欺骗干扰的仿真结果,鉴别门限值分别设置为 0.85、0.8 及 0.7,JNR_H 分别取 15dB、18dB 及 20dB,仿真时干扰机天线观测方位角在 0°~30°内随机选取。可以看出,随着门限值的减小,欺骗干扰的正确鉴别概率会升高。例如,在 JNR_H = 15dB 条件下,当 Th = 0.85 时,J_1 的正确鉴别概率为 90.30%,而当 Th = 0.8 时,J_1 的正确鉴别概率将达到 99.85%,当 Th ≤ 0.7 时,三类欺骗干扰的正确鉴别概率均能达到 100%。同样,鉴别性能与通道噪声背景有关,当鉴别门限一定时,随着通道噪声水平的降低(JNR 增大),欺骗干扰的正确鉴别概率将提高,例如,在 Th = 0.85 条件下,当 JNR_H = 15 时,J_3 的正确鉴别概率为 88.75%,而当 JNR_H = 20dB 时,J_3 的正确鉴别概率为 99.78%。

表 6.4.2　三类 HRRP 欺骗干扰的正确鉴别概率仿真结果

鉴别门限 Th	干噪比 JNR_H/dB	正确鉴别概率		
		J_1	J_2	J_3
0.85	15	90.30%	93.30%	88.75%
	18	99.34%	100%	98.50%
	20	99.98%	100%	99.78%
0.8	15	99.85%	99.96%	99.75%
	18	100%	100%	100%
	20	100%	100%	100%
≤0.7	—	100%	100%	100%

由以上分析结果可以看出，通过设置合理的鉴别门限 Th（如 0.7），本节介绍的极化鉴别方法能够有效鉴别 HRRP 欺骗干扰。

参 考 文 献

[1] 候印鸣,李德成,孔宪正,等．综合电子战——现代战争的杀手锏 [M]．北京：国防工业出版社,2001．

[2] 施龙飞,周颖,李盾,等．LFM 脉冲雷达恒虚警检测的有源假目标干扰研究 [J]．系统工程与电子技术,2005,27(5):818-222．

[3] 喻旭伟．高密度脉内假目标生成技术 [J]．电子对抗,2003(6):25-28．

[4] 顾尔顺．有源欺骗干扰的对抗技术 [J]．航天电子对抗,1998(3):13-16．

[5] 倪汉昌．抗欺骗式干扰技术途径研究 [J]．航天电子对抗,1998(3):17-20．

[6] 王国玉,汪连栋,等．雷达电子战系统数学仿真与评估 [M]．北京：国防工业出版社,2004．

[7] 李永祯,王雪松,王涛,等．有源诱饵的极化鉴别研究 [J]．国防科大学报,2004,26(3):83-88．

[8] Richards M A．雷达信号处理基础 [M]．刑孟道,王彤,等译．北京：电子工业出版社,2008．

[9] 王涛,王雪松,肖顺平．随机调制单极化有源假目标的极化鉴别研究 [J]．自然科学进展,2006,16(5):611-617．

[10] 王国玉．基于雷达对抗的战区导弹突防仿真研究 [D]．长沙：国防科学技术大学,1999．

[11] 侯民胜,张治海．"边沿跟踪法"抗距离欺骗干扰的计算机仿真 [J]．现代雷达,2004,26(7):46,10．

[12] 张建军,刘泉．基于小波分析的距离拖引干扰检测 [J]．武汉理工大学学报,2006,

28(1): 99-101, 111.

[13] 刘兆磊, 王国宏, 张光义, 等. 机载火控雷达距离拖引目标的交互式多模型跟踪方法 [J]. 航空学报, 2005, 26(4): 465-469.

[14] 张小林, 沈福民, 刘峥. 末制导雷达抗距离拖引干扰的一种有效途径 [J]. 制导与引信, 2003, 24(4): 46-49.

[15] Boerner W M. Direct and inverse methods in radar polarimetry (Proc. of DIMRP'88) [M]. Netherlands: Kluwer Academic Publishers, 1992.

[16] 庄钊文, 李永祯, 肖顺平, 等. 瞬态极化的统计特性与处理 [M]. 北京: 国防工业出版社, 2005.

[17] 常宇亮. 瞬态极化雷达测量、检测与抗干扰技术研究 [D]. 长沙: 国防科学技术大学研究生院, 2010.

[18] 庄钊文, 肖顺平, 王雪松. 雷达极化信息处理及应用 [M]. 北京: 国防工业出版社, 1999.

[19] Giuli D. Polarization diversity in radars [J]. Proceedings of the IEEE, 74(2), 1986: 245-269.

第7章

极化单脉冲雷达测角与干扰抑制技术

7.1 引　言

单脉冲测角技术广泛应用于测量、跟踪和制导等方面。在对目标进行测角时，目标的角坐标一般包含俯仰角和方位角，单脉冲技术通过同时接收多个波束的信号进行比较，从中提取目标的角度信息，再经过信号处理便可得到目标的俯仰角和方位角信息。由于可以在一个脉冲周期内获得目标的全部角坐标信息，测量的数据率大幅提升；同时，单脉冲测角不再受回波信号的脉间起伏带来的误差影响，因而提高了雷达抗干扰能力和测角的精度。

对抗单脉冲雷达或雷达导引头的干扰样式主要包括角度欺骗干扰和距离假目标欺骗干扰，前者主要通过在单脉冲雷达波束范围内发射箔条、布放角反射器或拖曳式诱饵等形成质心干扰，其本质是形成非相干两点源干扰，可对雷达测角系统起到欺骗效果，从而破坏雷达角度的跟踪；后者是在距离分辨单元上与真实目标完全不重合，可以形成多个逼真假目标，甚至可以形成稳定航迹，雷达难以利用时频域上的特征差异来鉴别，造成雷达资源浪费、资源饱和的目的，达到有效干扰的效果。

目前针对单脉冲雷达或雷达导引头抗角度欺骗干扰和距离假目标欺骗干扰的方法有很多，但大多数方法均需要额外的先验条件。随着雷达极化与宽带高分辨技术的蓬勃发展，极化雷达导引头日渐成为现代雷达导引头发展的主流方向之一，具有在一个或少量几个脉冲重复周期内获得目标与环境全极化特性的能力，为对抗复杂电子干扰提供了更为有效的应用潜力。因此，本章将极化这一维度应用到单脉冲雷达或雷达导引头以提高其抗干扰能力。

本章内容安排如下：7.2节介绍极化单脉冲雷达的测角原理；在此基础上，7.3节介绍极化单脉冲雷达导引头抗箔条质心干扰的方法，分别讨论传统单脉冲雷达和宽带单脉冲雷达体制的抗箔条质心干扰问题；7.4节介绍一种有源转发式假目标干扰的全极化单脉冲雷达鉴别方法，通过设定不同的鉴别量，可实现对转发式距离假目标干扰和转发式角度欺骗干扰的有效鉴别。

7.2 极化单脉冲测角原理

单脉冲测角主要有比幅单脉冲和比相单脉冲两大类方法。两者分别通过提取天线接收到的幅度信息和相位信息来获取目标的角坐标,理论上这两类方法是等价的,只是在设计和实际性能上不同。事实上,比幅单脉冲在通道增益、旁瓣水平等方面均优于比相单脉冲,因而具有更广泛的应用。因此,本节将以比幅单脉冲雷达为例,研究点源的单脉冲测角响应。

如图 7.2.1 所示,比幅单脉冲雷达采用两个相同且彼此部分重叠的波束,且两波束的中心线偏离波束交叠轴 OA 的角度分别为 $\pm\theta_0$。目标处在 OA 方向,则由两波束收到的信号强度相等,故称 OA 为等信号轴;如果目标位于偏离 OA 方向 θ 处时,两个波束收到的信号振幅差表征了目标偏离等信号轴的偏移量,振幅差的符号表示了目标偏离等信号轴的方向。

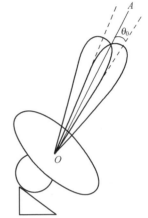

图 7.2.1 比幅单脉冲雷达测角原理图

假设波束 1 和波束 2 的电压方向图分别为 $g_1(\theta)=g(\theta_0+\theta)$,$g_2(\theta)=g(\theta_0-\theta)$,则和波束表示为 $g_s(\theta)=g(\theta_0-\theta)+g(\theta_0+\theta)$,差波束表示为 $g_d(\theta)=g(\theta_0-\theta)-g(\theta_0+\theta)$,见图 7.2.2。

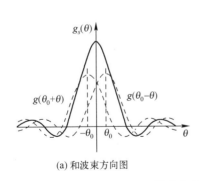
(a) 和波束方向图

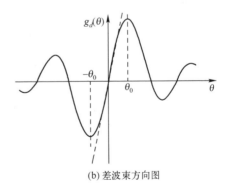
(b) 差波束方向图

图 7.2.2 单脉冲雷达方向图

图 7.2.3 所示为一种单脉冲雷达的功能框图,用简要的形式描述了其处理过程。由于收发互易,发射通道同时也是形成和波束的接收通道,因此,

发射方向图与和方向图是完全一致的。接收到的和信号不仅用于单脉冲处理，还可用于探测、测距和显示。在接收机中微波合成网络形成输出和信号和差信号，二者通过与本地振荡器的混频处理，从射频降为中频，然后在中频进行放大和滤波处理。每个坐标轴上都有相应的单脉冲处理器，虽然单脉冲处理器形式有不同，但它们具有一个共同特征：它们的输出都与电压比或者相位差相关，而与电压或者相位的绝对大小无关。在图7.2.3中，每一个单脉冲处理器都有和信号和差信号两个输入，而输出等于差信号与和信号幅度之比的实部。比值的模值表示了目标偏离等信号轴的程度，而比值的相位则暗含了目标到底位于等信号轴的哪一侧。在理想情况下，单一点源回波的差信号与和信号的相位差为0°或180°。

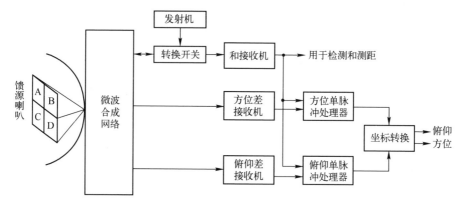

图7.2.3 一种单脉冲雷达的功能框图

根据雷达原理和雷达极化理论，单脉冲雷达目标的后向散射回波为

$$e_S(t) = \frac{g_s(\theta)}{4\pi R^2} A_m(t-\tau) e^{j2\pi f_d(t-\tau)} \boldsymbol{S} \boldsymbol{h}_t \qquad (7.2.1)$$

其中，$g_s(\theta)$是发射天线的电压增益，R为目标与雷达之间的距离，$A_m(t) = \sqrt{\frac{P_t}{4\pi L_t}} \exp(j2\pi f_c t) v(t)$，$f_c$为发射信号载频，$v(t)$为发射信号的复调制函数，$P_t$为发射峰值功率，$L_t$为发射综合损耗等，$\tau$为目标的回波时延，$\tau = \frac{2R}{c}$，$f_d$为目标的多普勒频率，$\boldsymbol{S} = \begin{bmatrix} s_{HH} & s_{HV} \\ s_{VH} & s_{VV} \end{bmatrix}$为雷达目标的极化散射矩阵，$\boldsymbol{h}_t$表示天线的极化形式。假设和差通道的增益和频率等特性相同，其和通道的接收电压为

$$v_s(t) = \frac{k_{\mathrm{RF}} g_s(\theta)}{L_R} \bm{h}_s^{\mathrm{T}} \bm{e}_s(t) \qquad (7.2.2)$$

其中，k_{RF} 为射频放大系数，L_R 为接收损耗；记 $\chi(t) = \dfrac{k_{\mathrm{RF}}}{4\pi R^2 L_R} A_m(t-\tau)$ $\mathrm{e}^{\mathrm{j}2\pi f_d(t-\tau)}$，则式（7.2.2）可化简为

$$v_s(t) = g_s^2(\theta) \bm{h}_s^{\mathrm{T}}(\theta) \bm{S} \bm{h}_t \chi(t) \qquad (7.2.3)$$

同理，差通道的接收电压为

$$v_d(t) = g_d(\theta) g_s(\theta) \bm{h}_d^{\mathrm{T}}(t) \bm{S} \bm{h}_t \chi(t) \qquad (7.2.4)$$

单脉冲测角公式为

$$\theta = \mathrm{Re}\left[\frac{v_d}{\kappa_m v_s}\right] \qquad (7.2.5)$$

其中，κ_m 为单脉冲响应曲线斜率，上式中省略了时间参数 t。将式（7.2.3）和式（7.2.4）代入式（7.2.5）可得到单点源的角度测量值

$$\theta = \frac{g_d(\theta)}{\kappa_m g_s(\theta)} \mathrm{Re}\left[\frac{\bm{h}_d^{\mathrm{T}} \bm{S} \bm{h}_t}{\bm{h}_s^{\mathrm{T}} \bm{S} \bm{h}_t}\right] \qquad (7.2.6)$$

当和差通道的天线极化形式一致时（$\bm{h}_s = \bm{h}_d = \bm{h}$）

$$\theta = \frac{1}{\kappa_m} \frac{g_d(\theta)}{g_s(\theta)} \qquad (7.2.7)$$

由式（7.2.7）可以看出，对于单目标而言，当和差通道的极化形式一致时，单脉冲角度测量值与收发天线的极化形式无关，无论收发天线采取何种极化形式，角度测量值只与和差波束天线增益相关。若和差通道的极化形式不一致，角度测量值与式（7.2.7）相差一个常数，则需调节参数 κ_m，抵消该常数的影响。为简化分析过程，书中均假定和差通道的极化形式一致。

7.3 极化单脉冲雷达导引头抗箔条质心干扰

典型的雷达导引头工作过程通常分为四个阶段：DBS 搜索、条带式成像识别、聚束式成像识别与锁定、单脉冲跟踪[1]。在单脉冲跟踪阶段，舰船目标为了摆脱雷达导引头的跟踪，通常释放舷外干扰，箔条质心干扰是其中一种最常见的舷外干扰方式。当存在箔条质心干扰时，若继续采用传统的单脉冲技术测量目标角度，通常会产生较大的角误差，最终导致精确制导武器偏离打击目标[2]。因此，如何有效地对抗箔条质心干扰，是提高雷达导引头作战效能的根本所在，具有非常重要的军事意义。

梳理目前公开的文献报道，抗箔条质心干扰的方法大概可归纳为 3 种思

路：第一种思路是箔条质心干扰检测[1-5]，这是抗箔条质心干扰的前提与基础。第二种思路是先抑制干扰，再用传统的和差通道单脉冲比估计目标的角度，文献［6-8］提出采用小波变换来实现箔条干扰的抑制；李伟提出采用实用差分算法来抑制箔条干扰[9]；晏行伟提出了一种基于几何推理的匹配来实现箔条干扰的抑制[10]。文献［6-10］所提方法在理论上做了有意义的探索，但离实用还有一定的差距。文献［11］和［12］分别提出了采用 Wigner 变换来实现对箔条干扰的抑制，该方法不足之处是需要舰船目标的时频域先验信息；文献［13-15］提出采用极化方法来抑制干扰或增强目标的同时抑制干扰，但该方法通常需要目标和干扰极化描述子的先验信息。对于第二种思路，在箔条质心干扰初形成时，由于舰船目标和箔条干扰通常是不可分辨的，因而舰船目标和箔条干扰在时域、频域或极化域上的先验信息通常难以估计和获取，且先验信息一旦估计不准确，将导致估计目标角度的恶化，最终影响目标的跟踪精度。第三种思路是在不抑制箔条干扰的情况下，通过信号处理的方法估计出目标和干扰的角度信息，这种思路的核心思想是把抗箔条质心干扰的本质看作两个不可分辨目标的角度估计问题。该思路在无须抑制干扰条件下直接估计目标的角度，且舰船目标和箔条干扰的统计特性通常是已知的[5]，故比第二种思路更加实用。

基于以上的研究背景和问题，本节以极化单脉冲雷达导引头为对象，在第三种思路基础上研究其抗箔条质心干扰方法。

7.3.1 箔条云极化散射特性

本节首先从单根箔条的极化散射特性入手，给出了单根箔条的 PSM；在此基础上，研究了箔条云雷达回波极化的二阶统计特性，给出了箔条云相干矩阵的统一表达式。无特别声明，本书讨论的箔条均假设其形状为细长椭圆体。

1. 单根箔条极化散射特性

目标的极化散射特性可以通过 PSM 来描述[16]。假设目标的后向散射电场 Jones 矢量为 E_R，入射电场的 Jones 矢量为 E_T，则目标的 PSM 可以表示为[16]

$$E_R = SE_T, \quad S = \begin{bmatrix} s_{HH} & s_{HV} \\ s_{VH} & s_{VV} \end{bmatrix} \quad (7.3.1)$$

其中，S 为 PSM，下标 H 和 V 分别表示水平极化和垂直极化，第一个下标表示发射极化，第二个下标表示接收极化。对于后向散射，当互易定理满足时，通常有 $s_{HV} = s_{VH}$。

为了描述单根箔条的极化散射特性，建立如图 7.3.1 所示的空间坐标系。

箔条的中心位于 xyz 坐标系的原点 o，xoy 平面与水平面平行。假设箔条的方向矢量为 c，θ_c 和 φ_c 分别是箔条的天顶角和方位角。$e_H e_V e_R$ 是另一个新的坐标系，用于描述箔条的后向散射电场特性，其中 e_R 是后向散射电场方向的单位矢量，e_H 和 e_V 是在 (H, V) 极化基下后向散射电场 E_R 的正交单位矢量。由于极化散射参数 $\bar{\alpha}$ 是一个旋转不变参数[17]，为了简化模型和便于数学推导，令 xoy 平面与 $e_H oe_V$ 平面相交于 x 轴。假设后向散射电场沿 z 轴正方向传播，那么箔条的 PSM 可表示为（满足互易性假设）[18]

$$S = \begin{bmatrix} s_{HH} & s_{HV} \\ s_{VH} & s_{VV} \end{bmatrix} = -\frac{\eta L}{\sqrt{\pi} Z_0 \sin^2\left(\frac{\pi l}{\lambda}\right)} f(\Theta) \begin{bmatrix} \cos^2\vartheta & \frac{1}{2}\sin 2\vartheta \\ \frac{1}{2}\sin 2\vartheta & \sin^2\vartheta \end{bmatrix} \quad (7.3.2)$$

其中，η 是自由空间阻抗，l 是箔条的长度，$f(\Theta)$ 表示箔条后向散射电场的方向函数，Θ 是单位矢量 e_R 与箔条取向方向 c 之间的夹角，ϑ 是箔条在 $e_H e_V e_R$ 坐标系中的方位角，Z_0 是箔条的散射阻抗，可通过矩量法（MoM）计算得到。特别是，当 $l = \frac{\lambda}{2}$ 时，Z_0 可表示为

$$Z_0 = -\frac{1}{I^2(0)} \int_{-\frac{l}{2}}^{\frac{l}{2}} E I_m \sin\left[k\left(\frac{l}{2} - |\xi|\right)\right] d\xi, \quad |\xi| \leq \frac{l}{2} \quad (7.3.3)$$

其中，$I(0) = I_m \sin\left(\frac{kl}{2}\right)$，$E$ 是入射电场强度，I_m 是激励电流的最大值，$k = \frac{2\pi}{\lambda}$，ξ 是箔条上任意点到箔条中点的距离。

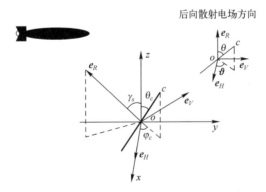

图 7.3.1　空间坐标系下单根箔条的散射示意图

式 (7.3.2) 中 $f(\Theta)$ 决定了箔条散射电场的强度，若对箔条的散射矩阵进行归一化，则有

$$S_{\text{norm}} = -\begin{bmatrix} \cos^2\vartheta & \dfrac{1}{2}\sin 2\vartheta \\ \dfrac{1}{2}\sin 2\vartheta & \sin^2\vartheta \end{bmatrix} \tag{7.3.4}$$

箔条的长度、粗细会影响 $f(\Theta)$，而对箔条归一化散射矩阵则没有影响，换言之，箔条的极化散射特性与 ϑ 密切相关。特别地，当箔条方向矢量 c、后向散射电场方向单位矢量 e_R 和水平极化基 e_H 三者共面时，有 $\vartheta = 0$，此时归一化的散射矩阵 $S_{\text{norm}} = \begin{bmatrix} -1 & 0 \\ 0 & 0 \end{bmatrix}$，这与文献 [19] 给出的水平偶极子的散射矩阵是相同的。当 $\vartheta \neq 0$ 时，等效为水平取向偶极子绕雷达视线方向旋转角度 ϑ，此时，散射矩阵变为

$$\widehat{S}_{\text{norm}} = U^H \begin{bmatrix} -1 & 0 \\ 0 & 0 \end{bmatrix} U = -\begin{bmatrix} \cos^2\vartheta & \dfrac{1}{2}\sin 2\vartheta \\ \dfrac{1}{2}\sin 2\vartheta & \sin^2\vartheta \end{bmatrix} \tag{7.3.5}$$

其中，$U = \begin{bmatrix} \cos\vartheta & \sin\vartheta \\ -\sin\vartheta & \sin\vartheta \end{bmatrix}$ 为变换矩阵，上标 H 表示矩阵共轭转置操作符。不难发现，式（7.3.4）和式（7.3.5）的表达式完全相同，它们均是箔条归一化散射矩阵 S_{norm} 的一般形式。

此外，$e_H e_V e_R$ 坐标系中的角度 Θ 和 ϑ 与 xyz 坐标系中的角度 θ_c 和 φ_c 之间关系可由下式确定

$$\begin{cases} \cos\Theta = \sin\theta_c \sin\gamma_s \cos(\varphi_c - \phi_s) + \cos\theta_c \cos\gamma_s \\ \cos\vartheta = \dfrac{\sin\theta_c \sin(\varphi_c - \varphi_s)}{\sin\Theta} \\ \sin\vartheta = \dfrac{(\cos\gamma_s \sin\theta_c \cos(\varphi_c - \phi_s) - \sin\gamma_s \cos\theta_c)}{\sin\Theta} \end{cases} \tag{7.3.6}$$

其中，γ_s 是单位矢量 e_R 和正 z 方向之间的夹角，ϕ_s 是 xyz 坐标系中单位矢量 e_R 的方位角。

根据图 7.3.1 中雷达与箔条的几何关系，若用全极化雷达从水平方向观测箔条（即 $\gamma_s = 90°$），则可得到不同极化下单根箔条 RCS 随天顶角 θ_c 和方位角 φ_c 的变化关系，如图 7.3.2 所示。从图中容易看出：

（1）当箔条水平取向时（$\theta_c = 90°$），此时，垂直极化通道和交叉极化通道箔条的 RCS 取得最小值，而水平极化通道箔条的 RCS 强度 $|s_{HH}|^2 \propto |\sin\varphi_c|$，其中符号"$\propto$"表示"正比于"。例如，在图 7.3.2（a）中当箔条水平方位

角 φ_c 分别为 0°、180°和 360°，水平极化通道箔条的 RCS 最小，当箔条水平方位角 φ_c 分别为 90°和 270°时，水平极化通道箔条的 RCS 达到最大值。

（2）当箔条垂直取向时（$\theta_c = 0°$），垂直极化通道箔条的 RCS 达到最大值，而水平极化通道和交叉极化通道箔条的 RCS 取得最小值。

（3）当箔条的天顶角 θ_c 等于 45°时，此时交叉极化通道箔条的 RCS 强度 $|s_{HV}|^2 \propto |\sin\varphi_c|$，且通过比较图 7.3.2（a）、（c）和图 7.3.2（b），可计算出共极化通道箔条的最大 RCS 约为交叉极化通道箔条最大 RCS 的 4 倍。

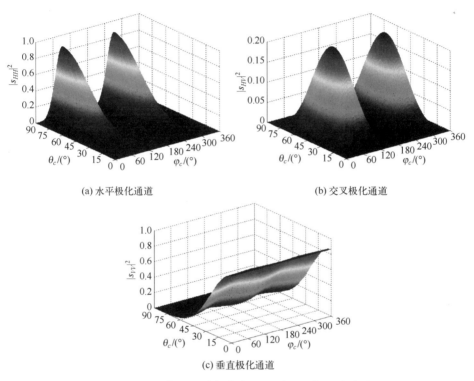

图 7.3.2 不同极化下单根箔条 RCS 随天顶角 θ_c 和水平面方位角 φ_c 的变化关系（$\gamma_s = 90°$）

上述结论可解释如下：当箔条的轴线与电场波电场矢量平行时，箔条获得最大的感应强度，散射最强；而箔条的轴线与电场矢量正交时，由于正交矢量的内积为零，没有散射[20]，换言之，箔条的轴线方向即为箔条的极化方向。因此，对于水平取向的箔条而言，其水平极化波最强；对于垂直取向的箔条而言，其垂直极化波最强。

2. 箔条云极化散射统计特性

箔条云由大量箔条纤维组成，对于扩散中的每根箔条纤维，其取向、位置和速度随时间的变化而随机变化。因此，需要从统计学的角度来研究箔条云的极化散射特性。Wickliff 研究表明[21]：当箔条云中箔条的间距大于 2λ 时，箔条之间的耦合可以忽略。为此，假设箔条云中有 N 根箔条纤维，则箔条云雷达回波是所有单根箔条纤维雷达回波的总和，那么各极化通道箔条云的雷达回波可表示为

$$\hat{s}_{pq} = \sum_{i=1}^{N} A_{pq,i}(\theta_c, \varphi_c) \exp(j\psi_{pq,i}) \tag{7.3.7}$$

其中，$A_{pq,i}(\theta_c, \varphi_c)$ 为极化通道 pq 中的第 i 根箔条的幅度大小（为了方便书写，后面的 $A_{pq,i}(\theta_c, \varphi_c)$ 简写成 $A_{pq,i}$），且 $\{p, q\} = \{H, V\}$，$\psi_{pq,i}$ 是第 i 根箔条的相位，j 为虚数单位。若箔条云的 PDF 已知，则根据式（7.3.2）和箔条云的 PDF 可以确定箔条云的 PSM。

此外，对于箔条云中的任意一根箔条，其在空气中的取向和运动是随机的，因而对于任意一根箔条，其振幅和相位亦是随机的。为此，假设箔条云中每根箔条的取向和运动是相互独立的，那么箔条云中每根箔条的振幅和相位也是相互独立的。在此条件下，对于各个极化通道，有 $\hat{s}_{pq} = \sum_{i=1}^{N} A_{pq,i} \exp(j\psi_{pq,i}) = \sum_{i=1}^{N} (x_i + jy_i)$。

令 $x_i = A_{pq,i} \cos\psi_{pq,i}$ 表示第 i 根箔条回波的实部，$y_i = A_{pq,i} \sin\psi_{pq,i}$ 表示第 i 根箔条回波的虚部，进一步假设箔条云的相位在 $[0, 2\pi]$ 内服从均匀分布[20]，则有

$$\begin{cases} E[x_i] = E[A_{pq,i} \cos\psi_{pq,i}] = 0 \\ E[y_i] = E[A_{pq,i} \sin\psi_{pq,i}] = 0 \end{cases} \tag{7.3.8}$$

$$\begin{cases} \text{var}[x_i] = E[x_i^2] - (E[x_i])^2 = \frac{1}{2}E[A_{pq,i}^2] = \frac{1}{2}\overline{\sigma}_{pq} \\ \text{var}[y_i] = E[y_i^2] - (E[y_i])^2 = \frac{1}{2}E[A_{pq,i}^2] = \frac{1}{2}\overline{\sigma}_{pq} \end{cases} \tag{7.3.9}$$

$$\begin{cases} E[x_m x_n] = 0, & m \neq n \\ E[y_m y_n] = 0, & m \neq n \\ E[x_m y_n] = 0 \end{cases} \tag{7.3.10}$$

其中，$\text{var}[\cdot]$ 表示求方差操作符，$E[\cdot]$ 表示求均值操作符，$\overline{\sigma}_{pq}$ 为各极化通道单根箔条的平均 RCS。根据式（7.3.8）~式（7.3.10），可得到

$$\begin{cases} E[x] = 0, & \text{var}[x] = \frac{1}{2}N\overline{\sigma}_{pq} \\ E[y] = 0, & \text{var}[y] = \frac{1}{2}N\overline{\sigma}_{pq} \end{cases} \tag{7.3.11}$$

其中，x 和 y 分别为箔条云回波的实部和虚部。根据大数定律，则 x 和 y 均服从高斯分布，其 PDF 为

$$\begin{cases} p(x) = \dfrac{1}{\sqrt{\pi N \overline{\sigma}_{pq}}} \exp\left(-\dfrac{x^2}{N \overline{\sigma}_{pq}}\right) \\ p(y) = \dfrac{1}{\sqrt{\pi N \overline{\sigma}_{pq}}} \exp\left(-\dfrac{y^2}{N \overline{\sigma}_{pq}}\right) \end{cases} \quad (7.3.12)$$

由于箔条云回波的实部 x 和虚部 y 彼此间相互独立，因此，两者的联合 PDF 可写为

$$p(x,y) = p(x)p(y) = \dfrac{1}{\pi N \overline{\sigma}_{pq}} \exp\left(-\dfrac{x^2+y^2}{N \overline{\sigma}_{pq}}\right) \quad (7.3.13)$$

设 A_{pq} 和 ψ_{pq} 分别表示各极化通道箔条云的幅度和相位，则通过变量替换，可求出各极化通道箔条云幅度和相位的 PDF 分别为

$$p(A_{pq}, \psi_{pq}) = \dfrac{A_{pq}}{\pi N \overline{\sigma}_{pq}} \exp\left(-\dfrac{A_{pq}^2}{N \overline{\sigma}_{pq}}\right) \quad (7.3.14)$$

进一步可分别求出箔条云幅度和相位的边缘分布，即

$$p(A_{pq}) = \dfrac{2A_{pq}}{N \overline{\sigma}_{pq}} \exp\left(-\dfrac{A_{pq}^2}{N \overline{\sigma}_{pq}}\right), \quad 0 \leqslant A_{pq} \leqslant \infty \quad (7.3.15)$$

$$p(\psi_{pq}) = \dfrac{1}{2\pi}, \quad \psi_{pq} \in [0, 2\pi] \quad (7.3.16)$$

由式（7.3.15）和式（7.3.16）可知，各极化通道箔条云回波的幅度和相位彼此相互独立，其幅度和相位分别服从瑞利分布和均匀分布。此外，由式（7.3.15）可知，箔条云幅度的 PDF 只与箔条数量和单根箔条的平均 RCS 有关，且对于不同的极化通道，箔条云幅度的 PDF 不同。令各极化通道箔条云的 RCS 为 $\sigma_{pq}^{\mathrm{T}} = A_{pq}^2$，则根据式（7.3.15），可求出箔条云 RCS 的 PDF 为

$$p(\sigma_{pq}^{\mathrm{T}}) = \dfrac{1}{\overline{\sigma}_{pq}^{\mathrm{T}}} \exp\left(-\dfrac{\sigma_{pq}^{\mathrm{T}}}{\overline{\sigma}_{pq}^{\mathrm{T}}}\right) \quad (7.3.17)$$

其中，$\overline{\sigma}_{pq}^{\mathrm{T}} = N \overline{\sigma}_{pq}$。由式（7.3.17）可知，当箔条数量满足大数定律时，箔条云的 RCS 服从指数分布，其 RCS 的 PDF 只与箔条数量和单根箔条的平均 RCS 有关，且不同的极化通道，箔条云的平均 RCS 亦不同。

图 7.3.3 给出了不同极化通道箔条云散射幅度和 RCS 概率分布，其中横坐标都统一除以箔条根数 N。仿真过程中箔条数量为 2 万根，箔条云的分布类

型为球面均匀分布。从图 7.3.3 可见,箔条云的仿真结果与理论推导结果一致,同时也可以看出,由于单根箔条在不同极化通道的平均 RCS 不同,其箔条云的幅度和 RCS 概率分布曲线亦不同。

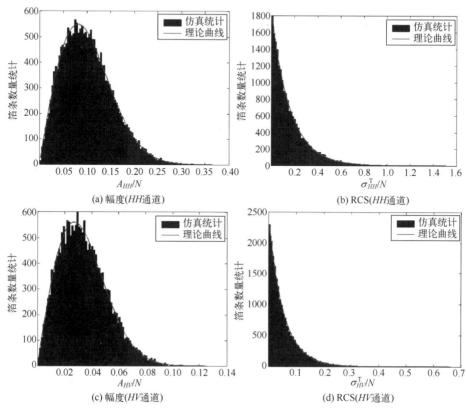

图 7.3.3　不同极化通道箔条云幅度和 RCS 概率分布

前面分析了单根箔条的 PSM、各极化通道箔条云回波的幅度、相位以及 RCS 的统计特性,为了进一步揭示箔条云的极化散射特性,下面从箔条云 PSM 的二阶统计特性角度来研究箔条云的极化散射特性。考虑到箔条云由大量箔条纤维组成,其散射波为部分极化波[22]。为此,对于这种去极化目标,除了上述表征方法来描述其极化散射统计特性外,通常还需采用相干矩阵或协方差矩阵来刻画其极化散射特性。为此,根据极化目标分解理论[17],假设雷达目标满足互易性条件,则其相干矩阵可以写成

$$\boldsymbol{T}_3 = \begin{bmatrix} T_{11} & T_{12} & T_{13} \\ T_{21} & T_{22} & T_{23} \\ T_{31} & T_{32} & T_{33} \end{bmatrix} = \begin{bmatrix} T_{11} & T_{12} & T_{13} \\ T_{12}^* & T_{22} & T_{23} \\ T_{13}^* & T_{23}^* & T_{33} \end{bmatrix} \quad (7.3.18)$$

其中

$$T_{11}=\frac{\langle|s_{HH}+s_{VV}|^2\rangle}{2} \quad T_{12}=\frac{\langle(s_{HH}+s_{VV})(s_{HH}-s_{VV})^*\rangle}{2} \quad (7.3.19)$$

$$T_{13}=\langle(s_{HH}+s_{VV})s_{HV}^*\rangle \quad T_{22}=\frac{\langle|s_{HH}-s_{VV}|^2\rangle}{2} \quad (7.3.20)$$

$$T_{23}=\langle s_{HV}(s_{HH}-s_{VV})^*\rangle \quad T_{33}=2\langle|s_{HV}|^2\rangle \quad (7.3.21)$$

符号 $*$、$\langle\cdot\rangle$ 和 $|\cdot|$ 分别代表复共轭、求平均运算符和取模数运算符。

由式（7.3.18）~式（7.3.21）可知，箔条取向的统计特性对相干矩阵中各元素具有决定性作用。Zrnic[18]和李金梁[22]分别研究了箔条云共极化与交叉极化通道间回波的相关性问题，研究表明，当箔条云取向分布满足球面均匀分布时，箔条云共极化与交叉极化通道间回波是不相关的。在此基础上，李金梁指出箔条云的其他取向分布也具有这种特性[22]，但没有给出相应的理论分析和严格的数学证明。事实上，若箔条云的方位角服从均匀分布，则其共极化与交叉极化通道间回波是不相关的，且这与箔条云的天顶角取向分布无关。从数学角度上来讲，箔条云共极化与交叉极化通道间回波的不相关性可表示为

$$\begin{aligned}\langle s_{HH}s_{HV}^*\rangle &= \left\langle\sum_{n=1}^{N}s_{HH,n}\exp(\mathrm{j}\psi_{HH,n})\sum_{m=1}^{N}s_{HV,m}^*\exp(-\mathrm{j}\psi_{HV,m})\right\rangle \\ &= \left\langle\sum_{n=1}^{N}s_{HH,n}s_{hv,n}^*\right\rangle = N\langle s_{HH}s_{HV}^*\rangle_{\text{single}} = 0\end{aligned} \quad (7.3.22)$$

其中，$\langle s_{HH}s_{HV}^*\rangle_{\text{single}}$ 为单根箔条共极化（HH）与交叉极化（HV）通道回波的相关性。同理，箔条云共极化（VV）与交叉极化（HV）通道间回波的不相关性可表示为

$$\begin{aligned}\langle s_{VV}s_{HV}^*\rangle &= \left\langle\sum_{n=1}^{N}s_{VV,n}\exp(\mathrm{j}\psi_{VV,n})\sum_{m=1}^{N}s_{HV,m}^*\exp(-\mathrm{j}\psi_{HV,m})\right\rangle \\ &= \left\langle\sum_{n=1}^{N}s_{VV,n}s_{HV,n}^*\right\rangle = N\langle s_{VV}s_{HV}^*\rangle_{\text{single}} = 0\end{aligned} \quad (7.3.23)$$

根据箔条云共极化与交叉极化通道间回波不相关这一极化散射特性，则箔条云的相干矩阵表达式可统一写为

$$\boldsymbol{T}_3 = \begin{bmatrix} T_{11} & T_{12} & 0 \\ T_{21} & T_{22} & 0 \\ 0 & 0 & T_{33} \end{bmatrix} = \begin{bmatrix} T_{11} & T_{12} & 0 \\ T_{12}^* & T_{22} & 0 \\ 0 & 0 & T_{33} \end{bmatrix} \quad (7.3.24)$$

下面用数值仿真实验来验证箔条云共极化与交叉极化通道间回波的不相关。图 7.3.4 给出了三类典型箔条云分布情况下箔条云共极化与交叉极化通道间回波相关性 $\langle s_{HH} s_{HV}^* \rangle$ 随角度 γ_s 的变化曲线,其中仿真中箔条数量是 1000 根,仿真数值计算结果是 1000 次蒙特卡洛的统计平均。从图中可以看出,其数值计算结果具有统计意义,数值结果在理论值处上下随机波动。类似地,图 7.3.5 给出了三类典型箔条云分布情况下 $\langle s_{HH} s_{HV}^* \rangle$ 随角度 ϕ_s 的变化曲线,从图中容易看出,图 7.3.5 的数值仿真结果同图 7.3.4 得出的结论是一致的。由于角度 γ_s 和角度 ϕ_s 可同时确定雷达视线方向,因此,可以得出如下结论:雷达观察视角的变化不会改变箔条云共极化与交叉极化通道间回波的不相关性,这也与理论分析结果是完全一致的。此外,考虑到箔条云在实际扩散情况下,由于箔条的数量有限,且因箔条非人为弯曲变形、海风等因素影响,箔条云的方位角满足统计意义上的均匀分布,此时虽然 $\langle s_{HH} s_{HV}^* \rangle$ 的值不为 0,但其相关性很小。

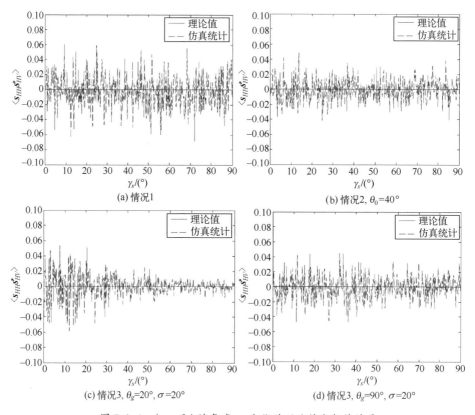

图 7.3.4 $\langle s_{HH} s_{HV}^* \rangle$ 随角度 γ_s 变化的理论值和数值结果

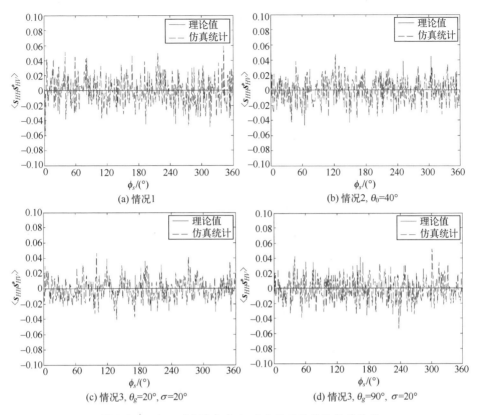

图 7.3.5 $\langle s_{HH}s_{HV}^*\rangle$ 随角度 ϕ_s 变化的理论值和数值结果

7.3.2 基于极化单脉冲雷达的点目标角度估计

在两点源干扰的情况下，传统的点目标角度估计方法通常需要箔条干扰与舰船目标的相对 RCS 比值，或干扰（目标）的时频域先验信息。为解决这一问题，受文献 [23] 提出的双极化单脉冲雷达系统和差信号模型的启发，本节提出了一种基于极化单脉冲雷达的点目标角度估计方法。

1. 点目标双极化和差信号模型

与传统的单脉冲雷达系统比较，本节所阐述的双极化单脉冲雷达系统和差信号模型，其每个子波束的天线馈电单元由传统的单极化天线改采用双极化天线，如图 7.3.6 所示。为了保证目标在交叉极化通道中有足够的信噪比，雷达导引头天线的极化基为线性旋转基 $(a, a_\perp)$，其中，a 代表 45°线极化，$a_\perp$ 代表-45°线极化[17]。假设天线馈电单元合成发射 45°线极化波，每个子波束的天线馈电单元同时接收 45°和-45°线极化波。若 A、B、C 与 D 表示对应子波束接收到的复回波信号，则双极化单脉冲系统 6 路和、方位差（Az）与俯

仰差（El）通道接收到的复回波信号可表示为（下标 a 和 $a_\perp$ 代表相应极化通道的回波信号）

$$\begin{cases} s_a = A_a + B_a + C_a + D_a \\ s_{a_\perp} = A_{a_\perp} + B_{a_\perp} + C_{a_\perp} + D_{a_\perp} \end{cases} \tag{7.3.25}$$

$$\begin{cases} d_{aAz} = (C_a + D_a) - (A_a + B_a) \\ d_{a_\perp Az} = (C_{a_\perp} + D_{a_\perp}) - (A_{a_\perp} + B_{a_\perp}) \end{cases} \tag{7.3.26}$$

$$\begin{cases} d_{aEl} = (A_a + C_a) - (B_a + D_a) \\ d_{a_\perp El} = (A_{a_\perp} + C_{a_\perp}) - (B_{a_\perp} + D_{a_\perp}) \end{cases} \tag{7.3.27}$$

当存在箔条质心干扰时，舰船目标与箔条干扰处于相同的距离分辨单元，且舰船目标和箔条干扰的俯仰角基本相同，两者的角度差异主要体现在方位向[5]。因此，这里主要讨论一维角度域，即只分析舰船目标和箔条干扰的方位角。

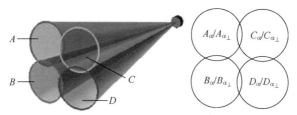

图 7.3.6　双极化单脉冲雷达系统和差信号模型

2. 目标和箔条回波的极化统计特性

当箔条质心干扰存在时，和、差信号经过解调和匹配滤波后，极化单脉冲系统所接收到的回波信号可表示为

$$\begin{cases} s_{a,p} = x_{aa,p} + y_{aa,p} + n_{sa,p} \\ s_{a_\perp,p} = x_{a_\perp a,p} + y_{a_\perp a,p} + n_{sa_\perp,p} \end{cases} \tag{7.3.28}$$

$$\begin{cases} d_{aAz,p} = \kappa_a \theta_1 x_{aa,p} + \kappa_a \theta_2 y_{aa,p} + n_{da,p} \\ d_{a_\perp Az,p} = \kappa_{a_\perp} \theta_1 x_{a_\perp a,p} + \kappa_{a_\perp} \theta_2 y_{a_\perp a,p} + n_{da_\perp,p} \end{cases} \tag{7.3.29}$$

其中，s 代表和通道，d 代表差通道，下标 $p \in \{I, Q\}$；$x_{aa,p}$ 和 $x_{a_\perp a,p}$ 分别表示共极化（aa）和交叉极化（$a_\perp a$）通道舰船目标的回波信号；$y_{aa,p}$ 和 $y_{a_\perp a,p}$ 分别表示共极化和交叉极化通道箔条干扰的回波信号；θ_1 和 θ_2 分别表示舰船目标和箔条干扰的到达角（AOA）；κ_a 和 $\kappa_{a_\perp}$ 分别表示共极化和交叉极化通道的单脉冲斜率，在天线设计阶段，该参数先验可知[23-24]；$n_{sa,p}$、$n_{sa_\perp,p}$、$n_{da,p}$ 和 $n_{da_\perp,p}$ 分别表示和、差通道的热噪声和杂波信号。

若雷达采用脉冲分集技术[25]，根据文献 [23]，舰船目标的 RCS 在交叉极化通道中也服从 Swerling IV 起伏模型。则根据 Swerling IV 起伏模型的定义，共极化和交叉极化通道舰船信号回波的 PDF 可分别表示为

$$\begin{cases} p(x_{aa,p}) = \dfrac{4}{\sqrt{2\pi} a_{aa}^3} \left(x_{aa,p}^2 + \dfrac{a_{aa}^2}{4} \right) \exp\left(-\dfrac{2x_{aa,p}}{a_{aa}^2} \right) \\ p(x_{a_\perp a,p}) = \dfrac{4}{\sqrt{2\pi} a_{a_\perp a}^3} \left(x_{a_\perp a,p}^2 + \dfrac{a_{a_\perp a}^2}{4} \right) \exp\left(-\dfrac{2x_{a_\perp a,p}}{a_{a_\perp a}^2} \right) \end{cases} \quad (7.3.30)$$

其中，$a_{aa}^2 = E[\alpha_{aa}^2]$，$a_{a_\perp a}^2 = E[\alpha_{a_\perp a}^2]$，$\alpha_{aa}$ 和 $\alpha_{a_\perp a}$ 分别为共极化和交叉极化通道舰船目标信号的幅度。由式（7.3.30），可得 $E[x_{aa,p}^2] = \dfrac{a_{aa}^2}{2}$，$E[x_{a_\perp a,p}^2] = \dfrac{a_{a_\perp a}^2}{2}$。

在箔条质心干扰中，其箔条的 RCS 服从 Swerling II 起伏模型，则共极化和交叉极化通道箔条干扰回波的 PDF 可分别表示为

$$\begin{cases} p(y_{aa,p}) = \dfrac{1}{\sqrt{2\pi b_{aa}^2}} \exp\left(-\dfrac{2y_{aa,p}}{b_{aa}^2} \right) \\ p(y_{a_\perp a,p}) = \dfrac{1}{\sqrt{2\pi b_{a_\perp a}^2}} \exp\left(-\dfrac{2y_{a_\perp a,p}}{b_{a_\perp a}^2} \right) \end{cases} \quad (7.3.31)$$

其中，$b_{aa}^2 = \dfrac{E[\beta_{aa}^2]}{2}$，$b_{a_\perp a}^2 = \dfrac{E[\beta_{a_\perp a}^2]}{2}$，$\beta_{aa}$ 和 $\beta_{a_\perp a}$ 分别为共极化和交叉极化通道箔条干扰回波的幅度。由式（7.3.31）可知，箔条干扰回波服从高斯分布，故有 $E[y_{aa,p}^2] = b_{aa}^2$ 和 $E[y_{a_\perp a,p}^2] = b_{a_\perp a}^2$。此外，这里同样假设和、差通道中热噪声和杂波信号的同相（正交）分量均服从零均值高斯分布，且彼此间相互独立，其方差分别为

$$\begin{cases} \mathrm{var}[n_{sa,I}] = \mathrm{var}[n_{sa,Q}] = \sigma_{sa}^2 \\ \mathrm{var}[n_{sa_\perp,I}] = \mathrm{var}[n_{sa_\perp,Q}] = \sigma_{sa_\perp}^2 \end{cases} \quad (7.3.32)$$

$$\begin{cases} \mathrm{var}[n_{da,I}] = \mathrm{var}[n_{da,Q}] = \sigma_{da}^2 \\ \mathrm{var}[n_{da_\perp,I}] = \mathrm{var}[n_{da_\perp,Q}] = \sigma_{da_\perp}^2 \end{cases} \quad (7.3.33)$$

3. 估计目标角度及流程

根据上面的分析，不难求得和、差通道中所接收到回波信号的二阶矩分别为

$$\begin{cases} E[s_{a,I}^2] = E[s_{a,Q}^2] = \dfrac{a_{aa}^2}{2} + b_{aa}^2 + \sigma_{sa}^2 \\ E[s_{a_\perp,I}^2] = E[s_{a_\perp,Q}^2] = \dfrac{a_{a_\perp a}^2}{2} + b_{a_\perp a}^2 + \sigma_{sa_\perp}^2 \end{cases} \quad (7.3.34)$$

$$\begin{cases} E[d_{aAz,I}^2] = E[d_{aAz,Q}^2] = \dfrac{\kappa_a^2 k_1^2 a_{aa}^2}{2} + \kappa_a^2 k_2^2 b_{aa}^2 + \sigma_{da}^2 \\ E[d_{a_\perp Az,I}^2] = E[d_{a_\perp Az,Q}^2] = \dfrac{\kappa_{a_\perp}^2 k_1^2 a_{a_\perp a}^2}{2} + \kappa_{a_\perp}^2 k_2^2 b_{a_\perp a}^2 + \sigma_{da_\perp}^2 \end{cases} \quad (7.3.35)$$

$$\begin{cases} E[s_{a,I} d_{aAz,I}] = E[s_{a,Q} d_{aAz,Q}] = \dfrac{\kappa_a k_1 a_{aa}^2}{2} + \kappa_a k_2 b_{aa}^2 \\ E[s_{a_\perp,I} d_{a_\perp Az,I}] = E[s_{a_\perp,Q} d_{a_\perp Az,Q}] = \dfrac{\kappa_{a_\perp} k_1 a_{a_\perp a}^2}{2} + \kappa_{a_\perp} k_2 b_{a_\perp a}^2 \end{cases} \quad (7.3.36)$$

另外，上述二阶矩可通过原始回波数据估计出来，即

$$\begin{cases} E[s_{a,I}^2] = E[s_{a,Q}^2] \approx \dfrac{1}{2N} \sum_{i=1}^{N} \{s_{a,I}^2(i) + s_{a,Q}^2(i)\} = \dfrac{A_a}{2N} \\ E[s_{a_\perp,I}^2] = E[s_{a_\perp,Q}^2] \approx \dfrac{1}{2N} \sum_{i=1}^{N} \{s_{a_\perp,I}^2(i) + s_{a_\perp,Q}^2(i)\} = \dfrac{A_{a_\perp}}{2N} \end{cases} \quad (7.3.37)$$

$$\begin{cases} E[d_{aAz,I}^2] = E[d_{aAz,Q}^2] \approx \dfrac{1}{2N} \sum_{i=1}^{N} \{d_{aAz,I}^2(i) + d_{aAz,Q}^2(i)\} = \dfrac{B_a}{2N} \\ E[d_{a_\perp Az,I}^2] = E[d_{a_\perp Az,Q}^2] \approx \dfrac{1}{2N} \sum_{i=1}^{N} \{d_{a_\perp Az,I}^2(i) + d_{a_\perp Az,Q}^2(i)\} = \dfrac{B_{a_\perp}}{2N} \end{cases} \quad (7.3.38)$$

$$\begin{cases} E[s_{a,I} d_{aAz,I}] = E[s_{a,Q} d_{aAz,Q}] \\ \qquad \approx \dfrac{1}{2N} \sum_{i=1}^{N} \{s_{a,I}(i) d_{aAz,I}(i) + s_{a,Q}(i) d_{aAz,Q}(i)\} = \dfrac{C_a}{2N} \\ E[s_{a_\perp,I} d_{a_\perp Az,I}] = E[s_{a_\perp,Q} d_{a_\perp Az,Q}] \\ \qquad \approx \dfrac{1}{2N} \sum_{i=1}^{N} \{s_{a_\perp,I}(i) d_{a_\perp Az,I}(i) + s_{a_\perp,Q}(i) d_{a_\perp Az,Q}(i)\} = \dfrac{C_{a_\perp}}{2N} \end{cases} \quad (7.3.39)$$

由于和、差通道中的热噪声和杂波的方差是已知的，根据式（7.3.34）～式（7.3.39），可得到包含 6 个未知数的方程组（6 个未知数为 k_1、k_2、a_{aa}^2、b_{aa}^2、$a_{a_\perp a}^2$ 和 $b_{a_\perp a}^2$），通过联立方程组，可估计出舰船目标的 AOA 为

$$\hat{\theta}_1 = \dfrac{X_1 \pm \sqrt{X_1^2 + 4\hat{A}_a \hat{C}_{a_\perp} X_2 + 4\hat{A}_a \hat{C}_a X_3}}{2X_4} \quad (7.3.40)$$

其中，中间变量定义为

$$\begin{cases} \hat{A}_a = A_a - 2N\sigma_{sa}^2 \\ \hat{A}_{a_\perp} = A_{a_\perp} - 2N\sigma_{sa_\perp}^2 \end{cases} \quad (7.3.41)$$

$$\begin{cases} \hat{B}_a = \dfrac{(B_a - 2N\sigma_{da}^2)}{\kappa_a^2} \\ \hat{B}_{a_\perp} = \dfrac{(B_{a_\perp} - 2N\sigma_{da_\perp}^2)}{\kappa_{a_\perp}^2} \end{cases} \quad (7.3.42)$$

$$\begin{cases} \hat{C}_a = \dfrac{C_a}{\kappa_a} \\ \hat{C}_{a_\perp} = \dfrac{C_{a_\perp}}{\kappa_{a_\perp}} \end{cases} \quad (7.3.43)$$

$$\begin{cases} X_1 = \hat{A}_a \hat{B}_{a_\perp} - \hat{A}_{a_\perp} \hat{B}_a \\ X_2 = \hat{B}_a \hat{C}_{a_\perp} - \hat{B}_{a_\perp} \hat{C}_a \\ X_3 = \hat{B}_{a_\perp} \hat{C}_a - \hat{B}_a \hat{C}_{a_\perp} \\ X_4 = \hat{A}_a \hat{C}_{a_\perp} - \hat{A}_{a_\perp} \hat{C}_a \end{cases} \quad (7.3.44)$$

图 7.3.7 给出了本节所提方法估计目标角度的算法流程,由式(7.3.40)可知,估计的目标角度有两个解,具体选择哪个解,取决于舰船目标和箔条干扰角度的相对大小,这可以通过文献[5]所提出方法来判断。不失一般性,若 $\theta_1 > \theta_2$ 时,则可以确定舰船目标的估计 AOA 为

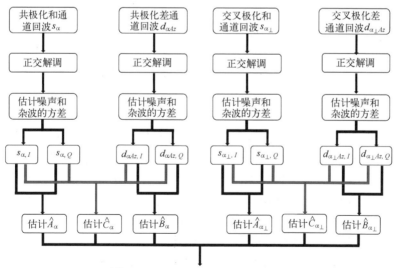

图 7.3.7 基于极化单脉冲雷达的点目标角度估计方法估计目标角度算法流程

$$\hat{\theta}_1 = \frac{X_1 + \sqrt{X_1^2 + 4\hat{A}_a \hat{C}_{a_\perp} X_2 + 4\hat{A}_{a_\perp} \hat{C}_a X_3}}{2X_4} \qquad (7.3.45)$$

4. 仿真实验验证与结果分析

根据前面的理论分析,下面通过仿真实验来定量分析不同的子脉冲数 N、SNR、信干比(SIR)、箔条云分布以及噪声方差估计偏差等因素对所提方法估计目标 AOA 性能的影响,并与其他现有文献估计目标 AOA 方法进行比较。

仿真实验中假设 $\theta_1 > \theta_2$,$\sigma_{sa}^2 = \sigma_{sa_\perp}^2 = \sigma_{da}^2 = \sigma_{da_\perp}^2 = 1$ 以及 $\kappa_a = \kappa_{a_\perp} = 1.6$。固定 $\theta_1 - \theta_2 = 0.25\text{rad}$,根据箔条质心干扰的特点,由于天线视轴方向位于舰船目标与箔条干扰夹角之间,因此,仿真中舰船目标的角度开始位于天线视轴方向上($\theta_1 = 0\text{rad}$),结束时箔条干扰的角度位于天线视轴方向上($\theta_1 = 0.25\text{rad}$),$\theta_1$ 的步进率为 0.0023rad,如图 7.3.8 所示。

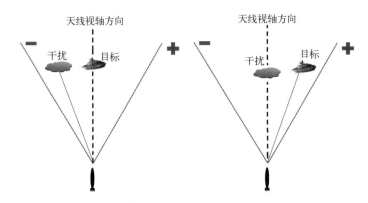

图 7.3.8 目标和箔条干扰的相对位置关系

图 7.3.9 分析了不同子脉冲数 N、SIR 和 SNR 对所提方法估计目标 AOA 性能的影响,蒙特卡洛仿真实验次数为 5000 次。图 7.3.9(a)给出了不同子脉冲数下目标 AOA 估计性能的仿真结果,其中,仿真参数设定为:共极化通道目标平均功率为 30dB,SIR = -4dB;交叉极化通道目标功率约为 28.9dB,假设箔条云为球面均匀分布,则有共极化通道箔条干扰平均功率是交叉极化通道的 3 倍[26],即交叉极化通道箔条干扰功率约为 26.2dB。图 7.3.9(a)可以看出,即使固定了 SNR 和 SIR,子脉冲数 N 越多,估计目标 AOA 的 RMSE 就越小,这是因为脉冲数越多,对应式(7.3.37)~式(7.3.39)中回波信号的二阶矩估计得越准确,因而求得目标 AOA 的 RMSE 就越小。图 7.3.9(b)分析了不同 SIR 对目标估计 AOA 性能的影响,其中仿真参数设定为:共极化和交叉极化通道目标平均功率分别为 25dB 和 23.8dB,$N = 8$。从图 7.3.9(b)中明显看出,SIR 越大,估计目标 AOA 的 RMSE 会有所改

善,但影响不大。图 7.3.9 (c) 给出了不同 SNR 下目标 AOA 估计性能的仿真结果,其中仿真参数设定为:$N=8$,SIR$=-4$dB,共极化通道目标平均功率与交叉极化通道的比值约为 1.2。图中所标识的 SNR 是指共极化通道中的 SNR。从图 7.3.9 (c) 中可以看出,SNR 越大,估计目标 AOA 的 RMSE 越小,当 SNR 从 20dB 增大到 25dB 时,估计目标 AOA 的 RMSE 平均改善约为 0.023,当继续增大 SNR 到 30dB,估计目标 AOA 的 RMSE 平均改善仅为 0.001。因此,仿真实验表明,在中高 SNR 情况下,本节方法可以获得较好的目标 AOA 的估计性能。

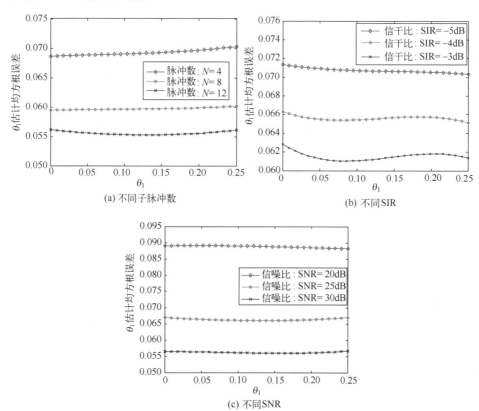

图 7.3.9　不同子脉冲数 N、SIR 和 SNR 对目标 AOA 估计性能的影响

图 7.3.10 分析了箔条云分布对目标 AOA 估计性能的影响,其中仿真参数设定为:$N=12$,共极化通道目标平均功率为 25dB,SIR$=-4$dB;交叉极化通道目标功率约为 23.8dB。为了便于分析,记 $\gamma = \dfrac{b_{aa}^2}{b_{a_\perp a}^2}$。在线性旋转基 $(a, a_\perp)$ 情况下,不难计算出三类典型箔条云分布[26]的 γ 值变化范围为 1.9~3。从

图7.3.10中可以看出,角度θ_1的RMSE与γ成正比,但γ对RMSE的影响较小,即三类典型箔条云分布对目标AOA的估计性能影响不大。例如,当$\gamma=1.9$时的RMSE仅比$\gamma=3$时的RMSE平均约低0.0036。

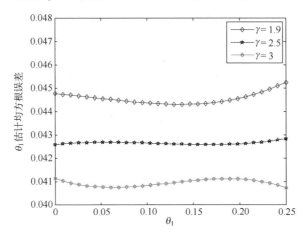

图7.3.10 箔条云分布对目标AOA估计性能的影响

图7.3.11给出了噪声方差估计偏差对目标AOA估计性能影响的仿真结果,其中仿真参数设定为:$N=8$,共极化通道目标平均功率为20dB,SIR=-4dB;交叉极化通道目标功率约为18.9dB。箔条分布类型为球面均匀分布。不失一般性,设每个极化通道噪声方差的真值均为$\sigma^2=1$。考虑三种情况,第一种情况是噪声方差估计偏差偏小($\hat{\sigma}^2=0.5$);第二种情况是无偏差估计噪声方差($\hat{\sigma}^2=1$);第三种情况是噪声方差估计偏差偏大($\hat{\sigma}^2=1.5$)。从图7.3.11中容易看出,当噪声方差估计存在偏差时,角度θ_1的RMSE会稍微

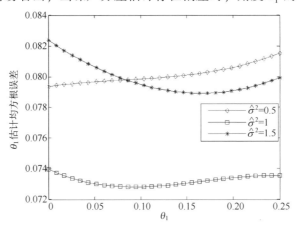

图7.3.11 噪声方差估计偏差对目标AOA估计性能的影响

变大，即估计性能变差。从图中同时也可以看出，当 $\hat{\sigma}^2 = 0.5$ 时，第一种情况角度 θ_1 的 RMSE 比第二种情况平均约高 0.0069；当 $\hat{\sigma}^2 = 1.5$ 时，第三种情况角度 θ_1 的 RMSE 比第二种情况平均约高 0.0067。在 SNR = 20dB 情况下，即使在噪声方差估计存在较大偏差的情况下，对目标 AOA 估计性能的影响仍然较小。

为验证所提方法对目标 AOA 的估计性能，现与文献[27]所提的 ML 方法、文献[25]所提的 Blair 方法、文献[28]所提的 NM2 方法以及文献[29]所提的 Zhao 方法进行估计性能对比。仿真实验中，不失一般性，考虑两个 Swerling II 型目标，令 $\theta_1 - \theta_2 = 0.25$ rad，假设各极化通道噪声的方差均为 1，且估计准确。考虑三组仿真实验，第一组仿真实验参数设定为：$N = 4$，SIR = −4.8dB，SNR = 20dB；第二组仿真实验参数设定为：$N = 8$，SIR = −4dB，SNR = 25dB；第三组仿真实验参数设定为：$N = 12$，SIR = −3dB，SNR = 30dB，交叉极化通道两目标的平均功率各自比共极化通道两目标低约 3dB。其中，Blair 方法、ML 方法和 NM2 方法只考虑共极化通道回波信号。在对比方法中，均假设各自的先验信息是已知的，即 NM2 方法、ML 方法和 Blair 方法中，两个不可分辨目标的 RCS 比值是已知的，在 Zhao 方法中假设极化比是已知的。不失一般性，图 7.3.12 给出了本节所提方法与其他方法估计目标 1 角度性能的仿真结果。从图 7.3.12 的仿真结果可得出如下结论：

(1) 随着 N、SIR 和 SNR 的增大，每种方法的估计性能均有所改善。

(2) 每组仿真结果中，ML 的估计性能虽然是最佳的，但该方法需要采用二维数值搜索方法来获取目标 AOA 的估计值，其计算复杂度大[28]，这可能会影响雷达系统的实时处理。

(3) 本节所提方法的估计性能略低于 NM2 方法，但本节所提方法解决了 NM2 方法需预先知道两个不可分辨目标 RCS 比值这一先验信息的问题，这一比值在反舰应用场合通常难以获取。因此，相比于 NM2 方法，本节所提方法更加实用。此外，从三组仿真实验容易看出，随着 N、SIR 和 SNR 的增大，两种方法的估计性能基本接近，例如，在图 7.3.12（c）中，本节所提方法的 RMSE 比 NM2 方法平均仅高出 0.003。

(4) 从图 7.3.12 中同时也可以看出，对于 Blair 方法，在 $\theta_1 = 0$ 时，Blair 方法的估计性能与 ML 方法相当，但 Blair 方法随着 θ_1 的变化时，其估计性能不稳定，这与 Blair 方法本身给出的边界限制条件有关[25]，此外，与 NM2 方法一样，Blair 方法同样需预先知道两个不可分辨目标的 RCS 比值。

(5) Zhao 方法对 SNR 的依赖性较大，在中低 SNR 的情况下，该方法估计性能比本节所提方法要差一些，当在高 SNR 的情况下（图 7.3.12（c）），由于极化比被噪声污染很小，因而 Zhao 方法估计精度要优于本节所提方法。然而，雷达导引头在受到箔条质心干扰时，由于目标和箔条干扰是不可分辨的，极化比的先验信息在实际中通常是难以获取的，因此，本节所提方法比 Zhao 方法更实用。

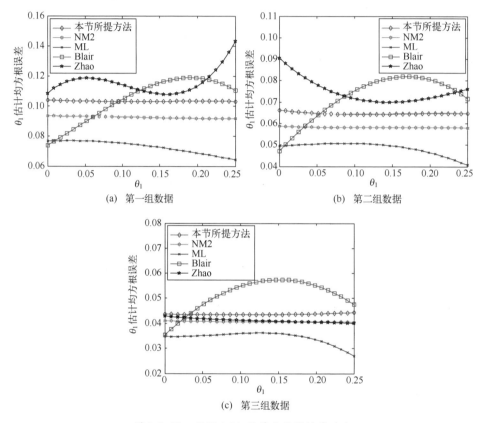

图 7.3.12　不同 AOA 估计方法的性能对比

综上所述，相比于 NM2 方法、ML 方法、Blair 方法和 Zhao 方法，本节提出的方法在无须目标或干扰的先验信息条件下，计算复杂度小，估计性能稳定，是一种实用性强的目标角度估计方法。

7.3.3　基于极化单脉冲雷达的分布式目标角度估计

随着电子技术的发展与进步，将传统的单脉冲雷达加载宽度信号，极大地提高了单脉冲雷达导引头在距离向上的分辨率，此时雷达目标在距离向上将视为一个分布式目标，它通常由多个散射中心组成。对于这种宽度单脉冲雷达，目前公开文献主要集中在单个分布式目标情形下测角方法的研究[30-34]，而对于不可分辨的分布式目标情形,研究相对较少,Zhang 等基于最小长度(MDL)准则和最大似然准则,提出了一种多个不可分辨分布式目标检测和角度估计的方法[35],但该方法计算量大,不利于实时估计目标角度。针对不同的信号波形,Willett 等分析了文献 [35] 所提方法目标分辨性能的 CRLB[36]。在文献 [35] 和 [36] 的基础上,Isaac 等研究了多种角度分辨方法,提出一种联合粒子滤波器,可实现两个不可分辨目标的跟踪[37]。然而,针对宽带单脉冲雷达体制对抗箔条质心干扰,目前还没有相关文献公开报道。

基于上述背景和问题,本节在 7.3.2 节所提方法思路的基础上,提出一种基于极化单脉冲雷达的分布式目标角度估计方法,阐述分布式目标双极化和差通道模型,在此基础上,给出分布式目标角度估计算法及流程,最后通过蒙特卡洛仿真实验验证所提方法的可行性。

1. 分布式目标模型

在高分辨雷达体制观测下,当目标的尺寸远远大于雷达分辨率时,雷达目标可视为分布式目标,它通常由多个相互独立的散射中心组成,图 7.3.13 给出了分布式目标示意图,其中十字星代表散射中心。

图 7.3.13 分布式目标示意图(十字星代表散射中心)

对于宽带单脉冲雷达,一般在距离向的分辨率远远大于其方位向的分辨率,因而雷达目标在距离向可视为分布式目标,而在方位向仍然是点目标[35]。若波束内存在两个不可分辨的分布式目标,结合文献 [35] 和文献 [38] 所提的分布式目标模型,在质心干扰情形下,可以合理地假设宽带单脉冲雷达的目标模型满足下列条件:

(1)每个目标由多个散射中心组成,对于舰船目标,它的每个散射中心服从 Swerling Ⅳ 模型;对于箔条干扰,每个散射中心服从 Swerling Ⅱ 模型。

(2)每个目标在距离向视为分布式目标,在方位向视为点目标。

(3)同一目标中每个散射中心的 AOA 相同。

(4)舰船目标和箔条干扰所占据的距离和方位分辨单元相同,两者的散射中心相互联合作用,组成共同的散射中心,每个散射中心在距离向视为点目标，且每个散射中心彼此相互独立。

2. 分布式目标双极化和差信号模型

与 7.3.2 节所阐述的双极化单脉冲雷达系统类似，假设宽带单脉冲雷达发射 45°线极化波，每个子波束的天线馈电单元同时接收±45°线极化波。但与 7.3.2 节有所不同的是，这里假设 SAR 导引头发射的信号为线性调频信号，其信号形式为

$$p(t_r, t_a) = \text{rect}\left(\frac{t_r}{T_p}\right) \cdot \exp\left[j2\pi\left(\frac{f_c t + K_r t_r^2}{2}\right)\right] \tag{7.3.46}$$

其中，$\text{rect}(\cdot)$ 为矩形窗函数，T_p 为发射信号脉宽，f_0 为信号载频，K_r 为线性调频率，t_r 为距离向快时间，t 为全时间，且 $t=t_r+t_a$。

当箔条质心干扰存在时，则相同距离和角度分辨单元里同时包含目标和干扰信号，且两者回波相互作用共同形成 M 个散射中心，则双极化宽带单脉冲系统 6 路和、方位差（Az）与俯仰差（El）通道接收到的复回波信号可表示为

$$\begin{cases} s_a = \sum_{k=1}^{2} \sum_{j=1}^{M} A_{akj} \exp\left[j2\pi\left(f_c(t_r - \tau_j) + \frac{K_r(t_r - \tau_j)^2}{2}\right) + \theta_{sa}\right] + n_{sa} \\ s_{a_\perp} = \sum_{k=1}^{2} \sum_{j=1}^{M} A_{a_\perp kj} \exp\left[j2\pi\left(f_c(t_r - \tau_j) + \frac{K_r(t_r - \tau_j)^2}{2}\right) + \theta_{sa_\perp}\right] + n_{sa_\perp} \end{cases} \tag{7.3.47}$$

$$\begin{cases} s_a = \sum_{k=1}^{2} \sum_{j=1}^{M} A_{akj} \exp\left[j2\pi\left(f_c(t_r - \tau_j) + \frac{K_r(t_r - \tau_j)^2}{2}\right) + \theta_{sa}\right] + n_{sa} \\ s_{a_\perp} = \sum_{k=1}^{2} \sum_{j=1}^{M} A_{a_\perp kj} \exp\left[j2\pi\left(f_c(t_r - \tau_j) + \frac{K_r(t_r - \tau_j)^2}{2}\right) + \theta_{sa_\perp}\right] + n_{sa_\perp} \end{cases} \tag{7.3.48}$$

$$\begin{cases} d_{aAz} = \sum_{k=1}^{2} \kappa_a \theta_{Ak} \sum_{j=1}^{M} A_{akj} \exp\left[j2\pi\left(f_c(t_r - \tau_j) + \frac{K_r(t_r - \tau_j)^2}{2}\right) + \theta_{daAz}\right] + n_{daAz} \\ d_{a_\perp Az} = \sum_{k=1}^{2} \kappa_{a_\perp} \theta_{Ak} \sum_{j=1}^{M} A_{a_\perp kj} \exp\left[j2\pi\left(f_c(t_r - \tau_j) + \frac{K_r(t_r - \tau_j)^2}{2}\right) + \theta_{da_\perp Az}\right] + n_{da_\perp Az} \end{cases} \tag{7.3.49}$$

$$\begin{cases} d_{aEl} = \sum_{k=1}^{2} \kappa_a \theta_{Ek} \sum_{j=1}^{M} A_{akj} \exp\left[j2\pi\left(f_c(t_r - \tau_j) + \frac{K_r(t_r - \tau_j)^2}{2}\right) + \theta_{daEl}\right] + n_{daEl} \\ d_{a_\perp El} = \sum_{k=1}^{2} \kappa_{a_\perp} \theta_{Ek} \sum_{j=1}^{M} A_{a_\perp kj} \exp\left[j2\pi\left(f_c(t_r - \tau_j) + \frac{K_r(t_r - \tau_j)^2}{2}\right) + \theta_{da_\perp El}\right] + n_{da_\perp El} \end{cases} \tag{7.3.50}$$

其中，s 代表和通道，d 代表差通道；A_{akj} 为共极化通道第 k 个目标中第 j 个散射中心的幅度（$j=1,2$）；$A_{a_\perp kj}$ 为交叉极化通道第 k 个目标中第 j 个散射中心的幅度；τ_j 为电磁波在第 j 个散射中心与雷达双程距离之间的传播时延；θ_{sa}、

$\theta_{sa_\perp}$、θ_{daAz}、$\theta_{da_\perp Az}$、θ_{daEl} 和 $\theta_{da_\perp El}$ 分别为双极化单脉冲系统 6 路通道中信号的初始相位,它们之间彼此相互独立,且都服从均匀分布;θ_{Ak} 和 θ_{Ek} 分别为第 k 个目标的水平方位 AOA 和俯仰方位 AOA;κ_a 和 $\kappa_{a_\perp}$ 分别为共极化和交叉极化通道的单脉冲斜率;n_{sa}、$n_{sa_\perp}$、n_{daAz}、$n_{da_\perp Az}$、n_{daEl} 和 $n_{da_\perp El}$ 分别为双极化宽带单脉冲系统 6 路通道中的热噪声和杂波信号。

和、差信号经过解调和匹配滤波后,宽带单脉冲系统所接收到信号的同相和正交分量可分别表示为

$$\begin{cases} s_{a,I} = \sum_{k=1}^{2} \sum_{j=1}^{M} A_{akj} p_r(t_r - \tau_{kj}) \cos\phi_{sa} + n_{sa,I} \\ s_{a_\perp,I} = \sum_{k=1}^{2} \sum_{j=1}^{M} A_{a_\perp kj} p_r(t_r - \tau_{kj}) \cos\phi_{sa_\perp} + n_{sa_\perp,I} \end{cases} \quad (7.3.51)$$

$$\begin{cases} d_{aAz,I} = \sum_{k=1}^{2} \kappa_a \theta_{Ak} \sum_{j=1}^{M} A_{akj} p_r(t_r - \tau_{kj}) \cos\phi_{daAz} + n_{daAz,I} \\ d_{a_\perp Az,I} = \sum_{k=1}^{2} \kappa_{a_\perp} \theta_{Ak} \sum_{j=1}^{M} A_{a_\perp kj} p_r(t_r - \tau_{kj}) \cos\phi_{daAz} + n_{da_\perp Az,I} \end{cases} \quad (7.3.52)$$

$$\begin{cases} d_{aEl,I} = \sum_{k=1}^{2} \kappa_a \theta_{Ek} \sum_{j=1}^{M} A_{akj} p_r(t_r - \tau_{kj}) \cos\phi_{daEl} + n_{daEl,I} \\ d_{a_\perp El,I} = \sum_{k=1}^{2} \kappa_{a_\perp} \theta_{Ek} \sum_{j=1}^{M} A_{a_\perp kj} p_r(t_r - \tau_{kj}) \cos\phi_{da_\perp El} + n_{da_\perp El,I} \end{cases} \quad (7.3.53)$$

$$\begin{cases} s_{a,Q} = \sum_{k=1}^{2} \sum_{j=1}^{M} A_{akj} p_r(t_r - \tau_{kj}) \sin\phi_{sa} + n_{sa,Q} \\ s_{a_\perp,Q} = \sum_{k=1}^{2} \sum_{j=1}^{M} A_{a_\perp kj} p_r(t_r - \tau_{kj}) \sin\phi_{sa_\perp} + n_{sa_\perp,Q} \end{cases} \quad (7.3.54)$$

$$\begin{cases} d_{aAz,Q} = \sum_{k=1}^{2} \kappa_a \theta_{Ak} \sum_{j=1}^{M} A_{akj} p_r(t_r - \tau_{kj}) \sin\phi_{daAz} + n_{daAz,Q} \\ d_{a_\perp Az,Q} = \sum_{k=1}^{2} \kappa_{a_\perp} \theta_{Ak} \sum_{j=1}^{M} A_{a_\perp kj} p_r(t_r - \tau_{kj}) \sin\phi_{daAz} + n_{da_\perp Az,Q} \end{cases} \quad (7.3.55)$$

$$\begin{cases} d_{aEl,Q} = \sum_{k=1}^{2} \kappa_a \theta_{Ek} \sum_{j=1}^{M} A_{akj} p_r(t_r - \tau_{kj}) \sin\phi_{daEl} + n_{daEl,Q} \\ d_{a_\perp El,Q} = \sum_{k=1}^{2} \kappa_{a_\perp} \theta_{Ek} \sum_{j=1}^{M} A_{a_\perp kj} p_r(t_r - \tau_{kj}) \sin\phi_{da_\perp El} + n_{da_\perp El,Q} \end{cases} \quad (7.3.56)$$

其中，$p_r(\cdot)$ 为距离向点扩展函数，ϕ_{sa}、$\phi_{sa_\perp}$、ϕ_{daAz}、$\phi_{da_\perp Az}$、ϕ_{daEl} 和 $\phi_{da_\perp El}$ 分别为经解调和匹配滤波后各极化通道中信号的相位，由于初始相位服从均匀分布，因此，可以合理地假设经解调和匹配滤波后的相位仍然服从均匀分布。

根据上述的分布式目标模型，若采用频率分集技术，则每个散射中心中舰船目标服从 Swerling IV 起伏模型[19]，故其共极化和交叉极化通道舰船目标每个散射中心幅度的 PDF 可分别表示为

$$\begin{cases} p(A_{akj}) = \dfrac{8A_{akj}^3}{a_{akj}^4}\exp\left(-\dfrac{2A_{akj}^2}{a_{akj}^4}\right) \\ p(A_{a_\perp kj}) = \dfrac{8A_{a_\perp kj}^3}{a_{a_\perp kj}^4}\exp\left(-\dfrac{2A_{a_\perp kj}^2}{a_{a_\perp kj}^4}\right) \end{cases} \tag{7.3.57}$$

其中，$E[A_{akj}] = \dfrac{3a_{akj}}{4}\sqrt{\dfrac{\pi}{2}}$，$E[A_{a_\perp kj}] = \dfrac{3a_{a_\perp kj}}{4}\sqrt{\dfrac{\pi}{2}}$。考虑到箔条云的每个散射中心服从 Swerling II 起伏模型[5,20]，同理，其共极化和交叉极化通道箔条干扰每个散射中心幅度的 PDF 可分别表示为

$$\begin{cases} p(A_{akj}) = \dfrac{A_{akj}A_a^3}{a_{akj}^2}\exp\left(-\dfrac{A_{akj}^2}{2a_{akj}^2}\right) \\ p(A_{a_\perp kj}) = \dfrac{A_{a_\perp kj}}{a_{a_\perp kj}^2}\exp\left(-\dfrac{A_{a_\perp kj}^2}{2a_{a_\perp kj}^2}\right) \end{cases} \tag{7.3.58}$$

其中，$E[A_{akj}] = a_{akj}\sqrt{\dfrac{\pi}{2}}$，$E[A_{a_\perp kj}] = a_{a_\perp kj}\sqrt{\dfrac{\pi}{2}}$。另外，假设和、差通道中噪声和杂波信号的同相（正交）分量均服从零均值高斯分布，且彼此相互独立，其方差分别为

$$\begin{cases} \mathrm{var}[n_{sa,I}] = \mathrm{var}[n_{sa,Q}] = \sigma_{sa}^2 \\ \mathrm{var}[n_{sa_\perp,I}] = \mathrm{var}[n_{sa_\perp,Q}] = \sigma_{sa_\perp}^2 \end{cases} \tag{7.3.59}$$

$$\begin{cases} \mathrm{var}[n_{daAz,I}] = \mathrm{var}[n_{daAz,Q}] = \sigma_{daAz}^2 \\ \mathrm{var}[n_{da_\perp Az,I}] = \mathrm{var}[n_{da_\perp Az,Q}] = \sigma_{da_\perp Az}^2 \end{cases} \tag{7.3.60}$$

$$\begin{cases} \mathrm{var}[n_{daEl,I}] = \mathrm{var}[n_{daEl,Q}] = \sigma_{daEl}^2 \\ \mathrm{var}[n_{da_\perp El,I}] = \mathrm{var}[n_{da_\perp El,Q}] = \sigma_{da_\perp El}^2 \end{cases} \tag{7.3.61}$$

3. 分布式目标角度估计及流程

若对和、差通道中所接收到的回波信号求二阶矩，则在箔条质心干扰条件下，对于每个散射中心点，有

$$\begin{cases} E[s_{a,I}^2]_j = E[s_{a,Q}^2]_j = \dfrac{a_{a1j}^2}{2} + a_{a2j}^2 + \sigma_{sa}^2 \\ E[s_{a_\perp,I}^2]_j = E[s_{a_\perp,Q}^2]_j = \dfrac{a_{a_\perp 1j}^2}{2} + a_{a_\perp 2j}^2 + \sigma_{sa_\perp}^2 \end{cases} \quad (7.3.62)$$

$$\begin{cases} E[d_{aAz,I}^2]_j = E[d_{aAz,Q}^2]_j = \dfrac{\kappa_a^2 \theta_{A1}^2 a_{a1j}^2}{2} + \kappa_a^2 \theta_{A2}^2 a_{a2j}^2 + \sigma_{daAz}^2 \\ E[d_{a_\perp Az,I}^2]_j = E[d_{a_\perp Az,Q}^2]_j = \dfrac{\kappa_{a_\perp}^2 \theta_{A1}^2 a_{a_\perp 1j}^2}{2} + \kappa_{a_\perp}^2 \theta_{A2}^2 a_{a_\perp 2j}^2 + \sigma_{da_\perp Az}^2 \end{cases} \quad (7.3.63)$$

$$\begin{cases} E[s_{a,I} d_{aAz,I}]_j = E[s_{a,Q} d_{aAz,Q}]_j = \dfrac{\kappa_a \theta_{A1} a_{a1j}^2}{2} + \kappa_a \theta_{A2} a_{a2j}^2 \\ E[s_{a_\perp,I} d_{a_\perp Az,I}]_j = E[s_{a_\perp,Q} d_{a_\perp Az,Q}]_j = \dfrac{\kappa_{a_\perp} \theta_{A1} a_{a_\perp 1j}^2}{2} + \kappa_{a_\perp} \theta_{A2} a_{a_\perp 2j}^2 \end{cases} \quad (7.3.64)$$

$$\begin{cases} E[d_{aEl,I}^2]_j = E[d_{aEl,Q}^2]_j = \dfrac{\kappa_a^2 \theta_{E1}^2 a_{a1j}^2}{2} + \kappa_a^2 \theta_{E2}^2 a_{a2j}^2 + \sigma_{daEl}^2 \\ E[d_{a_\perp El,I}^2]_j = E[d_{a_\perp El,Q}^2]_j = \dfrac{\kappa_{a_\perp}^2 \theta_{E1}^2 a_{a_\perp 1j}^2}{2} + \kappa_{a_\perp}^2 \theta_{E2}^2 a_{a_\perp 2j}^2 + \sigma_{da_\perp El}^2 \end{cases} \quad (7.3.65)$$

$$\begin{cases} E[s_{a,I} d_{aEl,I}]_j = E[s_{a,Q} d_{aEl,Q}]_j = \dfrac{\kappa_a \theta_{A1} a_{a1j}^2}{2} + \kappa_a \theta_{A2} a_{a2j}^2 \\ E[s_{a_\perp,I} d_{a_\perp El,I}]_j = E[s_{a_\perp,Q} d_{a_\perp El,Q}]_j = \dfrac{\kappa_{a_\perp} \theta_{A1} a_{a_\perp 1j}^2}{2} + \kappa_{a_\perp} \theta_{A2} a_{a_\perp 2j}^2 \end{cases} \quad (7.3.66)$$

其中，下标 j 表示第 j 个散射中心点。

另外，对经解调和匹配滤波后的和通道回波做二阶矩处理，可得到和通道回波二阶矩的一维距离像，如图 7.3.14（a）所示，和通道的一维距离像共有 5 个散射中心，每个散射中心形成一个尖峰。在本节所提方法中，将和通道的回波用于目标的检测与分割，超过检测电平即认为有目标（如图 7.3.14（b）直线所示意），然后在这些区域里寻找目标中每个散射中心的尖峰，记下每个尖峰的采样序列号，将这些采样序列号应用于其他经二阶矩处理后的回波信号。则通过 N 个独立子脉冲的回波信号估计出式（7.3.62）~式（7.3.66）中等号右边的表达式，有

$$\begin{cases} E[s_{a,I}^2]_j = E[s_{a,Q}^2]_j \approx \dfrac{1}{2N} \sum_{i=1}^{N} \{s_{a,I}^2(i) + s_{a,Q}^2(i)\}_j = \dfrac{A_a}{2N} \\ E[s_{a_\perp,I}^2]_j = E[s_{a_\perp,Q}^2]_j \approx \dfrac{1}{2N} \sum_{i=1}^{N} \{s_{a_\perp,I}^2(i) + s_{a_\perp,Q}^2(i)\}_j = \dfrac{A_{a_\perp}}{2N} \end{cases} \quad (7.3.67)$$

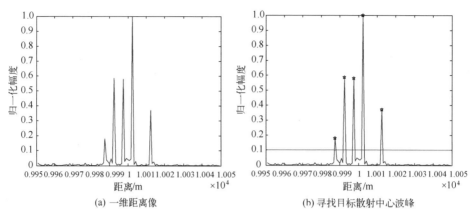

(a) 一维距离像　　　　　　　　(b) 寻找目标散射中心波峰

图 7.3.14　和通道回波二阶距的一维距离像（五角星处为尖峰所在位置）

$$\begin{cases} E[d_{aAz,I}^2]_j = E[d_{aAz,Q}^2]_j \approx \dfrac{1}{2N}\sum_{i=1}^{N}\{d_{aAz,I}^2(i)+d_{aAz,Q}^2(i)\}_j = \dfrac{B_a}{2N} \\ E[d_{a_\perp Az,I}^2]_j = E[d_{a_\perp Az,Q}^2]_j \approx \dfrac{1}{2N}\sum_{i=1}^{N}\{d_{a_\perp Az,I}^2(i)+d_{a_\perp Az,Q}^2(i)\}_j = \dfrac{B_{a_\perp}}{2N} \end{cases}$$

(7.3.68)

$$\begin{cases} E[s_{a,I}d_{aAz,I}]_j = E[s_{a,Q}d_{aAz,Q}]_j \approx \dfrac{1}{2N}\sum_{i=1}^{N}\{s_{a,I}d_{aAz,I}(i)+s_{a,Q}d_{aAz,Q}(i)\}_j = \dfrac{C_a}{2N} \\ E[s_{a_\perp,I}d_{a_\perp Az,I}]_j = E[s_{a_\perp,Q}d_{a_\perp Az,Q}]_j \approx \dfrac{1}{2N}\sum_{i=1}^{N}\{s_{a_\perp,I}d_{a_\perp Az,I}(i)+s_{a_\perp,Q}d_{a_\perp Az,Q}(i)\}_j = \dfrac{C_{a_\perp}}{2N} \end{cases}$$

(7.3.69)

$$\begin{cases} E[d_{aEl,I}^2]_j = E[d_{aEl,Q}^2]_j \approx \dfrac{1}{2N}\sum_{k=1}^{N}\{d_{aEl,I}^2(i)+d_{aEl,I}^2(i)\}_J = \dfrac{D_a}{2N} \\ E[d_{a_\perp El,I}^2]_j = E[d_{a_\perp El,Q}^2]_j \approx \dfrac{1}{2N}\sum_{i=1}^{N}\{d_{a_\perp El,I}^2(i)+d_{a_\perp El,Q}^2(i)\}_J = \dfrac{D_{a_\perp}}{2N} \end{cases}$$

(7.3.70)

$$\begin{cases} E[s_{a,I}d_{aEl,I}]_j = E[s_{a,Q}d_{aEl,Q}]_j \approx \dfrac{1}{2N}\sum_{k=1}^{N}\{s_{a,I}d_{aEl,I}(i)+s_{a,Q}d_{aEl,Q}(i)\}_j = \dfrac{E_a}{2N} \\ E[s_{a_\perp,I}d_{a_\perp El,I}]_j = E[s_{a_\perp,Q}d_{a_\perp El,Q}]_j \approx \dfrac{1}{2N}\sum_{k=1}^{N}\{s_{a_\perp,I}d_{a_\perp El,I}(i)+s_{a_\perp,Q}d_{a_\perp El,Q}(i)\}_j = \dfrac{E_{a_\perp}}{2N} \end{cases}$$

(7.3.71)

若和、差通道中的热噪声和杂波的方差是已知的，则根据式（7.3.62）~式（7.3.71），与 7.3.2 节相同的处理思路，通过联立方程，可求得舰船目标

和箔条干扰中每个散射中心点方位向和俯仰向的 AOA 分别为

$$\begin{cases} \hat{\theta}_{A1} = \dfrac{X_1 \pm \sqrt{X_1^2 + 4\hat{A}_a\hat{C}_{a_\perp}X_2 + 4\hat{A}_{a_\perp}\hat{C}_a X_3}}{2X_4} \\ \hat{\theta}_{A2} = \dfrac{X_1 \mp \sqrt{X_1^2 + 4\hat{A}_a\hat{C}_{a_\perp}X_2 + 4\hat{A}_{a_\perp}\hat{C}_a X_3}}{2X_4} \end{cases} \quad (7.3.72)$$

$$\begin{cases} \hat{\theta}_{E1} = \dfrac{Y_1 \pm \sqrt{Y_1^2 + 4\hat{A}_a\hat{E}_{a_\perp}Y_2 + 4\hat{A}_{a_\perp}\hat{E}_a Y_3}}{2Y_4} \\ \hat{\theta}_{E2} = \dfrac{Y_1 \mp \sqrt{Y_1^2 + 4\hat{A}_a\hat{E}_{a_\perp}Y_2 + 4\hat{A}_{a_\perp}\hat{E}_a Y_3}}{2Y_4} \end{cases} \quad (7.3.73)$$

其中，中间变量定义为

$$\hat{A}_a = A_a - 2N\sigma_{sa}^2 \quad \hat{A}_{a_\perp} = A_{a_\perp} - 2N\sigma_{sa_\perp}^2 \quad (7.3.74)$$

$$\begin{cases} \hat{B}_a = \dfrac{(B_a - 2N\sigma_{daAz}^2)}{\kappa_a^2}, & \hat{B}_{a_\perp} = \dfrac{(B_{a_\perp} - 2N\sigma_{da_\perp Az}^2)}{\kappa_{a_\perp}^2} \\ \hat{C}_a = \dfrac{C_a}{\kappa_a}, & \hat{C}_{a_\perp} = \dfrac{C_{a_\perp}}{\kappa_{a_\perp}} \end{cases} \quad (7.3.75)$$

$$\begin{cases} \hat{D}_a = \dfrac{(D_a - 2N\sigma_{daEl}^2)}{\kappa_a^2}, & \hat{D}_{a_\perp} = \dfrac{(D_{a_\perp} - 2N\sigma_{da_\perp El}^2)}{\kappa_{a_\perp}^2} \\ \hat{E}_a = \dfrac{E_a}{\kappa_a}, & \hat{E}_{a_\perp} = \dfrac{E_{a_\perp}}{\kappa_{a_\perp}} \end{cases} \quad (7.3.76)$$

$$\begin{cases} X_1 = \hat{A}_a\hat{B}_{a_\perp} - \hat{A}_{a_\perp}\hat{B}_a, & X_2 = \hat{B}_a\hat{C}_{a_\perp} - \hat{B}_{a_\perp}\hat{C}_a \\ X_3 = \hat{B}_{a_\perp}\hat{C}_a - \hat{B}_a\hat{C}_{a_\perp}, & X_4 = \hat{A}_a\hat{C}_{a_\perp} - \hat{A}_{a_\perp}\hat{C}_a \end{cases} \quad (7.3.77)$$

$$\begin{cases} Y_1 = \hat{A}_a\hat{D}_{a_\perp} - \hat{A}_{a_\perp}\hat{D}_a, & Y_2 = \hat{D}_a\hat{E}_{a_\perp} - \hat{D}_{a_\perp}\hat{E}_a \\ Y_3 = \hat{D}_{a_\perp}\hat{E}_a - \hat{D}_a\hat{E}_{a_\perp}, & Y_4 = \hat{A}_a\hat{E}_{a_\perp} - \hat{A}_{a_\perp}\hat{E}_a \end{cases} \quad (7.3.78)$$

若 $\theta_1 > \theta_2$，则可以确定舰船目标和箔条干扰中每个散射中方位向和俯仰向的 AOA 分别为

$$\begin{cases} \hat{\theta}_{A1} = \dfrac{X_1 + \sqrt{X_1^2 + 4\hat{A}_a \hat{C}_{a_\perp} X_2 + 4\hat{A}_{a_\perp} \hat{C}_a X_3}}{2X_4} \\ \hat{\theta}_{A2} = \dfrac{X_1 - \sqrt{X_1^2 + 4\hat{A}_a \hat{C}_{a_\perp} X_2 + 4\hat{A}_{a_\perp} \hat{C}_a X_3}}{2X_4} \end{cases} \quad (7.3.79)$$

$$\begin{cases} \hat{\theta}_{E1} = \dfrac{Y_1 + \sqrt{Y_1^2 + 4\hat{A}_a \hat{E}_{a_\perp} Y_2 + 4\hat{A}_{a_\perp} \hat{E}_a Y_3}}{2Y_4} \\ \hat{\theta}_{E2} = \dfrac{Y_1 - \sqrt{Y_1^2 + 4\hat{A}_a \hat{E}_{a_\perp} Y_2 + 4\hat{A}_{a_\perp} \hat{E}_a Y_3}}{2Y_4} \end{cases} \quad (7.3.80)$$

最后对舰船目标和箔条干扰每个散射中心的 AOA 求平均，则可分别得到舰船目标和箔条干扰的 AOA，即

$$\begin{cases} \overline{\theta}_{A1} = \dfrac{1}{M}\sum_{m=1}^{M} \hat{\theta}_{A1}(m), \quad \overline{\theta}_{A2} = \dfrac{1}{M}\sum_{m=1}^{M} \hat{\theta}_{A2}(m) \\ \overline{\theta}_{E1} = \dfrac{1}{M}\sum_{m=1}^{M} \hat{\theta}_{E1}(m), \quad \overline{\theta}_{E2} = \dfrac{1}{M}\sum_{m=1}^{M} \hat{\theta}_{E2}(m) \end{cases} \quad (7.3.81)$$

综上所述，在箔条质心干扰条件下，本节所提方法估计两个不可分辨的分布式目标角度的步骤可归纳如下。

Step 1：对宽带单脉冲系统 6 路和、方位差与俯仰差通道接收到的回波信号进行采样、解调和匹配滤波，分别得到和、差通道中回波的一维距离像。

Step 2：根据式（7.3.67）~式（7.3.71），分别求出和、差通道中回波的二阶矩。

Step 3：利用和通道二阶矩 $E[s_a^2]$ 的一维距离像对目标进行检测，超过检测电平即认为有目标，在检测到目标区域内寻找每个散射中心的峰值，记录下这些峰值所在位置的采样单元序号。

Step 4：根据这些峰值的采样单元序号，联立式（7.3.62）~式（7.3.71），可分别求得舰船目标和箔条干扰每个散射中心方位向和俯仰向的 AOA。

Step 5：通过文献 [5] 所提方法判断舰船目标和箔条干扰角度的相对大小，确定 Step 4 中舰船目标和箔条干扰 AOA 的唯一解。

Step 6：分别对舰船目标和箔条干扰每个散射中心的 AOA 求平均，获得舰船目标和箔条干扰的 AOA。

4. 仿真实验验证与结果分析

在仿真实验中，宽带极化单脉冲雷达系统的仿真参数设定如表 7.3.1 所示。两个不可分辨的分布式目标共有 6 个散射中心。

表 7.3.1 双极化单脉冲雷达系统仿真参数

参数	符号	取值	参数	符号	取值
平台速度	v_a	400m/s	信号脉宽	T_p	20μs
信号载频	f_c	35GHz	最近斜距	R_0	10km
信号带宽	B	150MHz	极化方式	$(a, a_\perp)$	±45°线极化

为了验证本算法对舰船目标和箔条干扰俯仰向 AOA 的测角性能，不失一般性，假设舰船目标与箔条干扰俯仰向的角度位置不相同。图 7.3.15 给出了不同子脉冲数 N 对测角性能的影响，基本仿真参数设定为：$\theta_{A1}=0.3$，$\theta_{E1}=0.3$，$\theta_{A2}=-0.3$ 和 $\theta_{E2}=-0.3$，其中，$(\theta_{A1},\theta_{E1})$ 为目标的角度位置，$(\theta_{A2},\theta_{E2})$ 为箔条干扰的角度位置，子脉冲数 $N=8$，共极化通道目标平均功率为 25dB，SIR $=-4$dB；交叉极化通道目标功率约为 22.8dB，假设箔条云为球面均匀分布，则交叉极化通道箔条干扰功率约为 21.2dB；不失一般性，每个极化通道噪声的方差均为 1，且 $\kappa_a=\kappa_{a_\perp}=1.6$；蒙特卡洛仿真实验次数为 150 次，电平

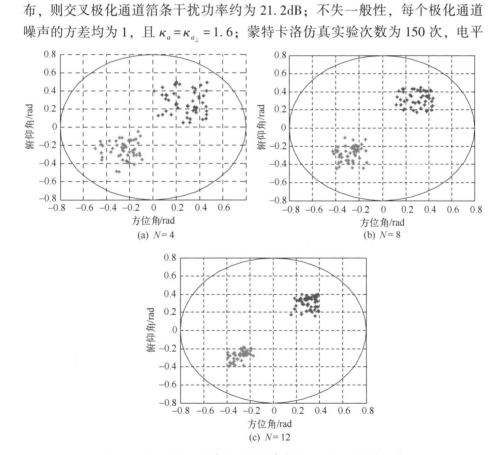

图 7.3.15 不同子脉冲数 N 下分布式目标 AOA 的估计性能

门限设定为 10dB，即在和通道二阶矩的一维距离像中大于 10dB 采样点区域内寻找每个散射中心的峰值点。从图 7.3.15 中可以看出，子脉冲数越多，目标和干扰估计的 AOA 就越集中，此外，箔条干扰的 AOA 估计精度略比目标的要好，这是因为在两个不可分辨目标中功率大的目标比功率小的目标估计精度要好一些[25]。

固定子脉冲数 $N=8$，其他仿真参数与图 7.3.15 相同，图 7.3.16 给出了不同 SIR 对分布式目标 AOA 估计性能的影响。从图中可以看出，不同 SIR 对分布式目标的测角性能影响没有那么明显，这与用传统单脉冲雷达测角得出的结论是一致的。

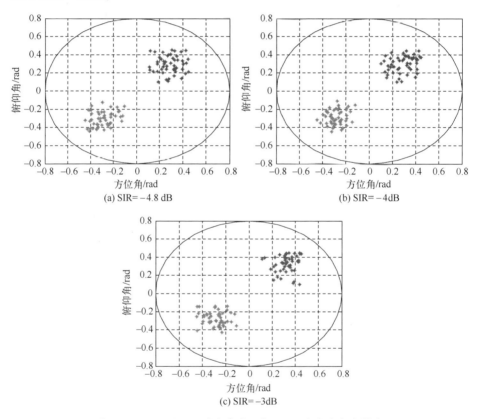

图 7.3.16 不同 SIR 对分布式目标 AOA 估计性能的影响

图 7.3.17 给出了不同 SNR 对分布式目标测角性能的影响。SNR 越大，目标和干扰估计的 AOA 就越集中，即测角精度越好，这是因为 SNR 越大，目标和干扰中每个散射中心均高于电平门限，且噪声对每个散射中心的影响也降低了，从而提高了测角精度。

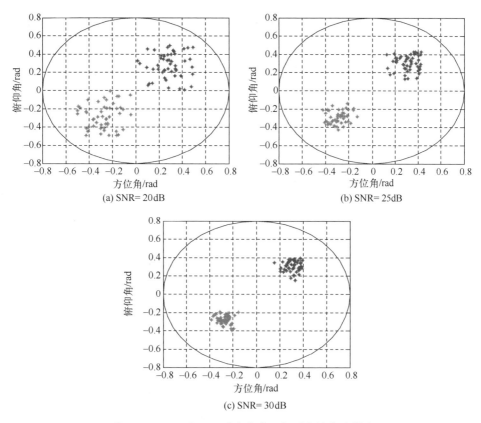

图 7.3.17 不同 SNR 对分布式目标测角性能的影响

7.4 有源转发式干扰的全极化单脉冲雷达鉴别

对抗单脉冲雷达或雷达导引头的有源转发式干扰样式大致可分为转发式距离假目标干扰和转发式角度欺骗干扰。本节以全极化单脉冲雷达体制为对象,分析有源转发式干扰的全极化单脉冲雷达回波建模及其等效 PSM,在此基础上,介绍一种有源转发式干扰的全极化单脉冲雷达鉴别方法,通过设定不同的鉴别量,可实现对转发式距离假目标干扰和转发式角度欺骗干扰的有效鉴别。

7.4.1 同时极化雷达接收信号的建模与信息反演

1. 全极化单脉冲雷达目标回波的建模与极化/角度信息测量

同时极化雷达是采用一对正交极化通道"同时发射、同时接收"的工作模式,原理上在一个 PRT 内即可获得目标 PSM 的完整测量。一般而言,可以选择水平、垂直(H、V)这一组正交极化通道同时收发信号,通过发射正交信号来实现对雷达接收主极化分量和交叉极化分量的分离,进而估计目标的 PSM。全极化单脉冲雷达的原理框图如图 7.4.1 所示。

设雷达发射信号为 $e^t(t) = \begin{bmatrix} E_H^t(t) \\ E_V^t(t) \end{bmatrix}$,$t \in T_p$,$T_p$ 为发射信号的时域支撑集。理想条件下,满足如下关系[40]

$$E_i(t) * E_j(t) = \begin{cases} 1, & i=j \\ 0, & i \neq j \end{cases} \quad (i,j) \in (H,V) \tag{7.4.1}$$

其中,"$*$"表示信号卷积。

那么,与距离雷达为 R 处的一个雷达目标散射回波分别被水平、垂直极化通道接收,其接收信号为

$$e^o(t,m) = \begin{bmatrix} E_H^o(t) \\ E_V^o(t) \end{bmatrix} = A\mathbf{S}e^t(t) + n(t) = \begin{bmatrix} A_t[s_{HH}E_H^t(t) + s_{VH}E_V^t(t)] + n_H(t) \\ A_t[s_{HV}E_H^t(t) + s_{VV}E_V^t(t)] + n_V(t) \end{bmatrix}$$
$$\tag{7.4.2}$$

其中,$\mathbf{S} = \begin{bmatrix} s_{HH} & s_{HV} \\ s_{VH} & s_{VV} \end{bmatrix}$ 为目标的 PSM,$A_t = \sqrt{\dfrac{P_t}{(4\pi)^3 L_s}} \dfrac{\lambda K_{RF}}{R^2} f_T(\theta) f_R(\theta)$ 为与距离信息等因素有关的调制系数,P_t 为雷达发射功率,λ 为雷达工作波长,K_{RF} 为射频放大系数,L_s 为雷达系统损耗,$f_T(\theta)$ 为雷达发射天线电压增益,$f_R(\theta)$ 为雷达接收天线电压增益。

在忽略接收机噪声的情况下,对两正交极化通道输出 $[E_H^o(t) \quad E_V^o(t)]^T$ 分别进行水平、垂直极化通道匹配滤波处理,易得其输出为

$$\mathbf{E}^o = \begin{bmatrix} E_{HH}^o \\ E_{VH}^o \\ E_{HV}^o \\ E_{VV}^o \end{bmatrix} = \begin{bmatrix} A_t s_{HH} \\ A_t s_{VH} \\ A_t s_{HV} \\ A_t s_{VV} \end{bmatrix} \tag{7.4.3}$$

消除距离、天线增益等调制系数 A_t 的影响,最后可以得到目标 PSM 的估计值在理想情况下为

$$\hat{\mathbf{S}} = \mathbf{S} = \begin{bmatrix} s_{HH} & s_{HV} \\ s_{VH} & s_{VV} \end{bmatrix} \tag{7.4.4}$$

第 7 章 极化单脉冲雷达测角与干扰抑制技术

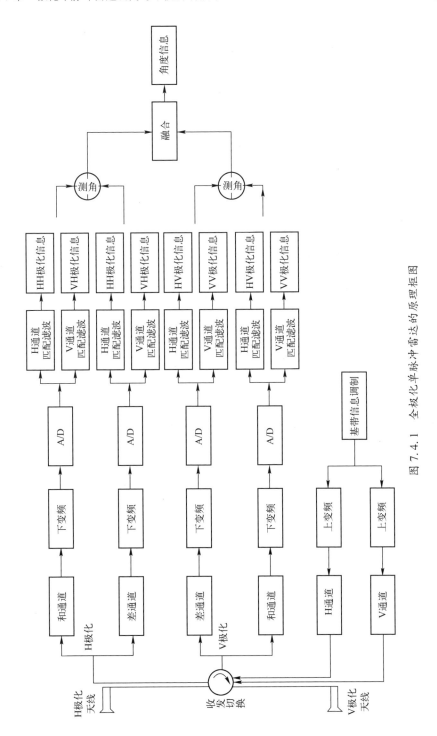

图 7.4.1 全极化单脉冲雷达的原理框图

对于单脉冲测角而言，不失一般性，以方位角度测量为例进行分析，水平、垂直（H/V）极化接收通道分别形成对应的和差波束，某一极化通道的单脉冲测角原理示意如图7.4.2所示。

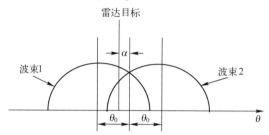

图 7.4.2　单脉冲测角原理示意图

其中，α 为雷达目标与瞄准轴的夹角。对于雷达目标而言，波束1和波束2的回波分别为

$$e_1^o(t) = f(\theta_0 - \alpha) A_t' \begin{bmatrix} s_{HH} E_H^t(t) + s_{VH} E_V^t(t) \\ s_{HV} E_H^t(t) + s_{VV} E_V^t(t) \end{bmatrix} \quad (7.4.5)$$

和

$$e_2^o(t) = f(\theta_0 + \alpha) A_t' \begin{bmatrix} s_{HH} E_H^t(t) + s_{VH} E_V^t(t) \\ s_{HV} E_H^t(t) + s_{VV} E_V^t(t) \end{bmatrix} \quad (7.4.6)$$

其中，$A_t' = \sqrt{\dfrac{P_t}{(4\pi)^3 L_s}} \dfrac{\lambda K_{RF}}{R^2} f_T(\theta_0)$，$f_T(\theta_0)$ 为发射增益（对于两个接收波束而言，发射天线增益可以近似认为是相等的）。

由于 α 较小，有 $f(\theta_0 \pm \alpha) \approx f(\theta_0) \mp f'(\theta_0)\alpha$ 成立，在此假设下，那么 H/V 极化通道分别形成的和差波束为

$$e_\Sigma^o(t) \approx 2f(\theta_0) A_t' \begin{bmatrix} s_{HH} E_H^t(t) + s_{VH} E_V^t(t) \\ s_{HV} E_H^t(t) + s_{VV} E_V^t(t) \end{bmatrix} \quad (7.4.7)$$

和

$$e_\Delta^o(t) \approx 2\alpha f'(\theta_0) A_t' \begin{bmatrix} s_{HH} E_H^t(t) + s_{VH} E_V^t(t) \\ s_{HV} E_H^t(t) + s_{VV} E_V^t(t) \end{bmatrix} \quad (7.4.8)$$

然后，分别对 H/V 极化通道匹配滤波，可得4个和、差束值为

$$\begin{cases} E_{HH}^\Sigma = 2f(\theta_0) A_t' s_{HH} & E_{HH}^\Delta(m) = 2\alpha f'(\theta_0) A_t' s_{HH} \\ E_{VH}^\Sigma = 2f(\theta_0) A_t' s_{VH} & E_{VH}^\Delta(m) = 2\alpha f'(\theta_0) A_t' s_{VH} \\ E_{HV}^\Sigma = 2f(\theta_0) A_t' s_{HV} & E_{HV}^\Delta(m) = 2\alpha f'(\theta_0) A_t' s_{HV} \\ E_{VV}^\Sigma = 2f(\theta_0) A_t' s_{VV} & E_{VV}^\Delta(m) = 2\alpha f'(\theta_0) A_t' s_{VV} \end{cases} \quad (7.4.9)$$

因此，可以分别进行角度测量，得到四组测角值，理论上都是一个值。实际应用时，在无干扰情况下可以对这些测量结果根据信噪比的大小进行综合处理，诸如求取平均等，可以提高测角精度。

$$\hat{\theta}_i \approx \kappa_m \frac{E_{HH}^{\Delta}}{E_{HH}^{\Sigma}} = \kappa_m \frac{E_{HV}^{\Delta}}{E_{HV}^{\Sigma}} = \kappa_m \frac{E_{VH}^{\Delta}}{E_{VH}^{\Sigma}} = \kappa_m \frac{E_{VV}^{\Delta}}{E_{VV}^{\Sigma}} = \alpha \kappa_m \frac{f'(\theta_0)}{f(\theta_0)} = \alpha, \quad i=1,2,3,4 \quad (7.4.10)$$

2. 转发式干扰的全极化单脉冲雷达回波建模及其等效 PSM

一般情况下，有源转发式干扰是首先将雷达信号进行接收，然后进行特定的幅相、时延调制后通过收发共用天线转发出去，模拟不同距离上的假目标，对雷达（或雷达导引头）形成欺骗干扰的效果。

设干扰机的极化方式为 $\boldsymbol{h}_J = \begin{bmatrix} h_{JH} \\ h_{JV} \end{bmatrix}$，雷达发射信号被干扰机接收后，其信号模型为

$$v_J(t) = A_J \boldsymbol{h}_J^{\mathrm{T}} \boldsymbol{e}^t(t) = A_J h_{JH} E_H^t(t) + A_J h_{JV} E_V^t(t) \quad (7.4.11)$$

其中，$A_J = \frac{\sqrt{P_t}}{\sqrt{4\pi R}} f_T(\theta) f_J(\theta)$ 为与雷达发射天线增益、干扰接收天线增益、距离衰减等因素有关的调制量，$f_{J(\theta)}$ 为干扰接收天线电压增益。

对此信号进行幅相调制后，再转发出去，雷达水平、垂直极化通道接收的干扰信号为

$$\boldsymbol{e}_J(t) = B_J v_J(t) \boldsymbol{h}_J + \boldsymbol{n}(t) = \begin{bmatrix} B_J A_J h_{JH} [h_{JH} E_H^t(t) + h_{JV} E_V^t(t)] + n_H(t) \\ B_J A_J h_{JV} [h_{JH} E_H^t(t) + h_{JV} E_V^t(t)] + n_V(t) \end{bmatrix} \quad (7.4.12)$$

其中，B_J 为与干扰机幅相调制、接收天线方向图增益、距离衰减等因素有关的调制量。

在忽略接收机噪声的条件下，对上述信号分别进行 H 极化通道和 V 极化通道匹配滤波处理后，消除距离、天线增益等调制系数的影响，最后可以得到转发式干扰等效 PSM 的估计值在理想情况下为

$$\hat{S}_J = \begin{bmatrix} h_{JH}^2 & h_{JH} h_{JV} \\ h_{JV} h_{JH} & h_{JV}^2 \end{bmatrix} \quad (7.4.13)$$

由上式可见，假目标干扰的等效 PSM 是满足互易性条件的。另外，对于转发式有源干扰而言，H/V 极化通道分别形成的和差波束为

$$\boldsymbol{e}_{\Sigma}^{o}(t) \approx 2f(\theta_0) B_J \begin{bmatrix} h_{JH}^2 E_H^t(t) + h_{JH} h_{JV} E_V^t(t) \\ h_{JH} h_{JV} E_H^t(t) + h_{JV}^2 E_V^t(t) \end{bmatrix} \quad (7.4.14)$$

和

$$e_\Delta^o(t) \approx 2f'(\theta_0)B_J \begin{bmatrix} h_{JH}^2 E_H^t(t) + h_{JH}h_{JV}E_V^t(t) \\ h_{JH}h_{JV}E_H^t(t) + h_{JV}^2 E_V^t(t) \end{bmatrix} \quad (7.4.15)$$

分别对 H/V 极化通道匹配滤波，可得 4 个和波束值和 4 个差波束值

$$\begin{cases} E_{HH}^\Sigma = 2f(\theta_0)B_J h_{JH}^2 & E_{HH}^\Delta = 2\beta f'(\theta_0)B_J h_{JH}^2 \\ E_{VH}^\Sigma = 2f(\theta_0)B_J h_{JH}h_{JV} & E_{VH}^\Delta = 2\beta f'(\theta_0)B_J h_{JH}h_{JV} \\ E_{HV}^\Sigma = 2f(\theta_0)B_J h_{JH}h_{JV} & E_{HV}^\Delta = 2\beta f'(\theta_0)B_J h_{JH}h_{JV} \\ E_{VV}^\Sigma = 2f(\theta_0)B_J h_{JV}^2 & E_{VV}^\Delta = 2\beta f'(\theta_0)B_J h_{JV}^2 \end{cases} \quad (7.4.16)$$

类似地，利用式（7.4.16）进行测角处理，可以得到一组测角值，然后进行综合处理，得到有源转发式干扰的角度测量值。

7.4.2 转发式干扰的全极化单脉冲雷达鉴别

根据转发式干扰与目标的相对位置以及干扰效果来讲，可以划分为转发式距离假目标干扰和转发式角度欺骗性干扰，下面分别论述这两种情况的全极化单脉冲雷达鉴别与抑制方法。

1. 转发式距离多假目标干扰的极化鉴别方法

转发式距离假目标干扰是在距离分辨单元上与真实目标完全不重合，可以形成多个逼真假目标，甚至可以形成稳定航迹，雷达难以利用时频域上的特征差异来鉴别，造成雷达资源浪费、资源饱和的目的，达到有效干扰的效果。

在此情况下，转发式距离假目标干扰和真实目标分别当作独立的目标来处理。那么，对于 PSM 为 $S = \begin{bmatrix} s_{HH} & s_{HV} \\ s_{VH} & s_{VV} \end{bmatrix}$ 的雷达目标而言，同时极化雷达测量体制处理后得到目标 PSM 的估计值在理想条件下为 $\hat{S} = S$。

一般情况下，目标的主极化分量与交叉极化分量是不等的，统计上分析是大于交叉极化分量的，甚至达 10dB 之多，此时，真实目标 PSM 的行列式值为

$$\eta_T = \|\hat{S}\| = |s_{HH}s_{VV} - s_{HV}s_{VH}| \geq 0 \quad (7.4.17)$$

而对于转发式假目标干扰而言，理想条件下，同时极化雷达处理后得到其等效 PSM 的估计值为 $\hat{S}_J = \begin{bmatrix} h_{JH}^2 & h_{JH}h_{JV} \\ h_{JV}h_{JH} & h_{JV}^2 \end{bmatrix}$，此时转发式假目标干扰 PSM 的行列式的模值为

$$\eta_J = \|\hat{S}_J\| = \left| \begin{bmatrix} h_{JH}^2 & h_{JH}h_{JV} \\ h_{JV}h_{JH} & h_{JV}^2 \end{bmatrix} \right| = 0 \quad (7.4.18)$$

因此，可以利用目标与转发式干扰的 PSM 行列式模值的相对大小来进行鉴别。需要说明的是，由于难以获得目标或干扰 PSM 的绝对测量值，实际应用中可利用相对极化散射矩阵即可进行判决处理，因此可以对测量得到的 PSM 矩阵进行归一化处理，然后再进行判决是否为转发式假目标干扰。具体来说，假设测量得到待判决目标的 PSM 为 $\boldsymbol{X} = \begin{bmatrix} X_{11} & X_{12} \\ X_{21} & X_{22} \end{bmatrix}$，进行能量归一化处理，即为 $\boldsymbol{X}^0 = \begin{bmatrix} X_{11}^0 & X_{12}^0 \\ X_{12}^0 & X_{22}^0 \end{bmatrix} = \dfrac{1}{\sqrt{|X_{11}|^2 + |X_{21}|^2 + |X_{12}|^2 + |X_{22}|^2}} \begin{bmatrix} X_{11} & X_{21} \\ X_{12} & X_{22} \end{bmatrix}$，那么真假目标的判决转变为一个二元假设检验问题

$$\begin{cases} \eta_X \geqslant \text{Th}, & \text{雷达目标} \\ \eta_X < \text{Th}, & \text{假目标} \end{cases} \tag{7.4.19}$$

其中，$\eta_X = \|\boldsymbol{X}_0\| = |X_{11}^0 X_{22}^0 - X_{21}^0 X_{12}^0|$，Th 为判决门限，主要取决于测量 PSM 时的信噪比（干噪比）以及雷达目标特性。

实际应用中，为了降低真实目标误判为假目标的概率，可以连续若干次观测进行判决，同时对同一观测的检测点迹进行同源检验，即一般认为转发的多个假目标由于其干扰天线极化方式固定，其等效 PSM 相似或者相同，而真实雷达目标 PSM 之间存在明显差异。

2. 转发式角度欺骗干扰的极化鉴别方法

转发式角度欺骗干扰，是指转发的干扰信号在距离分辨单元上与目标信号完全重合，而在角度上存在差异，形成非相干两点源干扰，对雷达测角系统起到欺骗效果，破坏雷达角度的跟踪。

目标和转发式干扰在距离分辨单元上重合在一起，那么雷达水平、垂直（H/V）极化通道接收的和差波束分别为

$$\begin{cases} E_{HH}^{\Sigma} = 2f(\theta_0)(A_t' s_{HH} + B_J h_{JH}^2) \\ E_{VH}^{\Sigma} = 2f(\theta_0)(A_t' s_{VH} + B_J h_{JH} h_{JV}) \\ E_{HV}^{\Sigma} = 2f(\theta_0)(A_t' s_{HV} + B_J h_{JH} h_{JV}) \\ E_{VV}^{\Sigma} = 2f(\theta_0)(A_t' s_{VV} + B_J h_{JV}^2) \end{cases} \tag{7.4.20}$$

和

$$\begin{cases} E_{HH}^{\Delta} = 2\alpha f'(\theta_0) A_t' s_{HH} + 2\beta f'(\theta_0) B_J h_{JH}^2 \\ E_{VH}^{\Delta} = 2\alpha f'(\theta_0) A_t' s_{VH} + 2\beta f'(\theta_0) B_J h_{JH} h_{JV} \\ E_{HV}^{\Delta} = 2\alpha f'(\theta_0) A_t' s_{HV} + 2\beta f'(\theta_0) B_J h_{JH} h_{JV} \\ E_{VV}^{\Delta} = 2\alpha f'(\theta_0) A_t' s_{VV} + 2\beta f'(\theta_0) B_J h_{JV}^2 \end{cases} \tag{7.4.21}$$

类似地,进行测角处理,可以得到四个测角值,分别为

$$\begin{cases} \hat{\theta}_1 = \kappa_m \dfrac{E_{HH}^{\Delta}}{E_{HH}^{\Sigma}} = \dfrac{\alpha A_t' s_{HH} + \beta B_J h_{JH}^2}{A_t' S_{HH} + B_J h_{JH}^2} \\[2mm] \hat{\theta}_2 = \kappa_m \dfrac{E_{HV}^{\Delta}}{E_{HV}^{\Sigma}} = \dfrac{\alpha A_t' s_{HV} + \beta B_J h_{JH} h_{JV}}{A_t' s_{HV} + B_J h_{JH} h_{JV}} \\[2mm] \hat{\theta}_3 = \kappa_m \dfrac{E_{VH}^{\Delta}}{E_{VH}^{\Sigma}} = \dfrac{\alpha A_t' s_{VH} + \beta B_J h_{JH} h_{JV}}{A_t' s_{VH} + B_J h_{JH} h_{JV}} \\[2mm] \hat{\theta}_4 = \kappa_m \dfrac{E_{VV}^{\Delta}}{E_{VV}^{\Sigma}} = \dfrac{\alpha A_t' s_{VV} + \beta B_J h_{JV}^2}{A_t' s_{VV} + B_J h_{JV}^2} \end{cases} \quad (7.4.22)$$

令 $\beta = \alpha + \delta$,另由目标的互易性可知,$s_{HV} = s_{VH}$。则可得

$$\begin{cases} \hat{\theta}_1 = \kappa_m \dfrac{E_{HH}^{\Delta}}{E_{HH}^{\Sigma}} = \alpha + \delta \dfrac{B_J h_{JH}^2}{A_t' s_{HH} + B_J h_{JH}^2} \\[2mm] \hat{\theta}_2 = \hat{\theta}_3 = \kappa_m \dfrac{E_{HV}^{\Delta}}{E_{HV}^{\Sigma}} = \kappa_m \dfrac{E_{VH}^{\Delta}}{E_{VH}^{\Sigma}} = \alpha + \delta \dfrac{B_J h_{JH} h_{JV}}{A_t' s_{HV} + B_J h_{JH} h_{JV}} \\[2mm] \hat{\theta}_4 = \kappa_m \dfrac{E_{VV}^{\Delta}}{E_{VV}^{\Sigma}} = \alpha + \delta \dfrac{B_J h_{JV}^2}{A_t' s_{VV} + B_J h_{JV}^2} \end{cases} \quad (7.4.23)$$

那么,若无干扰或单纯为干扰的情况下有

$$\eta_{ij} = |\hat{\theta}_i - \hat{\theta}_j| = 0, \quad i,j = 1,2,3,4, i \neq j \quad (7.4.24)$$

而存在转发干扰的情况下有

$$\begin{cases} \eta_{12} = \eta_{13} = |\hat{\theta}_1 - \hat{\theta}_2| = \left| \delta \dfrac{A_t' B_J h_{JH} (h_{JH} s_{HV} - h_{JV} s_{HH})}{(A_t' s_{HH} + B_J h_{JH}^2)(A_t' s_{HV} + B_J h_{JH} h_{JV})} \right| > 0 \\[2mm] \eta_{14} = |\hat{\theta}_1 - \hat{\theta}_4| = \left| \delta \dfrac{A_t' B_J (h_{JH}^2 s_{VV} - h_{JV}^2 s_{HH})}{(A_t' s_{HH} + B_J h_{JH}^2)(A_t' s_{VV} + B_J h_{JV}^2)} \right| > 0 \\[2mm] \eta_{24} = |\hat{\theta}_2 - \hat{\theta}_4| = \left| \delta \dfrac{A_t' B_J h_{JV} (h_{JH} s_{VV} - h_{JV} s_{HV})}{(A_t' s_{HV} + B_J h_{JH} h_{JV})(A_t' s_{VV} + B_J h_{JV}^2)} \right| > 0 \end{cases} \quad (7.4.25)$$

因此,可以利用上述鉴别量的大小来鉴别其是否存在转发干扰。判决的准则是只要有一项大于某一门限值,则认为可能存在转发式干扰,若连续两次以上都存在某一项大于判决门限值,则认为存在干扰。

至于转发干扰的抑制可以采用观测波束左右偏转半个波束宽度的方法来实现:当瞄准目标的时候,转发式干扰处于天线旁瓣,其影响较小,此时鉴别量趋于零,另外测得的 PSM 矩阵行列式不为零;而瞄准转发式干扰时,此时目标的影响也小,鉴别量也是趋于零,但是测得的 PSM 矩阵的行列式的值

是趋于零的。

全极化单脉冲雷达抗转发式干扰的处理流程如图 7.4.3 所示。

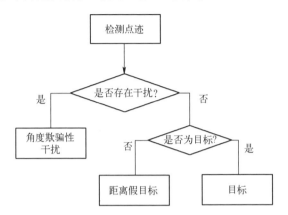

图 7.4.3 全极化单脉冲雷达抗转发式干扰的处理流程

7.4.3 仿真实验与结果分析

为了分析对抗效果,下面结合典型目标的微波暗室测量数据,进行计算机仿真实验来验证本节所提方法的有效性和可行性。

1. 转发式距离多假目标鉴别的仿真分析

下面通过对转发式假目标干扰的判决鉴别量仿真分析来说明本节算法的有效性,图 7.4.4 给出了某飞机目标和转发式假目标干扰在信噪比(干噪比)为 20dB 情况下判决鉴别量的统计直方图,蒙特卡洛仿真次数为 10^4。图 7.4.5 给出了典型目标和转发式假目标干扰的判决鉴别量均值随信噪比(干噪比)的变化曲线,其中转发式假目标干扰的天线极化方式以 $\left(\dfrac{\pi}{10},\dfrac{\pi}{10}\right)$ 的间隔遍历整

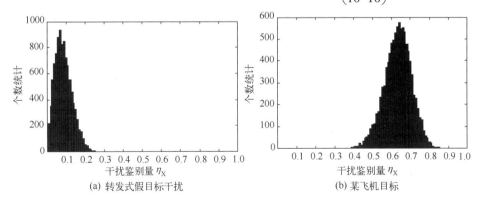

图 7.4.4 某飞机目标和转发式假目标干扰的判决鉴别量统计直方图,JNR/SNR = 20dB

个极化空间,即天线极化方式 $[\cos\alpha, \sin\alpha e^{j\varphi}]$,$(\alpha,\varphi)\in[0,\pi]\times[0,2\pi]$,所有情况下干扰的判决鉴别量均值随干噪比的变化曲线叠加在一起如图 7.4.5 (a) 所示,判决鉴别量方差随干噪比的变化曲线叠加在一起如图 7.4.5 (b) 所示;典型目标为金属球和某姿态下飞机目标,PSM 分别为 $\begin{bmatrix} 1 & 0 \\ 0 & 1 \end{bmatrix}$ 和 $\begin{bmatrix} 1.2-0.3j & 0.1+0.2j \\ 0.1+0.2j & 0.8+0.2j \end{bmatrix}$,其判决鉴别量均值随信噪比的变化如图 7.4.5 (c) 和图 7.4.5 (d) 所示,蒙特卡洛仿真次数为 10^4。

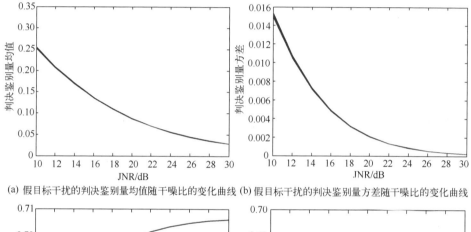

(a) 假目标干扰的判决鉴别量均值随干噪比的变化曲线 (b) 假目标干扰的判决鉴别量方差随干噪比的变化曲线

(c) 金属球的判决鉴别量均值随信噪比的变化曲线 (d) 某飞机目标的判决鉴别量均值随信噪比的变化曲线

图 7.4.5 典型目标和转发式假目标的判决鉴别量均值随信噪比(干噪比)的变化曲线

由图 7.4.4 和图 7.4.5 可见,转发式干扰的判决鉴别量均值、方差与有源干扰天线的极化方式无关,主要取决于干噪比的大小,这有利于判决门限 Th 的确定,由图 7.4.5 可见,在信噪比大于 15dB 的情况下,判决鉴别量小于 0.15,因此判决门限可以设定为 Th=0.2;而对于目标而言,其判决鉴别量不仅与信噪比有关,同时与目标的极化散射特性有关,但是目标的判决鉴别量在统计上与转发式干扰存在显著差异,一般情况下大于 0.5,这为真假目标的鉴别提供了物理依据。

2. 转发式角度欺骗干扰鉴别的仿真分析

这里也主要通过对转发式角度欺骗干扰进行仿真分析来验证本节算法的有效性,图 7.4.6 给出了某飞机目标在无干扰条件下全极化单脉冲雷达测角值和判决鉴别量随信噪比的变化曲线,其中,$\kappa_m = 30$,雷达目标与瞄准轴的夹角 $\alpha = 0.5°$,蒙特卡洛仿真次数为 10^3,图 7.4.6(a)给出了飞机目标测角误差(角度测量值与真值之差)统计均值随信噪比的变化曲线,图 7.4.6(b)给出了飞机目标测角误差统计均值随夹角 α 的变化曲线,信噪比 SNR = 20dB,图 7.4.6(c)给出了在无干扰情况下判决鉴别量 η_{14} 统计均值随信噪比的变化曲线。图 7.4.7 给出了存在转发式欺骗干扰情况下飞机目标的测角值和判决鉴别量随干噪比、目标和干扰的夹角 β 的变化曲线,其中,干信比 JSR = 0dB,

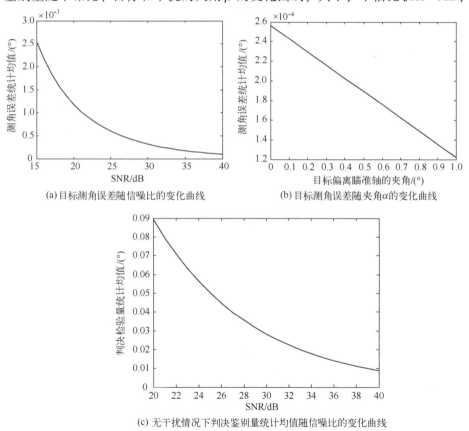

(a) 目标测角误差随信噪比的变化曲线

(b) 目标测角误差随夹角 α 的变化曲线

(c) 无干扰情况下判决鉴别量统计均值随信噪比的变化曲线

图 7.4.6 某飞机目标在无干扰情况下全极化单脉冲雷达测角值与判决鉴别量随信噪比的变化曲线

$\alpha = 0.5°$,蒙特卡洛仿真次数为 10^3,图 7.4.7(a)给出了存在干扰情况下飞机目标测角误差统计均值随干噪比的变化曲线,$\beta = 0.5°$;图 7.4.7(b)给出了存在干扰情况下飞机目标测角误差统计均值随夹角 α 的变化曲线,$\beta = 0.5°$,SNR=20dB;图 7.4.7(c)给出了存在干扰情况下判决鉴别量 η_{14} 统计均值随 β 的变化曲线,SNR=30dB。

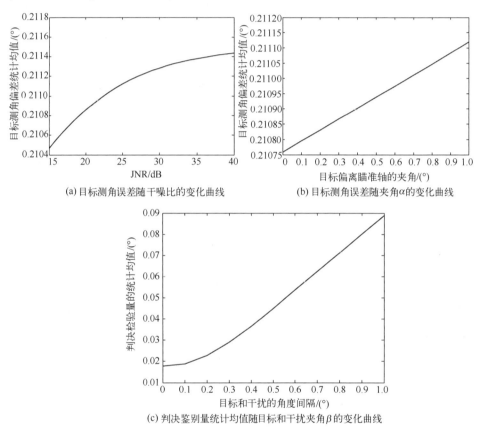

图 7.4.7 存在干扰情况下飞机目标测角值与判决鉴别量随干噪比、目标和干扰夹角 β 的变化曲线

由图 7.4.6 和图 7.4.7 可见,在无干扰、高信噪比的条件下,雷达能够以较高精度测量目标的角度信息,判决鉴别量的统计均值也趋于零;存在转发干扰的情况下,雷达目标的角度测量值显著偏离真实值,严重影响了雷达的正常工作,而判决鉴别量的统计均值大于零(尤其是目标和干扰的角度偏差较大、干噪比较高的情况),这对于雷达导引头抗拖曳式诱饵具有重要指导意义。

参 考 文 献

[1] 李道京, 张麟兮, 俞卞章. 主动雷达成像导引头几个问题的研究 [J]. 现代雷达, 2003, 25(5): 12-15.

[2] 刘业民, 邢世其, 李永祯, 等. 基于极化单脉冲雷达的角度估计方法 [J]. 系统工程与电子技术, 2018, 467(8): 50-56.

[3] 来庆福. 反舰导弹雷达导引头抗舷外干扰技术研究 [D]. 长沙: 国防科学技术大学, 2011.

[4] 蔡天一, 赵峰民, 曾维贵. 基于分形维数的质心干扰对抗方法 [J]. 弹箭与制导学报, 2013, 33(2): 173-176.

[5] Yang Y, Feng D J, Zhang W M, et al. Detection of chaff centroid jamming aided by GPS/INS [J]. IET Radar, Sonar and Navigation, 2013, 7(2): 130-142.

[6] 张洋, 张树森. 用小波实现箔条噪声的消除 [J]. 现代电子技术, 2007(23): 38-39.

[7] 刘翔. 基于小波变换的抗箔条干扰方法研究 [J]. 战术导弹技术, 2001(06): 28-31.

[8] 李伟, 贾惠波, 顾启泰. 抗箔条质心干扰的一种方法 [J]. 舰船电子对抗, 2000(5): 11-13.

[9] 李伟, 贾惠波, 顾启泰. 抗箔条质心干扰的一种实用差分算法 [J]. 航天电子对抗, 2000(3): 1-4.

[10] 晏行伟, 张军, 谭志国, 等. 一种基于几何推理的匹配抗箔条质心干扰新方法 [J]. 信号处理, 2010, 26(11): 1657-1662.

[11] 李波. RWT在抑制箔条干扰中的应用 [J]. 电子对抗, 2003(02): 6-9.

[12] 舒欣. 时频分析技术在抑制箔条干扰中的应用 [J]. 西安电子科技大学学报, 2001(05): 676-680.

[13] 李金梁, 来庆福, 李永祯, 等. 基于极化对比增强的导引头抗箔条算法 [J]. 系统工程与电子技术, 2011, 33(2): 268-271.

[14] 来庆福, 赵晶, 冯德军, 等. 斜投影极化滤波的雷达导引头抗箔条干扰方法 [J]. 信号处理, 2011, 27(7): 1016-1021.

[15] Yang Y, Xiao S P, Feng D J, et al. Polarisation oblique projection for radar seeker tracking in chaff centroid jamming environment without prior knowledge [J]. IET Radar, Sonar and Navigation, 2014, 8(9): 1195-1202.

[16] Jones R C. A new calculus for the treatment of optical systems [J]. Journal of the Optical Society of America, 1941, 31(7): 448-493.

[17] Lee J S, Pottier E. Polarimetric radar imaging: from basics to applications [M]. USA: CRC Press, 2009.

[18] Zrnic D S, Ryzhkov A V. Polarimetric properties of chaff [C]//IGARSS 2003. 2003 IEEE

International Geoscience and Remote Sensing Symposium. Toulouse, France, 2003: 235-236.

[19] 黄培康, 殷红成, 许小剑. 雷达目标特性 [M]. 北京: 电子工业出版社, 2005.

[20] 陈静. 雷达箔条干扰原理 [M]. 北京: 国防工业出版社, 2007.

[21] Wickliff R G, Garbacz R. The average backscattering cross section of clouds of randomized resonant dipoles [J]. IEEE Transactions on Antennas and Propagation, 1974, 22(5): 503-505.

[22] 李金梁. 箔条干扰的特性与雷达抗箔条技术研究 [D]. 长沙: 国防科学技术大学, 2010.

[23] Ma J Z, Shi L F, Li Y Z, et al. Angle estimation of extended targets in main-lobe interference with polarization filtering [J]. IEEE Transactions on Aerospace and Electronic Systems, 2013, 53(1): 169-189.

[24] Sherman S M, Barton D K. Monopulse principles and techniques [M]. 2nd ed. Norwood, MA: Artech House, 2011.

[25] Blair W D, Brandt-Pearce M. Monopulse DOA estimation of two unresolved Rayleigh targets [J]. IEEE Transactions on Aerospace and Electronic Systems, 2001, 37(2): 452-469.

[26] Liu Y M, Xing S Q, Li Y Z, et al. Jamming recognition method based on the polarisation scattering characteristics of chaff clouds [J]. IET Radar, Sonar and Navigation, 2017, 11(11): 1689-1699.

[27] Sinha A, Kirubarajan T, Bar-Shalom Y. Maximum likelihood angle extractor for two closely spaced targets [J]. IEEE Transactions on Aerospace and Electronic Systems, 2002, 38(1): 183-203.

[28] Wang Z, Sinha A, Willett P, et al. Angle estimation for two unresolved targets with monopulse radar [J]. IEEE Transactions on Aerospace and Electronic Systems, 2013, 40(3): 998-1019.

[29] 赵宜楠, 金铭, 乔晓林. 利用极化单脉冲雷达抗质心干扰的研究 [J]. 现代雷达, 2006, 28(12): 45-46.

[30] Nickel U, Chaumette E, Larzabal P. Statistical performance prediction of generalized monopulse estimation [J]. IEEE Transactions on Aerospace and Electronic Systems, 2011, 47(1): 381-404.

[31] Chaumette E, Nickel U, Larzabal P. Detection and parameter estimation of extended targets using the generalized monopulse estimator [J]. IEEE Transactions on Aerospace and Electronic Systems. 2011, 47(1): 381-404.

[32] Galy J, Chaumette E, Larzabal P. Joint detection estimation problem of monopulse angle measurement [J]. IEEE Transactions on Aerospace and Electronic Systems, 2010, 46(1): 397-412.

[33] Monakov A A. Maximum-likelihood estimation of parameters of an extended target in tracking monopulse radars [J]. IEEE Transactions on Aerospace and Electronic Systems,

2012, 48(3): 2653-2665.

[34] Nickel U, Chaumette E, Larzabal P. Estimation of extended targets using the generalized monopulse estimator: extension to a mixed target model [J]. IEEE Transactions on Aerospace and Electronic Systems, 2013, 49(3): 2084-2096.

[35] Zhang X, Willett P, Bar-Shalom Y. Detection and localization of multiple unresolved extended objects via monopulse radar signal processing [J]. Proceedings of SPIE, the International Society for Optical Engineering, 2005, 5913(2): 455-472.

[36] Willett P K, Bar-Shalom Y, Zhang X. The multitarget monopulse CRLB for matched filter samples [J]. IEEE Transactions on Signal Processing, 2007, 55(8): 4183-4197.

[37] Isaac A, Willett P K, Bar-Shalom Y. MCMC methods for tracking two closely spaced targets using monopulse radar channel signals [J]. IET Radar, Sonar and Navigation, 2007, 1(3): 71-80.

[38] Zhang Y X, Liu Q F, Hong R J, et al. A novel monopulse angle estimation method for wideband LFM radars [J]. Sensors, 2016, 16(6): 817-823.

[39] 李永祯, 肖顺平, 等. 雷达极化抗干扰技术 [M]. 北京: 国防工业出版社, 2010.